高等学校新工科应用型人才培养系列教材

# 数据库系统
## ——基础、设计及应用

姚普选　编著

U0378901

西安电子科技大学出版社

# 内 容 简 介

本书系统地介绍了数据库系统的基础知识、设计方法以及应用技术，内容包括数据库系统基本概念，关系数据库基础知识，创建数据库的一般方法，SQL 语言及其使用方法，数据库完整性与安全性知识，数据库应用程序设计的一般方法以及事务管理基础知识。

本书将知识讲解与实验指导融为一体，着重于讲解数据库系统的核心知识和常用技术，对于学习和实验过程中所涉及的语言(SQL 语言等)与软件(SQL Server 等)的介绍也力求准确、清晰，便于读者的学习和运用。

本书适用于高等院校本科生数据库课程的教学，也可供数据库爱好者或工程技术人员自学与参考。

**图书在版编目(CIP)数据**

数据库系统：基础、设计及应用/姚普选编著.
—西安：西安电子科技大学出版社，2013.2(2023.3 重印)
ISBN 978 - 7 - 5606 - 3004 - 5

Ⅰ.①数…　Ⅱ.①姚…　Ⅲ.①数据库系统　Ⅳ.①TP311.13

中国版本图书馆 CIP 数据核字(2013)第 021208 号

策　　划　李惠萍
责任编辑　买永莲　李惠萍
出版发行　西安电子科技大学出版社（西安市太白南路 2 号）
电　　话　(029)88202421　88201467　邮　　编　710071
网　　址　www.xduph.com　　　　电子邮箱　xdupfxb001@163.com
经　　销　新华书店
印刷单位　西安日报社印务中心
版　　次　2013 年 2 月第 1 版　2023 年 3 月第 3 次印刷
开　　本　787 毫米×1092 毫米　1/16　印张 16.5
字　　数　389 千字
印　　数　3511~4010 册
定　　价　32.00 元
ISBN 978 - 7 - 5606 - 3004 - 5 / TP
**XDUP 3296001-3**

# 前　言

数据库课程是计算机基础教育的重点。作为高等院校的学生，具备基本的数据库系统知识，掌握一定程度的数据库操纵技术，无论对于现在的学习还是将来的工作，都是必不可少的。

数据库入门看起来不难，但要学好却不容易。就现状而言，因为可供选用的数据库产品种类繁多，不同的产品受限于生产厂商、计算机平台以及各种社会和商业因素，往往在理念、形式以及使用方法上都有较大差别，给学习和使用带来了困难。加之数据库系统本身的内容不断增加而所能安排的学时却不断减少，使得这门原本应该不断增加学时和内容的课程却渐次收缩。有鉴于此，笔者在自己编写的多本相关教材及长期教学实践的基础上，参考教育部高等学校计算机基础课程教学指导委员会的"计算机基础课程教学基本要求"，编写了本书。

本书以 SQL Server 为背景，由浅入深地介绍学习数据库课程必须理解的数据库系统基础知识以及使用数据库技术必须掌握的常用方法，力图使读者在有限的时间之内，对该课程的主要知识和技能有一个清晰、完整的理解和把握。本书中，重要的或者较为复杂的概念和方法往往先在简单的例子中加以运用，引起读者的注意。然后在某个章节中详细讲解，进一步加深读者的印象。这样，既有了便于学习的效果，又避免了因刻意分散重点、难点而形成的相关内容割裂开来，不便查阅、不易形成完整印象的弊病。本书注重知识和技能的有机结合，兼顾课堂教学、实践环节以及不同领域读者的实际需求，尽力避免因强调某些方面而忽略其他方面可能造成的整体上的缺失。

本书将基础知识的讲解与实验环节的指导融为一体，每章中除了详尽的讲解之外，还包括了循序渐进的实验方法说明和精心安排的习题。全书包括以下几部分内容：

第 1 章为数据库系统，介绍了数据库系统的诞生和发展、功能与特点、组成与体系结构等基础知识；安排了观察已有数据库并简单地操纵其中数据的实验。

第 2 章为关系数据模型，介绍了数据模型的概念，概念模型的设计方法，关系理论以及关系模型的设计方法，函数依赖、多值依赖以及关系规范化方法；安排了依照关系规范化方法进行数据库设计和实施的实验。

第 3 章为数据库设计与创建，介绍了数据库设计和创建的一般过程，SQL Server 数据库管理系统的功能、特点以及创建数据库的一般方法；安排了在 SQL Server 中创建数据库的实验。

第 4 章为 SQL 语言，介绍了 SQL 语言的功能与特点，SQL 数据定义、数据查询和数据操纵的一般方法；安排了使用 SQL 语言创建数据库以及操纵数据的实验。

第 5 章为数据库完整性与安全性，介绍了数据库完整性的概念以及实施数据库完整性的一般方法，触发器的概念与使用方法，数据库安全性的概念以及实施数据库安全性的一般方法；安排了实施数据库完整性、定义和使用触发器以及实施数据库安全管理的实验。

第 6 章为数据库应用程序，介绍了嵌入式与动态 SQL 的概念，存储过程的概念与使用方法，数据库应用程序的一般概念和设计方法；安排了定义和使用存储过程、编写程序访问数据库并操纵其中数据的实验。

第 7 章为事务管理，介绍了事务的概念和基本操作，数据库并发访问控制的一般方法以及封锁机制的概念与方法；安排了定义和使用事务、制造和检测死锁以及数据库备份和还原的实验。

本书可作为高等院校数据库课程的教材，也可作为数据库爱好者以及从事相关工作的工程技术人员的参考书。采用本书作为教材的数据库课程以 48~56（包括上机时数）学时为宜。学时较少时，可以少讲或不讲事务处理和数据库应用程序两章中的某些内容。本书中每章都配备了内容丰富的习题，不同类型的读者可按自己的需求选做。

数据库技术博大精深且仍处于不断发展变化之中，受篇幅、时间、读者定位、使用环境以及笔者水平等种种限制，一本书所涵盖的内容及所表达的思想总会有所局限，因而笔者希望传达给读者的信息是否到位或者是否得体，还要经过读者的检验，望广大读者批评指正。

姚普选

2012 年 10 月

# 目　　录

# 第1章 数据库系统

数据库技术是使用计算机进行数据处理的主要技术，广泛应用于人类社会的各个方面。在以大批量数据的存储、组织和使用为其基本特征的仓库管理、销售管理、财务管理、人事档案管理以及企事业单位的生产经营管理等事务处理的活动中，都要使用称之为DBMS(DataBase Management System，数据库管理系统)的软件来构建专门的数据库系统，并在 DBMS 的控制下组织和使用数据，从而执行管理任务。不仅如此，在情报检索、专家系统、人工智能、计算机辅助设计等各种非数值计算领域以及基于计算机网络的信息检索、远程信息服务、分布式数据处理、复杂市场的多方面跟踪监测等方面，数据库技术也都得到了广泛应用。时至今日，基于数据库技术的管理信息系统、办公自动化系统以及决策支持系统等，已经成为大多数企业、行业或地区从事生产活动乃至日常生活的重要基础。

## 1.1 数据库的概念

现代社会中，需要管理和利用的数据资源越来越庞杂。例如，一所大学要将描述学生、课程、教师以及学生选课、教师授课等各种事物的数据有机地组织起来，以便随时查询、更新和抽取，从而指导日常教学；一个商贸公司要将描述商品、客户、雇员和订单的数据组织起来，用于指导经营活动；对于个人来说，日常生活中的相关数据，如通讯录、家庭财产、工作中备忘备查的人和事等，也都需要组织起来，才能更好地加以利用。为了有效地收集、组织、存储、处理和利用来自于生产活动和日常生活中的各种数据，数据库技术应运而生并成为当今数据处理的主要技术。

简单地说，数据库是按照一定的方式来组织、存储和管理数据的"仓库"。在事务处理过程中，常常需要把某些相关的数据放进这种"仓库"，并根据管理的需要进行相应的处理。数据库是由称之为 DBMS 的软件来统一管理的。用户根据自己的业务需求选择某种适用的DBMS(如 Microsoft SQL Server、MySQL 等)，按照它所提供的操作界面来创建数据库并随时存取或更新其中的数据。一般来说，一个数据库是基于相应业务所涉及的多个部门或个人之间的所有数据而构建的，其中的数据自然要为每个部门或个人用户所共享。当然，不同部门和个人之间需要存放和操纵的数据的范围可以有所不同。

【例 1-1】 一所大学的数据库。

大学需要存储和处理教师、学生、课程等各方面的相关数据，这些数据存储于通过某种 DBMS 创建的数据库中，并分别由人事部门、教务部门、学生管理部门以及学术评议部门根据自己的业务来存取和操纵相关范围内的数据，如图 1-1 所示。

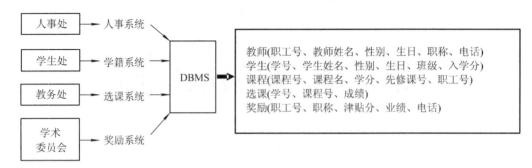

图 1-1　某大学的数据库系统

　　目前，数据库系统基本上都是按照"关系数据模型"来组织数据的。这种方式将满足所有下属部门业务需求的数据存放在多个称之为"关系"的数据表中，相关人员通过 DBMS 来存取、查询或更新(插入、删除或修改)其中的数据。例如，将学生、课程和选课的相关数据分别存放在如图 1-2 所示的三个表中。

| 学号 | 学生姓名 | 性别 | 生日 | 班级 | 入学分 |
|---|---|---|---|---|---|
| 10100131 | 张卫 | 男 | 1990-1-1 | 材料82 | 656 |
| 10600101 | 王袁 | 女 | 1990-1-10 | 能动81 | 668 |
| 10600110 | 郑坤 | 男 | 1905-6-1 | 材料82 | |
| 10800101 | 李玉 | 女 | 1989-7-1 | 自控81 | 678 |
| 10800102 | 林乾 | 男 | 1989-12-2 | 自控81 | 699 |
| 10800103 | 方平 | 男 | 1990-3-3 | 自控81 | 673 |

(a)　"学生"表

| 课程号 | 课程名 | 学分 | 先修课 | 职工号 |
|---|---|---|---|---|
| 030100 | 组合数学 | 5 | 040001 | 4382 |
| 030102 | 计算全息 | 5 | 040100 | 6903 |
| 120011 | 英语写作 | 6 | 020001 | 9091 |
| 250012 | 数据库技术 | 12 | 050002 | 4273 |
| 250102 | Java程序设计 | 4 | 050002 | 8586 |

(b)　"课程"表

| 学号 | 课程号 | 成绩 |
|---|---|---|
| 10800101 | 030100 | 86 |
| 10800101 | 250012 | 91 |
| 10800101 | 250102 | 82 |
| 10800102 | 250012 | 80 |
| 10800102 | 250102 | 73 |
| 10800103 | 030100 | 70 |
| 10800103 | 250012 | 80 |

(c)　"选课"表

图 1-2　数据库中的表

这三个表中，有些数据项(栏目、列)是同名且存放相同类型数据的，可用于建立表和表之间的联系，如图 1-3 所示。

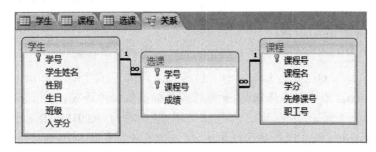

图 1-3　数据库中三个表之间的联系

### 1．数据库中的表

数据库(特指按照关系模型创建的数据库)的基本成分是一些存放数据的表。数据库中的表从逻辑结构上看相当简单，它是由若干行和列简单交叉形成的，不能表中套表。它要求表中每个单元都只包含一个数据，可以是字符串、数字、货币值、逻辑值、时间等较为简单的数据。

表中的一行称为一条记录。记录的集合即表的内容。一条记录的内容是描述一类事物中的一个具体事物的一组数据，如一个学生的学号、姓名、入学分等。一般地，一条记录由多个数据项构成，数据项的名称、顺序、数据类型等由表的标题决定。表名以及表的标题是相对固定的，而表中记录的数量则是经常变化的。

注：数据库中的表与 Excel 中的"工作表"虽外形相似，却是不同的。工作表可看做单元格的集合，每个单元格都可以随意存放不同类型的数据，也可以使用公式求得数据。而数据库表中的每条记录都是相同结构的，每个单元格都受标题的约束，只能存放符合条件的数据。

表与表之间可以通过彼此都具有的相同的字段(列)联系起来。例如，"学生"表和"选课"表都有"学号"字段，选课表的一条记录就可联系到学生表的一条记录。这样就不必在选课表中重复包含学生的其他信息，减少了数据冗余。

### 2．数据库系统的功能

数据库系统是将累积了一定数量的记录管理起来，以便再利用的数据处理系统。具有如下功能：

(1) 输入记录。规定了表的格式或者说创建了表的结构之后，就可以按照这种规定来"填充"表中的数据了。DBMS 提供相应的输入方式(操作命令或图形用户界面)，使得用户可以方便地输入每条记录。例如，在 Microsoft SQL Server 中，打开类似于图 1-2 中的"学生"表即可逐个输入每个学生的记录。

(2) 输出报表。报表是按照某种条件筛选记录之后形成的记录的集合，可以打印成文本、形成电子文档或者作为某种数据处理系统的加工对象。DBMS 提供输出报表的各种方式，用户可以按照需求选择不同的内容以及输出格式。例如，可以逐行打印出某个班级所有学生某门课程的成绩。

(3) 查询。按照 DBMS 规定的格式设置查询条件即可找出符合条件的记录。例如，在

Microsoft SQL Server 中，输入一个 SQL 语言的查询语句作为操作命令：

    SELECT 课程号, 课程名, 学分

    FROM 课程

    WHERE 学分>5

即可在"课程"表中查询出 5 个以上学分的课程的课程号、课程名和学分。

注：SQL(Structured Query Language，结构化查询语言)是 ISO(International Organization for Standardization，国际标准化组织)命名的国际标准数据库语言，用于组织、管理关系数据库以及存取、查询或更新其中的数据。目前主要的 RDBMS(Relationship DataBase Management System，关系数据库管理系统)都支持某种形式的 SQL 语言并且大部分产品都遵守 ANSI SQL89 标准。

(4) 修改记录。现实世界中的事物是不断变化的，相应数据库中的数据也应该随之而变。例如，一所大学中每年都有毕业的学生和新入学的学生，数据库中的学生表就应该随时调整。因此，相关人员应该按照 DBMS 所提供的方法(SQL 语言的数据操纵语句或图形化用户操作界面)来进行调整。

# 1.2 数据库系统组成与结构

数据库系统是一种由有组织地、动态地存储大量关联数据，方便用户访问的计算机软件和硬件资源组成的系统。在数据库系统中，存储于数据库中的数据与应用程序是相互独立的。数据是按照某种数据模型组织在一起并保存在数据库文件中的。数据库系统对数据的完整性、唯一性、安全性提供统一而有效的管理手段，同时对用户提供管理和控制数据的各种简单明了的操作命令或者程序设计语言。用户使用这些操作命令或者通过编写程序来向数据库发出查询、修改、统计等各种命令，以得到满足不同需要的数据。

从不同的角度考察，数据库系统有不同的结构。从 DBMS 的角度看，数据库系统通常采用三级模式结构。从数据库最终用户角度看，数据库系统分为集中式(单用户或主从式)结构、客户/服务器结构、分布式结构和并行结构。

## 1.2.1 数据库系统组成

数据库系统是一种按照数据库方式存储、管理数据并向用户或应用系统提供数据支持的计算机应用系统，是存储数据的介质、数据处理的对象和管理系统的集合体。它通常包括存储数据的数据库、操纵数据的应用程序以及数据库管理员等，且需在 DBMS 软件的支持下工作，如图 1-4 所示。

### 1. 数据库

数据库是一个单位或组织按照某种特定方式存储在计算机内的数据的集合，如工厂中的产品数据、政府部门的计划统计数据、医院中的病人与病历数据等。这个数据集合按照能够反映出数据的自然属性、实际联系以及应用处理的要求的方式

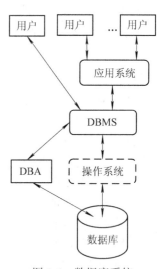

图 1-4 数据库系统

组织成一个有机的整体进行存储，并提供给该组织或单位内的所有应用系统(或人员)共享。

应该注意的是：数据库中的数据是一种处理用的中间数据，称为业务数据，它与输入/输出数据不同。当然，可以将输入数据转变为业务数据存入数据库中，也可以从数据库中的数据推导产生输出数据。

数据库通常由两大部分组成：一是有关应用所需要的业务数据的集合，称为物理数据库，它是数据库的主体；二是关于各级数据结构的描述数据，称为描述数据库，通常由一个数据字典系统管理。

运行数据库系统的计算机要有足够大的内存储器、大容量磁盘等联机存储设备以及高速的数据传输设备，以支持对外存储器的频繁访问，还需要有足够数量的脱机存储介质，如外接式硬盘、磁带、可擦写式光盘等存放数据库备份。

### 2. DBMS及其软件支持系统

DBMS(数据库管理系统)是数据库系统的核心。DBMS一般是通用软件，由专门的厂家提供。DBMS负责统一管理和控制数据库，执行用户或应用系统交给的定义、构造和操纵数据库的任务，并将执行的结果提供给用户或应用系统。

DBMS是在操作系统(可能还包括某些实用程序)支持下工作的。因为计算机系统的硬件和软件资源是由操作系统统一管理的，故当DBMS执行分配内存、创建或撤销进程、访问磁盘等操作时，必须通过系统调用请求操作系统为其服务。操作系统从磁盘取出来的是物理块，对物理块的解释则是由DBMS完成的。

数据库系统中的软件通常还包括应用程序。数据库应用程序是通过DBMS访问数据库中的数据并向用户提供服务的程序，简单地说，它是允许用户插入、删除和修改并报告数据库中数据的程序。这类程序是由程序员通过程序设计语言或某些软件开发工具(如Power Builder、Delphi、Visual Basic、Visual C++等)，按照用户的要求编写的。

DBMS将数据和操纵数据的程序隔离开来，程序必须与DBMS接口才能对数据库中的数据进行查询、插入、删除、更新等操作。因而可以由DBMS来集中实施安全标准，以保证数据的一致性和完整性。另外，用户不必考虑数据的存储结构，可以将注意力集中在数据本身的组织和使用上。

### 3. 人员

开发、管理和使用数据库系统的人员主要有数据库管理员(DBA)、系统分析员、数据库设计人员、应用程序员和最终用户。

(1) 数据库管理员(DataBase Administrator，DBA)。对于较大规模的数据库系统来说，必须有人员全面负责建立、维护和管理数据库系统，承担这种任务的人员称为DBA。DBA是控制数据整体结构的人，负责保护和控制数据，使数据库能为任何有权使用的人所共享。DBA的职责包括：定义并存储数据库的内容，监督和控制数据库的使用，负责数据库的日常维护，必要时重新组织和改进数据库等。

DBA负责维护数据库，但对数据库的内容不负责。而且，为了保证数据的安全性，数据库的内容对DBA应该是封锁的。例如，对于职工记录类型中的工资数据项，DBA可以根据应用的需要将该数据项类型由6位数字型扩充到7位数字型，但是不能读取或修改任一职工的工资值。

(2) 系统分析员和数据库设计人员。系统分析员负责应用系统的需求分析和规范说明，要与用户及 DBA 配合，确定系统的软件和硬件配置，并参与数据库的概要设计。

数据库设计人员负责确定数据库中的数据，并在用户需求调查和系统分析的基础上，设计出适用于各种不同种类的用户需求的数据库。在很多情况下，数据库设计人员是由 DBA 担任的。

(3) 应用程序员。应用程序员具备一定的计算机专业知识，可以编写应用程序来存取并处理数据库中的数据。例如，库存盘点、工资等处理通常都是由这类人员完成的。

(4) 最终用户。最终用户指的是为了查询、更新以及产生报表而访问数据库的人员，数据库主要是应他们的需求而存在的。最终用户可分为以下三类：

● 偶然用户：这类用户主要包括一些中层或高层管理者或其他偶尔浏览数据库的人员。他们通过终端设备，使用简便的查询方法(命令或菜单项、工具按钮)来访问数据库。他们对数据库的操作以数据检索为主，例如，询问库存物资的金额、某个人的月薪等等。

● 简单用户：这类用户较多，银行职员、旅馆总台服务员、航空公司订票人员等都属于这类用户，其主要职责就是经常性地查询和修改数据库。他们一般都是通过应用程序员设计的应用系统(程序)来使用数据库的。

● 复杂用户：包括工程师、科技工作者、经济分析专家等资深的最终用户。他们对自己工作范围内的相关知识了解得较全面，且熟悉 DBMS 的各种功能，能够直接使用数据库语言，甚至有能力编写自己的程序来访问数据库，完成复杂的应用任务。

典型的 DBMS 会提供多种存取数据库的工具，简单用户很容易掌握它们的使用方法，偶然用户只需会用一些常用的工具即可，资深用户则应尽量掌握大部分 DBMS 工具的使用方法，以满足自己的复杂需求。

## 1.2.2 数据库系统的三级模式结构

从 DBMS 的角度看，数据库系统有一个严谨的体系结构，从而保证其功能得以实现。根据 ANSI/SPARS(美国标准化协会和标准计划与需求委员会)提出的建议，数据库系统是三级模式和二级映像结构的，如图 1-5 所示。

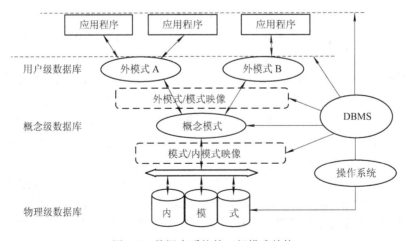

图 1-5  数据库系统的三级模式结构

### 1．三种模式

数据库的基本结构是由用户级、概念级和物理级组成的三级结构，分别称为概念模式、外模式和内模式。

(1) 概念模式。概念模式简称模式，是数据库中全体数据的逻辑结构和特征的描述，即数据库所采用的数据模型。一个数据库只有一个概念模式，它是由数据库设计者综合所有用户数据，按照统一的观点构造而成的。在定义模式时，不仅要定义数据的逻辑结构，例如，数据记录的数据项组成，数据项的名字、类型、取值范围等，而且要定义数据之间的联系，定义与数据有关的安全性、完整性要求。DBMS 提供了模式描述语言 DDL(参见1.4 节)来定义概念模式。

概念模式是数据库系统模式的中间层，既不涉及数据库物理存储细节和硬件环境，也与具体的应用程序以及所使用的程序设计语言或应用开发工具无关。它由数据库管理员(DBA)统一组织管理，故又称为 DBA 视图。

(2) 外模式。外模式又称为子模式，是数据库用户(包括应用程序员和最终用户)能够看到和使用的局部数据的逻辑结构和特征的描述，是数据库用户的数据视图，是与具体的应用有关的数据的逻辑表示。

外模式通常是概念模式的子集，一个数据库可以有多个外模式。外模式的描述随用户的应用需求、处理数据的方式的不同而不同，即使是来自模式中的同样的数据，在外模式中的结构、类型、长度、保密级别等都可以不同。另外，同一外模式也可为某一用户的多个应用系统所使用，但一个应用程序只能使用一个外模式。

DBMS 提供了子模式描述语言(参见1.4 节)来定义外模式。

(3) 内模式。内模式又称为存储模式，是数据的物理结构和存储方式的描述，是数据在数据库内部的表示方式。例如，记录是顺序存储还是按 B 树结构或按 hash(散列)方式存储；索引按什么方式组织；数据是否压缩存储，是否加密；数据的存储记录结构有什么规定等。DBMS 提供了内模式描述语言(参见1.4 节)来定义内模式。

一个数据库只有一个内模式。从形式上来看，一个数据库就是存放在外存储器上的许多物理文件的集合。

无论哪一级模式都只是处理数据的一个框架，按这些框架填入的数据才是数据库的内容。以外模式、概念模式或物理模式为框架的数据库分别称为用户数据库、概念数据库和物理数据库。物理数据库是实际存放在外存储器里的数据，而概念数据库和用户数据库只不过是对物理数据库的抽象的逻辑描述而已。用户数据库是概念数据库的部分抽取；概念数据库是物理数据库的抽象表示；物理数据库是概念数据库的具体实现。

### 2．二级映像

数据库系统的三级模式是数据的三个抽象级别，而数据实际上只存在于物理层。在一个基于三层模式结构的 DBMS 中，每个用户实际上只需要关注自己的外模式。因此，DBMS必须将外模式中的用户请求转换成概念模式中的请求，然后再将其转换成内模式中的请求，并根据这一请求完成在数据库中的操作。例如，如果用户的请求是检索数据，则先要从数据库中抽取数据，然后转换成与用户的外部视图相匹配的格式。

为了实现三个层次之间的联系和转换，DBMS 提供了两层映像：外模式/模式映象和模式/内模式映象。

**注**：所谓映像是用来指定映像的双方如何进行数据转换的规则。

(1) 外模式/模式映像。一个模式可以对应多个外模式，每个外模式在数据库系统中都有一个外模式/模式映像，它定义了这个外模式和模式之间的对应关系。映像的定义通常包含在各自外模式的描述中。当模式改变(如增加新的关系、属性、改变属性的数据类型等)时，DBA 会相应地改变各个外模式/模式映像，使得外模式保持不变，从而依据外模式编写的应用程序不必修改，这就保证了数据与程序的逻辑独立性。

(2) 模式/内模式映像。数据库中只有一个模式，也只有一个内模式，故模式/内模式映像是唯一的，它定义了数据库全局逻辑结构与存储结构之间的关系。模式/内模式映像定义通常包含在模式描述中。当数据库的存储结构发生改变时，DBA 会相应地改变模式/内模式映像，使得模式保持不变，也不必修改应用程序，这就保证了数据与程序的物理独立性。

用户根据外模式来操纵数据库时，数据库系统通过外模式/模式映像使用户数据库与概念数据库相联系，又通过模式/内模式的映像与物理数据库相联系，从而使用户实际使用物理数据库中的数据。实际的转换工作是由 DBMS 完成的。

## 1.2.3 数据库系统体系结构

数据库的三级模式结构对最终用户和程序员是透明的，他们见到的只是数据库的外模式和应用程序。从最终用户的角度来看，数据库系统分为单用户结构、主从式结构、客户/服务器结构和分布式结构。下面结合计算机体系结构的发展过程，介绍数据库系统的几种常见体系结构。

### 1. 分时系统环境下的集中式数据库系统

数据库技术诞生于分时计算机系统流行之际，因而早期的数据库系统是以分时系统为基础的。从数据库的应用来看，数据是一个企业或事业单位的共享资源，数据库系统要面向全单位提供服务；从技术条件来看，数据库系统要求较高的 CPU 运算速度和较大容量的内存和外存，而当时只有价格昂贵的大中型机或高档小型机才能满足要求。所以，早期的数据库只能集中建立在本单位的主要计算机上，用户通过终端或远距离终端分时访问数据库系统。在这种系统中，不但数据是集中的，数据的管理也是集中的，数据库系统的所有功能，从各种各样的用户接口到 DBMS 的核心都集中在 DBMS 所在的计算机上，终端只是人—机交互的设备，不分担数据库系统的处理功能，如图 1-6 所示。

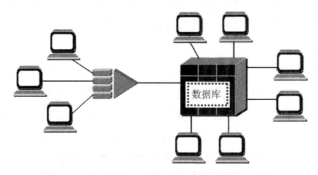

图 1-6　分时系统环境下的集中式数据库系统

### 2．微型计算机上的单用户数据库系统

进入 20 世纪 70 年代之后，微型计算机出现并迅速普及，由于微机在性能价格比上的优势，将计算机处理能力集中在少数大中型机或高档小型机上不再是经济合理的方案，因而数据库也移植到了微机上。1979 年，Ashton-Tate 公司开发出了 dBASE 数据库管理系统，由于极为成功的促销策略，dBASE 系统的用户和数量迅速增长，开创了微机数据库技术应用的先河。此后，其他厂商纷纷将自己的产品从大型机移植到微机上，如 Oracle、Ingres 等，同时，有些厂商也专门为微机开发数据库产品，如 Paradox 等。

在一段时间内，大量的 PC(Personal Computer，个人计算机)和工作站涌入了各个单位和部门，计算机处理能力分散化成为一种倾向。在这种基于 PC 的数据库系统中，各个组成部分(数据库、DBMS 和应用程序等)都装配在一台计算机上，由一个用户独占，不同计算机之间难以共享数据。

### 3．网络环境下的客户/服务器数据库系统

20 世纪 80 年代中后期，计算机网络开始普及，局域网(Local Area Network，LAN)将独立的计算机连接起来，网络上的计算机之间可以互相通信，共享各种用途的服务器，如打印服务器、文件服务器等。这就导致了客户/服务器结构的数据库系统的开发。

客户/服务器系统是在微机—局域网环境下，合理划分任务，进行分布式处理的一种应用系统结构，是解决微机大量使用却又无力承担所有处理任务这一矛盾的一种方案。在这种系统中，通过网络连接在一起的各种不同种类的计算机以及其他设备分为两个独立的部分，即"前端"的客户机和"后台"的服务器，如图 1-7 所示。

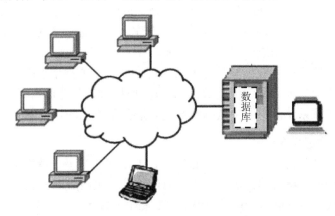

图 1-7　网络环境下的客户/服务器系统

客户机是完整的、可以独立运行的计算机(不是无处理能力的"终端")。典型地，它是一个用户机，提供了用户接口和本地处理的能力。当客户机请求访问它本身不具备的功能(如数据库存取)时，它就连接到提供了这种功能的服务器上。服务器可以向客户机提供各种服务，如打印、存档以及数据库存取等。服务器可以是专用的服务器、小型机、大中型机或功能较强的个人计算机。服务器提供在分时环境下通常由大中型机或高档小型机所提供的功能，即数据库管理、客户之间的信息共享，以及高层次的网络管理和安全保障等。

数据库是客户/服务器系统的一个重要应用领域。一般由客户机处理数据库的接口部

分，如图形用户界面、嵌入数据库语言的预处理和编辑、报表生成等，而 DBMS 的核心部分则由服务器处理。有些系统将查询处理和优化也放在客户机上，服务器只承担数据库的物理存取和事务管理，客户机在处理应用程序时，如果遇到访问数据库的请求，则通过数据库语言语句(如 SQL 语言语句)或图形用户界面中的菜单项、按钮等提交给数据库服务器。数据库服务器执行应用程序的请求并将结果返回给客户机。由于返回的只是结果而不是存取和处理过程中的所有数据，从而减少了网络上的数据传输量，提高了系统的吞吐量和负载能力。

### 4．分布式数据库系统

随着地理上分散的用户对数据共享的需求日益增强以及计算机网络技术的发展，在传统的集中式数据库系统的基础上产生了分布式数据库系统。

分布式数据库系统是数据库技术与计算机网络技术相结合的产物。分布式数据库系统将分别存储在不同地域、分别属于不同部门或组织机构的多种不同规模的数据库统一管理起来，使得每个用户都可以在更大范围内、更灵活地访问和处理数据。分布式数据库系统适合于那些所属各部门在地理上分散的组织机构的事务处理，如银行业务系统、飞机订票系统等。在 20 世纪 80 年代中期它已有商品化产品问世。

分布式数据库系统是地域上分布、逻辑上统一的数据集合，是计算机网络环境中各个局部数据库的逻辑集合，同时受分布式数据库管理系统的控制和管理。分布式数据库系统在逻辑上像一个集中式数据库系统，实际上数据存储在位于不同地点的计算机网络的各个结点上。每个结点的数据库系统都有独立处理本地事务的能力，而且各局部结点之间也能够互相访问、有效配合，以便处理更复杂的事务。用户可以通过分布式数据库管理系统，使用网络通信系统来相互传递数据。分布式数据库系统具有高度的透明性，每台计算机上的用户都感觉到自己是使用集中式数据库的唯一用户。

分布式数据库比集中式数据库具有更高的可靠性，在个别结点或个别通信链路发生故障时可以继续工作。目前，网络上的数据库已由同种机发展到到异种机，由同种操作系统发展到了不同的操作系统，由同种数据库系统发展到了不同的数据库系统。

### 5．因特网上的数据库

随着因特网尤其是万维网技术的迅猛发展，万维网成为了全球性自主式计算环境，数据库技术也全面面向网络方向发展，成为了万维网的有机组成部分。

注：**万维网**(World Wide Web，WWW)是因特网提供的一种服务。

因特网上的信息是标准的 HTML 格式，这种格式文件中的信息是固定的(静态页面)，如果需要改变，就必须使用设计工具来修改页面，就像修改写好的文章一样。在信息量大、信息更新速度快的因特网上，频繁地修改需求不但造成了开发与维护网站的困难，而且会因为这种静态 Web 站点的非交互性而影响其使用效果。如果将网上发布的信息数据库化，则可实现网页信息的动态变化和可交互性。因为网络数据库可以动态地更新数据，浏览器上显示的网页内容就跟随数据库中数据的变化而动态地更新。

网络数据库采用 B/S(Browser/Server，浏览器/服务器)结构，对于使用者来说，只要会操作浏览器，不需要安装特别的软件即可访问数据库，使得随时随地访问数据库成为可能，从而实现了业务工作的网络化。

# 1.3 数据库管理系统

DBMS(数据库管理系统)是为数据库的建立、使用和维护而配置的软件系统,是数据库系统的核心组成部分,可以看做用户和数据库之间的接口。目前常用的 DBMS 都是关系型的,称为 RDBMS(Relational DataBase Management System,关系数据库管理系统)。

DBMS 建立在操作系统的基础上,负责对数据库进行统一的管理和控制。数据库系统的一切操作,包括查询、更新以及各种控制等,都是通过 DBMS 进行的。用户或应用程序发出的各种操作数据库中数据的命令也要通过 DBMS 来执行。DBMS 还承担着数据库的维护工作,能够按照 DBA(数据库管理员)的规定和要求,保障数据库的安全性和完整性。

## 1.3.1 数据库管理系统的功能

DBMS 种类繁多,不同类型的 DBMS 对硬件资源、软件环境的适应性各不相同,因而其功能也有差异,但一般来说,DBMS 应该具备以下几方面的功能。

### 1. 数据库定义功能

数据库定义也称为数据库描述,是对数据库结构的描述。利用 DBMS 提供的 DDL(Data Definition Language,数据定义语言),可以从用户的、概念的和物理的三个不同层次出发定义数据库(这些定义存储在数据字典中)。完成了数据库定义之后,就可以根据概念模式和存储模式的描述,把实际的数据库存储到物理存储设备上,最终完成建立数据库的工作。

### 2. 数据库操纵功能

数据库操纵是 DBMS 面向用户的功能,DBMS 提供了 DML(Data Manipulation Language,数据操纵语言)及其处理程序,用于接收、分析和执行用户对数据库提出的各种数据操作要求(检索、插入、删除、更新等),完成数据处理任务。

### 3. 数据库运行控制功能

数据库控制包括执行访问数据库时的安全性、完整性检查以及数据共享的并发控制等,目的是保证数据库的可用性和可靠性。DBMS 提供以下四方面的数据控制功能:

(1) 数据安全性控制功能。该功能是对数据库的一种保护措施,目的是防止非授权用户存取数据而造成数据泄密或破坏。例如,设置口令,确定用户访问密级和数据存取权限,系统审查通过后才执行允许的操作。

(2) 数据完整性控制功能。该功能是 DBMS 对数据库提供保护的另一个方面。完整性是数据的准确性和一致性的测度。在将数据添加到数据库时,对数据的合法性和一致性的检验将会提高数据的完整性。这种检验并不一定要由 DBMS 来完成,但大部分 DBMS 都有能用于指定合法性和一致性规定并在存储和修改数据时实施这些规定的机构。

(3) 并发控制功能。数据库是提供给多个用户共享的,用户对数据的存取可能是并发的,即多个用户同时使用同一个数据库,因此 DBMS 应对多用户并发操作加以控制、协调。例如,当一个用户正在修改某些数据项时,如果其他用户同时存取,就可能导致错误。DBMS

应对要修改的记录采取一定的措施，如加锁，暂时不让其他用户访问，待修改完成并存盘后再开锁。

(4) 数据库恢复功能。在数据库运行过程中，可能会出现各种故障，如停电、软件或硬件错误、操作错误、人为破坏等，因此系统应提供恢复数据库的功能，如定期转储、恢复备份等，使系统有能力将数据库恢复到损坏之前的某个状态。

**4. 数据字典**

数据库本身是一种复杂对象，因而可将数据库作为对象建立数据库，数据字典(Data Dictionary，DD)就是这样的数据库。数据字典也称为系统目录，其中存放着对数据库结构的描述。假设数据库为三级结构，那么，以下内容就应当包含在数据字典中：

(1) 有关内模式的文件、数据项及索引等信息。

(2) 有关概念模式和外模式的表、属性、属性类型、表与表之间的联系等模式信息，且应易于查找属性所在的表或表中所包含的属性等信息。

(3) 其他方面的信息，如数据库用户表、关于安全性的用户权限表、公用数据库程序及使用它们的用户名等信息。

另外，当同一对象不同名时，数据字典中也应有相应的信息。

数据字典中的数据称为元数据(数据库中有关数据的数据)。一般来说，为了安全性，只允许 DBA 访问整个数据字典而其他用户只能访问其中的一部分，因而 DBA 能用它来监视数据库系统的使用。数据库本身也使用数据字典，例如，Oracle(关系数据库管理系统)的数据字典是 Oracle 数据库的一部分，由 Oracle 系统建立并自动更新。Oracle 数据字典中有一些允许用户访问的表，用户可从中得知自己所拥有的表(关系)、视图、列、同义词、数据存储以及存取权限等信息。还有一些表只允许 DBA 访问，如存放着所有数据的存储分配情况的表和存放着所有授权用户及其权限的表等。

注：视图是一种仅有逻辑定义的虚表，可在使用时根据其定义从其他表(包括视图)中导出，但不作为一个表显式地存储在数据库中。

在有些系统中，把数据字典单独抽出自成系统，成为一个软件工具，使得数据字典比 DBMS 提供了一个更高级的用户和数据库之间的接口。

## 1.3.2 常见的数据库管理系统

目前流行的 DBMS 种类繁多，各有不同的适用范围。例如，Microsoft Access 是运行在 Windows 操作系统上的桌面型 DBMS，便于初学者学习和数据采集，适合于小型企事业单位及家庭、个人用户使用；以 IBM DB2 和 Oracle 为代表的大型 DBMS 更适合于大型中央集中式或分布式数据管理的场合；以 SQL Server 为代表的客户/服务器结构的 DBMS 顺应了计算机体系结构的发展潮流，为中小型企事业单位构建自己的信息管理系统提供了方便。另外，随着计算机应用和计算机产业的发展，开放源代码的 MySQL 数据库、跨平台的 Java 数据库等也不断涌现，为不同种类的用户提供了不同的选择。下面介绍几种不同类型的数据库管理系统。

**1. Microsoft Access**

Access 是微软(Microsoft)公司于 1994 年推出的一种工作于 Windows 操作系统之上的桌

面型关系数据库管理系统(RDBMS)，具有界面友好、易学易用、开发简单、接口灵活等特点。Access 使用单一的数据库文件来管理一个数据库。用户将所有业务数据分门别类地保存在不同的表中，并通过共有字段将表与表有机地关联在一起，可以使用标准 SQL 语句或 Access 提供的图形化界面来检索自己所需要的数据，可以使用报表以特定的版面布置来分析及打印数据，还可以将数据发布到因特网上。

Access 提供了多种不同功能的向导、生成器和模板，使得数据存储、数据查询、界面设计以及报表生成等各种操作规范化且简单易行，普通用户不必编写代码即可完成大部分数据管理任务。另外，Access 是微软的 Office 软件包中的一种，可以实现与其中的 Word、Excel 等软件的数据共享。例如，将 Excel 表格导入为 Access 数据库中的表或将 Access 数据库中的表导出为 Word 文档等，都是十分方便的。

### 2．Oracle(大型 DBMS)

Oracle 是目前世界上最为流行的大型 RDBMS 之一，具有功能强、使用方便、移植性好等特点，适用于各类计算机，包括大中型机、小型机、微机和专用服务器环境等。Oracle 具有许多优点，例如，采用标准的 SQL 结构化查询语言，具有丰富的开发工具，覆盖开发周期的各个阶段，数据安全级别高(C2 级，最高级)，支持数据库的面向对象存储，等等。Oracle 适合大中型企业使用，广泛地应用于电子政务，如电信、证券、银行等各个领域。

### 3．SQL Server(客户/服务器 DBMS)

SQL Server 是微软公司推出的分布式 RDBMS，具有典型的客户/服务器体系结构。SQL Server 不同于适合个人计算机的桌面型 DBMS，也不同于 IBM DB2 和 Oracle 这样的大型 DBMS，它所管理的数据库是由负责数据库管理和程序处理的"服务器"与负责界面描述和显示的"客户机"组成的。客户机管理用户界面、接收用户数据、处理应用逻辑、生成数据库服务请求，将这些请求发送给服务器，并接收服务器返回的结果。服务器接收客户机的请求、处理这些请求并将处理结果返回给客户机。这种结构的数据库系统适用于在由多个具有独立处理能力的个人计算机组成的计算机网络上运行。在这种系统中，用户既可以通过服务器取得数据，在自己的计算机上进行处理，也可以管理和使用与服务器无关的自己的数据库。另外，因为 SQL Server 与 Access 都是微软公司的产品，由它们创建和管理的数据库之间的数据传递和互相转换十分方便。

### 4．MySQL(开放源代码的 DBMS)

MySQL 是一种小型的分布式 RDBMS，具有客户机/服务器体系结构，是由 MySQL 开放式源代码组织提供的。它可运行在多种操作系统平台上，适用于网络环境，且可在因特网上共享。由于它追求的是简单、跨平台、零成本和高执行效率，因而适合于因特网企业(如动态网站建设)，许多因特网上的办公和交易系统都采用 MySQL 数据库。

### 5．Java 数据库

伴随着因特网的发展，具有跨平台能力以及多种其他优良性能的 Java 程序设计语言流行起来，使用 Java 语言开发的软件项目越来越多，许多公司都试图加入这一领域。于是，使用 Java 语言编写的面向对象 DBMS 也应运而生。其中，JDataStore 是美国 Borland 公司推出的纯 Java 数据库，主要用于 J2EE 平台，具有跨平台移植性，且与 Borland 新一代 Java

开发工具 JBuilder 紧密结合。

## 实验 1  观察 SQL Server 数据库

### 1．实验任务与目的

(1) 启动 SQL Server。附加 Northwind 数据库，即将该数据库加载到 SQL Server 中。

(2) 打开 Northwind 数据库，观察该数据库中几个主要的表并创建表与表之间的联系。

(3) 分离并复制 Northwind 数据库。

通过本实验，了解数据库(关系数据库)中数据组织的一般方式以及关系数据库管理系统的用户界面。

注：本书以 SQL Server 2008 为例安排实验内容。

### 2．预备知识

(1) 本实验涉及本章中以下内容：

- 数据库的功能及关系数据库的特点。
- 数据库组成及各主要成分的功能与特点。
- 数据库管理系统的功能及 SQL Server 数据库管理系统的特点。

(2) SQL Server 数据库管理系统及 Northwind 数据库。

SQL Server 是一个关系数据库管理系统，最初由微软、Sybase 和 Ashton-Tate 三家公司共同开发，1988 年推出运行于 OS/2 操作系统上的版本。微软公司将其移植到 Windows 系统上。

SQL Server 提供了 Northwind Traders 示例数据库，用于管理罗斯文(Northwind Traders)公司的日常业务。这是一个虚构的从事世界各地特产食品进出口贸易的公司，其业务涉及产品、客户、雇员、订单以及产品的供应商、产品的类别等各类数据，分别存放于该数据库的不同表中，表与表之间通过共有字段有机地联系在一起，如图 1-8 所示。

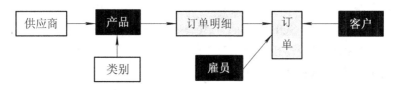

图 1-8  Northwind 数据库中表与表之间的联系

从图中可以看出：

- 罗斯文公司的主要业务数据包括产品、客户和雇员，这三者之间通过订单联系在一起。

- 因为订单与其他主要数据的联系较为复杂，则将其数据分为订单和订单明细两部分，分别存放于不同的表中。

- 罗斯文公司经销的是按客户需求采购自其他公司的不同类别的产品，故将产品来源及类别的相关数据存放于两个不同的表中。

注：本实验只关注 Northwind Traders 示例数据库中的部分主要数据。

(3) SQL Server 数据库的文件及"文件拷贝"操作。

一个 SQL Server 数据库至少包含两个文件:一个数据文件和一个日志文件。数据文件包含存储数据的表以及索引、存储过程和视图等其他对象。日志文件包含恢复数据库中的所有事务所需的信息。为了便于分配和管理,可将数据文件集合起来,放到文件组中。

SQL Server 中,不能通过简单的文件拷贝方式复制当前系统中的数据库或者将已有的数据库加载到当前系统中,需要通过"分离/附加"或者备份/还原等操作来完成这种任务。

分离数据库就是将某个数据库从 SQL Server 数据库列表中删除,使得 SQL Server 不再管理和使用它。分离成功后,即可将该数据库的数据文件( .mdf)和对应的日志文件( .ldf)拷贝到其他外存储器中作为备份保存。

附加数据库即将一个备份于外存中的数据文件和对应的日志文件添加到当前 SQL Server 数据库服务器中,由该服务器来管理和使用这个数据库。

### 3.实验步骤

说明:以下实验内容由老师引导学生完成。

(1) 启动 SQL Server 2008 数据库管理系统。

① 选择"开始→Microsoft SQL Server 2008→SQL Server Mangement Studio"菜单项,启动 SQL Server 2008。

② 启动 SQL Server 过程中,将会显示如图 1-9 所示的"连接到服务器"对话框。

图 1-9　连接到服务器对话框

③ 单击"连接"按钮,即可连接到数据库服务器并打开名为"Microsoft SQL Server Mangement Studio"的 SQL Server 主窗口,如图 1-10(a)所示。

(2) 附加 Northwind 数据库。

① 将需要附加的数据库文件 Northwind.mdf 和日志文件 Northwind.ldf 拷贝到某个文件夹中。本例中,建议将这两个文件拷贝到安装 SQL Server 时所生成的目录 DATA 文件夹中。

② 在图 1-10(a)右侧的对象资源管理器中,展开以用户名命名(如默认名为 CB454E24C609405 等)的结点,右击"数据库"对象,并在如图 1-10(b)所示的快捷菜单中选择"附加"命令,打开"附加数据库"窗口,如图 1-11(a)所示。

(a)

(b)

图 1-10　SQL Server 2008 主窗口

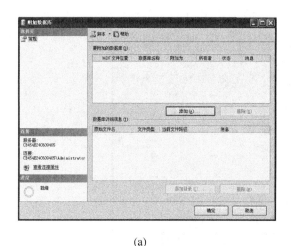

(a)

(b)

图 1-11　定位数据库文件到附加数据库窗口中

③ 在"附加数据库"窗口中，单击页面中间的"添加"按钮，打开定位数据库文件的窗口，在此窗口中找到刚才拷贝到 SQL Server 的 DATA 文件夹中的数据库文件目录，选择要附加的数据库文件 Northwind.mdf，如图 1-11(b)所示。

④ 单击"确定"按钮，完成附加数据库文件的设置工作。这时，附加数据库窗口中即列出需要附加数据库的信息。

如果需要修改附加后的数据库名称，则修改"附加为"文本框中的数据库名称。本实验都采用默认值，故单击"确定"按钮即可完成数据库的附加任务。

完成以上操作之后，即可在"对象资源管理器"中看到刚刚附加的数据库"罗斯文"的结点。

⑤ 展开"罗斯文"结点及其下属的"表"、"视图"或其他结点，观察其中的内容。

(3) 观察"罗斯文"数据库中的"产品"表。

① 展开"罗斯文"结点，再展开其中的"表"结点。

② 右击"dbo.产品"结点，选择快捷菜单中的"设计"命令，显示"产品"表的结构及其所包含的每个字段的名称、数据以及数据是否允许空值等属性，如图 1-12 所示。

图 1-12 SQL Server 主窗口及"产品"表的结构

③ 右击"dbo.产品"结点，选择快捷菜单中的"编辑前 1000 行"命令，显示产品表的内容，如图 1-13 所示。

| 产品ID | 产品名称 | 供应商ID | 类别ID | 单位数量 | 单价 | 库存量 | 订购量 | 再订购量 | 中止 |
|---|---|---|---|---|---|---|---|---|---|
| 1 | 苹果汁 | 1 | 1 | 每箱24瓶 | 18.0000 | 39 | 0 | 10 | False |
| 2 | 牛奶 | 1 | 1 | 每箱24瓶 | 19.0000 | 17 | 40 | 25 | False |
| 3 | 蕃茄酱 | 1 | 2 | 每箱12瓶 | 10.0000 | 13 | 70 | 25 | False |
| 4 | 盐 | 2 | 2 | 每箱12瓶 | 22.0000 | 53 | 0 | 0 | False |
| 5 | 麻油 | 2 | 2 | 每箱12瓶 | 21.3500 | 0 | 0 | 0 | True |
| 6 | 酱油 | 3 | 2 | 每箱12瓶 | 25.0000 | 120 | 0 | 25 | False |
| 7 | 海鲜粉 | 3 | 7 | 每箱30盒 | 30.0000 | 15 | 0 | 10 | False |
| 8 | 胡椒粉 | 3 | 2 | 每箱30盒 | 40.0000 | 6 | 0 | 0 | False |
| 9 | 鸡 | 4 | 6 | 每袋500克 | 97.0000 | 29 | 0 | 0 | True |
| 10 | 蟹 | 4 | 8 | 每袋500克 | 31.0000 | 31 | 0 | 0 | False |
| 11 | 民众奶酪 | 5 | 4 | 每袋6包 | 21.0000 | 22 | 30 | 30 | False |
| 12 | 德国奶酪 | 5 | 4 | 每箱12瓶 | 38.0000 | 86 | 0 | 0 | False |
| 13 | 龙虾 | 6 | 8 | 每袋500克 | 6.0000 | 24 | 0 | 5 | False |
| 14 | 沙茶 | 6 | 7 | 每箱12瓶 | 23.2500 | 35 | 0 | 0 | False |
| 15 | 味精 | 6 | 2 | 每箱30盒 | 15.5000 | 39 | 0 | 5 | False |
| 16 | 饼干 | 7 | 3 | 每箱30盒 | 17.4500 | 29 | 0 | 10 | False |
| 17 | 猪肉 | 7 | 6 | 每袋500克 | 39.0000 | 0 | 0 | 0 | True |
| 18 | 墨鱼 | 9 | 8 | 每袋500克 | 62.5000 | 42 | 0 | 0 | False |

图 1-13 罗斯文数据库中的"产品"表

④ 对比图 1-12 和图 1-13，探讨以下几个问题：

● 产品表中有哪些字段？

● 每个字段定义中的数据类型有什么意义？

● 带有小钥匙标记的字段(称为主键)有什么特殊性？

(4) 观察"罗斯文"数据库中的"供应商"表和"类别"表。

① 按照步骤(3)的方式,观察"供应商"表的内容和结构,如图 1-14(a)、(b)所示。

② 找出"供应商"表中的主键,探讨该字段的作用。

③ 对比"产品"表和供应商表,找出同名字段并探讨:

● 指定"供应商"表中某个 SupplierID 值(如 1),查对应的产品表中有几个相应的值?

● 该字段有什么作用?

● 如果删除该字段,对"罗斯文"数据库有什么影响?

④ 观察"类别"表的内容和结构(如图 1-14(c)所示)。

⑤ 对比"产品"表和"类别"表,找出同名字段并探讨该字段的作用。

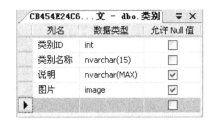

(a) "供应商"表的结构      (c) "类别"表的结构

(b) "供应商"表的内容

图 1-14   "罗斯文"数据库中的"供应商"表

(5) 观察"罗斯文"数据库中的"客户"表、"雇员"表、"订单"表和"订单明细"表。

① 观察"客户"表的内容和结构,如图 1-15(a)所示。

② 观察"雇员"表的内容和结构,如图 1-15(b)所示。

③ 观察"订单"表的内容和结构，如图 1-15(c)。

④ 观察"订单明细"表的内容和结构，如图 1-15(d)所示。

⑤ 对比这几个表，找出表与表之间的同名字段并探讨以下问题：

- "雇员"表与"订单"表之间的同名字段及其作用？
- "订单"表与"客户"表之间的同名字段及其作用？
- "订单"表与"订单明细"表之间的同名字段及其作用？
- 能不能将"订单"表与"订单明细"表合二为一？

| CB454E24C... - dbo.客户* | | |
|---|---|---|
| 列名 | 数据类型 | 允许 Null 值 |
| 🔑 客户ID | nvarchar(5) | ☐ |
| 公司名称 | nvarchar(40) | ☐ |
| 联系人姓名 | nvarchar(30) | ☑ |
| 联系人头衔 | nvarchar(30) | ☑ |
| 地址 | nvarchar(60) | ☑ |
| 城市 | nvarchar(15) | ☑ |
| 地区 | nvarchar(15) | ☑ |
| 邮政编码 | nvarchar(10) | ☑ |
| 国家 | nvarchar(15) | ☑ |
| 电话 | nvarchar(24) | ☑ |
| 传真 | nvarchar(24) | ☑ |
|  |  | ☐ |

(a)

| CB454E24C... - dbo.雇员* | | |
|---|---|---|
| 列名 | 数据类型 | 允许 Null 值 |
| 🔑 雇员ID | int | ☐ |
| 姓氏 | nvarchar(20) | ☐ |
| 名字 | nvarchar(10) | ☐ |
| 头衔 | nvarchar(30) | ☑ |
| 尊称 | nvarchar(25) | ☑ |
| 出生日期 | datetime | ☑ |
| 雇用日期 | datetime | ☑ |
| 地址 | nvarchar(60) | ☑ |
| 城市 | nvarchar(15) | ☑ |
| 地区 | nvarchar(15) | ☑ |
| 邮政编码 | nvarchar(10) | ☑ |
| 国家 | nvarchar(15) | ☑ |
| 家庭电话 | nvarchar(24) | ☑ |
| 分机 | nvarchar(4) | ☑ |
| 照片 | image | ☑ |
| 备注 | nvarchar(... | ☑ |
| 上级 | int | ☑ |
|  |  | ☐ |

(b)

| CB454E24C... - dbo.订单* | | |
|---|---|---|
| 列名 | 数据类型 | 允许 Null 值 |
| 🔑 订单ID | int | ☐ |
| 客户ID | nvarchar(5) | ☑ |
| 雇员ID | int | ☑ |
| 订购日期 | datetime | ☑ |
| 到货日期 | datetime | ☑ |
| 发货日期 | datetime | ☑ |
| 运货商 | int | ☑ |
| 运货费 | money | ☑ |
| 货主名称 | nvarchar(40) | ☑ |
| 货主地址 | nvarchar(60) | ☑ |
| 货主城市 | nvarchar(15) | ☑ |
| 货主地区 | nvarchar(15) | ☑ |
| 货主邮... | nvarchar(10) | ☑ |
| 货主国家 | nvarchar(15) | ☑ |
|  |  | ☐ |

(c)

| CB454E24C... dbo.订单明 | | |
|---|---|---|
| 列名 | 数据类型 | 允许 Null 值 |
| 🔑 订单ID | int | ☐ |
| 产品ID | int | ☐ |
| 单价 | money | ☐ |
| 数量 | smallint | ☐ |
| 折扣 | real | ☐ |
|  |  | ☐ |

(d)

图 1-15 "罗斯文"数据库中的"客户"表、"雇员"表、"订单"表和"订单明细"表

(6) 创建"罗斯文"数据库中表与表之间的联系。

① 右击"罗斯文"结点卜属的"数据库关系图"结点,选择"新建数据库关系图"命令,弹出"添加表"对话框以及相应的设计窗格。

② 在"添加表"对话框中,双击列举出来的几个表的名称,使得它们的字段名列表跳上设计窗格:"产品"表、"供应商"表、"类别"表、"雇员"表、"订单明细"表、"订单"表和"客户"表。

③ 创建如图 1-16 所示的"罗斯文"数据库的"关系图"。创建两个表之间联系的方法是:将一个表中的某个字段拖放到另一个表中的同名字段之上。

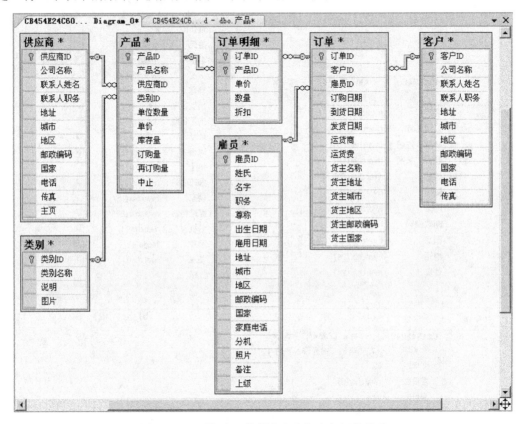

图 1-16   "罗斯文"数据库中表与表之间的联系

(7) 分离"罗斯文"数据库。

① 右击"罗斯文"结点,选择快捷菜单中的"属性"命令,打开"数据库属性"窗口,如图 1-17(a)所示。

② 在"选择页"列表中选定"选项"对象,并在右边的"其他选项"列表中找到"状态"项,下拉"限制访问"文本框,选择下拉列表中的"SINGLE_USER"项。

③ 单击"确定"按钮,弹出一个消息框,显示将要关闭数据库的提示信息,如图 1-17(b)所示。

注:大型数据库系统中,随意断开数据库的其他连接是危险的动作,因无法确定连接到数据库上的应用程序正在做什么,将要断开的可能是复杂的数据更新操作或已运行了较长时间的事务。

(a)

(b)

图 1-17　"数据库属性"窗口及提示关闭数据库的消息框

④ 单击"是"按钮,"罗斯文"结点中将会增加显示"单个用户"字样。

⑤ 右击"罗斯文"结点,选择快捷菜单中"任务"命令下的"分离"子命令,打开"分离数据库"窗口,如图 1-18 所示。

⑥ "分离数据库"窗口中列出了将要分离的数据库名称,选中"更新统计信息"复选框。若"消息"列中没有显示存在活动连接,则"状态"列显示为"就绪",否则显示"未就绪",此时必须勾选"删除连接"列的复选框。

⑦ "分离数据库"参数设置完成后,单击"确定"按钮,即完成了"罗斯文"数据库的分离操作。这时,"对象资源管理器"的数据库对象列表中就看不到"罗斯文"数据库结点了。

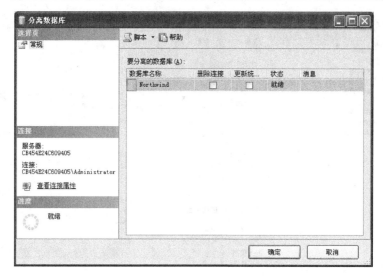

图 1-18　"分离数据库"窗口

(8) 复制"罗斯文"数据库。

① 打开 SQL Server 数据库所在的文件夹，如默认的 C:\Program Files\Microsoft SQL Server\MSSQL10.MSSQLSERVER\MSSQL\DATA。

② 将"罗斯文"数据库的两个文件 Northwind.mdf 和 Northwind.ldf 拷贝到移动存储器(如 U 盘)上。

# 习　题　1

1. 以一个小商店的管理工作为例，说明数据库系统的功能。

2. 模仿例 1-1，画出一个生产企业的数据库系统示意图，该企业中的数据管理工作分属于五个职能部门，即办公室、销售部、一厂、二厂和后勤部，需要存储和处理的数据如下：

- 产品表——产品号、产品名、类别、职工号、生产日期、型号、规格、出厂价。
- 客户表——客户号、客户名、负责人、电话、电子邮件、传真。
- 业绩表——销售号、产品号、职工号、客户号、日期、销售量、销售价。
- 职工登记表——职工号、姓名、工资号、性别、所属部门、岗位、生日、政治面貌。
- 工资表——工资号、基本工资、工龄工资、津贴、奖金、补贴、加班费。

其中，产品表中的"职工号"是产品"负责人"的职工号；业绩表中的"职工号"是产品"经手人"的职工号。

3. 解释下列名词：

数据库　数据库管理系统　数据库系统

4. 数据库系统主要由哪几部分组成，各有什么作用？

5. 不同种类的用户使用数据库的方式有什么不同？

6. 什么是数据库系统的三级模式结构？

7．什么是数据与程序的逻辑独立性？三级模式结构中如何保证数据与程序的逻辑独立性？

8．简述客户/服务器数据库系统的特点。

9．数据库管理系统的主要功能是什么？

10．简要说明执行以下任务的操作步骤：

(1) 将刚编辑好的 SQL Server 数据库 testDB 复制到 U 盘上。

(2) 将 U 盘上的 testDB 数据库加载到另一台计算机上。

提示：一个 SQL Server 数据库至少包含一个数据文件和一个日志文件。

# 第2章 关系数据模型

数据库系统中，使用某种数据模型来抽象、表示和处理现实世界中的事物以及事物之间的联系，现有的数据库系统大都是基于关系数据模型的。关系数据模型有严格的设计理论支撑，用户界面简单，有力地推动了数据库技术的应用和普及。

关系数据模型中，实体以及实体之间的联系都是用关系(行列结构的二维表)表示的。在一个给定的应用领域中，表示所有实体以及实体之间联系的关系集合构成一个关系数据库。关系数据模型由三部分组成：关系数据结构、关系约束和关系数据操作。关系数据模型的基本结构是简单的二维表，便于实现且易于为用户接受；关系数据库的 DML(数据操纵语言)是非过程化的集合操作语言，以关系代数或关系演算为其理论基础，不仅功能强，而且可嵌入高级语言中使用。关系数据模型允许定义三类完整性约束：实体完整性、引用完整性和用户定义的完整性，可以保证数据与现实世界的一致性。

## 2.1 数据模型的概念

使用数据库的目的是将描述客观实际的批量数据采用适当的形式组织在一起，并且可按照既定的规则对其进行查询、修改、统计分析等各种处理，从而为人类社会的生产活动或者人们的日常生活提供服务。因此，称之为数据模型的数据组织方式以及施加于数据之上的操作的集合就成为数据库系统的基础。

数据模型是 DBMS 用来创建数据库并操纵其中数据的依据。合理的数据模型使得数据库中的数据按照它们的原始属性和自然联系有机地组织在一起，成为便于理解和操作的结构化数据集合，从而可实现数据的集中化控制以及较大范围内的数据共享，并为各类不同的用户或系统提供较为全面的服务。

### 2.1.1 实体与数据

我们赖以生存的世界是一个物质的世界。所有的物质形成一个物理流，每个人都处在物理流中。同时，我们也生活在一个信息的世界中，所有的信息形成一个信息流。用文字符号把信息表示出来就形成了数据，又称为信息的编码。

现实世界中的事物是由其所具有的各种不同的性质来互相区分的。关于事物的信息称为实体，实体是彼此可以识别的对象。实体既可指具体的事物，如一个职工、一个部门、一个产品等，也可以指抽象的概念或联系，如客户的一次订货、职工与部门的工作关系等。

一个实体可以由若干个属性来表征，实体的属性是事物性质的抽象。例如，职工实体可以表征为：

职工(职工号，姓名，职务，基本工资，出生年月，性别)

而下面两组属性分别表征了两个职工实体：

(00010，杨换章，厂长，523.00，10/10/56，男)

(00019，刘瑞萍，出纳，456.00，05/13/57，女)

关于所有事物的信息形成了信息世界。信息的编码具体体现在对属性的编码上，称为数据。表示同一信息的所有属性的数据组合成记录。记录作为一种数据单位处于数据世界中。因此，现实世界、信息世界和数据世界之间具有如图 2-1 所示的关系。

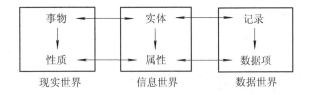

图 2-1　三个世界之间的转换关系

对于同一个事物，不同的用户可以根据自己的需求和兴趣从不同的角度去分析和描述，从而形成具有不同的形式和结构的数据。例如，对于同一个职工来说，财务部门可能需要了解他的工资方面的数据，人事部门可能需要了解他的工作经历与工作业绩方面的数据，这两种用户对事物的了解都是片面的、局部的。但是，在数据库系统中存储和处理这个职工的数据时，应该考虑到所有可能用到这些数据的用户的实际需求，尽可能完整地收集这个职工的相关信息，并将其保存到数据库系统中。其方法往往是将多方面用户的需求信息综合在一起，剔除冗余数据，在考虑应用系统发展的情况下，使之形成一个整体存储在数据库中。这种消除多个用户之间的数据冗余的处理称为"集成"(如图 2-2 所示)。集成是以数据共享为前提的。

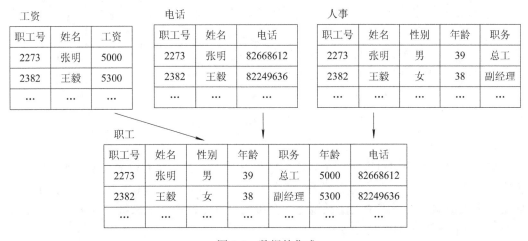

图 2-2　数据的集成

图 2-2 给出了整体信息的定义，称为概念记录的"型"。同时给出了几个职工的数据，称为概念记录的"值"。显然，一个"值"是按"型"填充得到的一个实例。在数据库中随

时都需要区分型和值。

现实世界中的事物并非是孤立的，人们也常把同类事物组合在一起，称为事物类或范围。相应地在信息世界就有一个实体集与之对应。数据世界中的对应概念是文件，文件是记录集。例如，在图 2-2 的"职工"表中，每条记录表示一个实体(职工)，它们有相同的性质描述。

## 2.1.2  数据之间的联系

现实世界中的事物是相互有联系的。由于各种联系的发生，使得现实世界中一定范围内的若干事物构成一个有机的整体。事物之间的联系在信息世界里反映为实体(型)内部的联系和实体(型)之间的联系。实体之间的联系通常指的是不同实体集之间的联系。例如，假定有人、书和汽车三个实体集，如图 2-3 所示，三者之间可能的联系有：

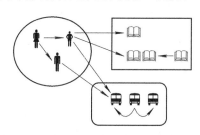

- 人和汽车之间有制造、驾驶和乘坐的联系；
- 人和书之间有作者、管理员和读者的联系；
- 书和汽车之间有使用说明书或其他联系。

在同一个实体集的各个实体之间，也可能有各种各样的联系。例如：

图 2-3  事物之间的联系

- 人中的某一个是另一些人的领导；
- 书中的某一本是另一些书的参考书；
- 汽车中的某一辆是另一些的循回检修车。

下面以两个实体之间的联系为例，说明实体之间联系的类型。假定有两个实体集 A 和 B，则它们之间可能的联系有三种情况，如图 2-4 所示。

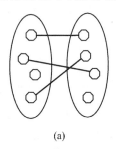　　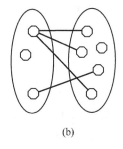　　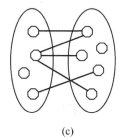

(a)　　　　　　　　　　(b)　　　　　　　　　　(c)

图 2-4  两个实体之间的联系

### 1) 一对一联系

如果实体集 A 中的每个实体至多和实体集 B 中的一个实体有联系，反过来，B 中的每个实体至多和 A 中的一个实体有联系，则为一对一联系(如图 2-4(a)所示)，记作 1：1。例如，如果一个班级配备一个班主任，且规定一个班主任只能管理一个班级，则班级和班主任这两个实体之间就是一对一的联系。

### 2) 一对多联系

如果 A 中的每个实体可以和 B 中的几个实体有联系，而 B 中的每个实体至多和 A 中的一个实体有联系，则为一对多联系(如图 2-4(b)所示)，记作 1：n。例如，一个班级有几十个学生,一个学生只属于一个班级,则班级和学生之间是一对多联系。

　　3) 多对多联系

　　如果 A 中的每个实体可以和 B 中的多个实体有联系,反过来,B 中的每个实体也可以和 A 中的多个实体有联系,则为多对多联系(如图 2-4(c)所示),记作 m : n。例如,一个学生可以选几门课程,一门课程可供几十个学生选择,则学生和课程之间是多对多联系。

　　实际上,可将一对一联系看成一对多联系的特例,也可将一对多联系看成多对多联系的特例。有些数据库系统不能直接表示多对多联系,就需要将它们拆成两个一对多的联系。

　　同一实体集内部的两个实体之间也存在一对一、一对多或多对多联系。例如,如果一门课程是另外几门的先修课程,则这门课程和其他课程之间就是一对多联系。

　　三个或更多个实体型之间也存在一对一、一对多或多对多联系。例如,考虑课程、教师和参考书三个实体型:一门课通常由几个教师教授,如果规定每个教师只能教授一门课,每本参考书只供一门课使用,则课程与教师、参考书之间是一对多联系。

　　现实世界中事物之间的联系,在信息世界中表现为实体之间的联系,将其数据化得到的结果就是数据世界中的数据模型。

## 2.1.3　数据模型的构造与分类

　　数据模型有两个重要任务:一是用适当的数据形式来描述客观事物;二是用合理的关联方式来描述事物与事物之间的联系。

　　对于客观事物的描述通过实体(由客观事物抽象而成)及其属性的数据化来实现。方法是:定义实体中所有相关属性的名称、数据类型以及必要的约束条件。

　　例如,可将"职工"实体集定义为:

职工情况

| 属性名 | 数据类型 | 最大宽度 | 约束 |
|---|---|---|---|
| 职工号 | 定长字符串 | 8 | 不能空,也不能重复 |
| 姓名 | 定长字符串 | 10 | |
| 所属部门 | 定长字符串 | 20 | |
| 性别 | 定长字符串 | 2 | 值为"男"或"女" |
| 年龄 | 数字 | | 值不大于 150 |
| 电话 | 定长字符串 | 18 | |
| 备注 | 变长字符串 | | |

这些属性排列成:

职工情况

| 职工号 | 姓名 | 所属部门 | 性别 | 年龄 | 电话 | 备注 |
|---|---|---|---|---|---|---|

　　将某个职工的情况按照这个格式写出来,就成为一个数据元素。按照同样的方式,可将"部门"、"客户"、"订单"等实体数据化。

　　描述实体与实体之间的联系,即指定各实体集之间以及表示各个实体的数据元素之间的联系。不同的数据模型有不同的表示方式。

### 1. 数据模型的构造

数据是现实世界符号的抽象，而数据模型则是数据特征的抽象。数据模型从抽象层次上描述了系统的静态特征、动态行为和约束条件，为数据库系统的信息表示与操作提供一个抽象的框架。数据模型所描述的内容可分为三部分：数据结构、数据操作及数据约束。

(1) 数据结构。数据模型中的数据结构主要描述数据的类型、内容、性质以及数据之间的联系。数据结构是数据模型的基础，数据操作与数据约束建立在数据结构之上。不同的数据结构有不同的操作和约束。因此，数据模型常按数据结构的不同来分类。

(2) 数据操作。数据模型中的数据操作主要描述施加于相应数据结构之上的数据的操作类型与操作方式。

(3) 数据约束。数据模型中的数据约束主要描述数据结构内部的数据之间的语法、语义联系，它们之间的制约与依存关系，以及数据动态变化的规则，以保证数据的正确、有效和相容。

### 2. 数据模型的分类

数据模型既要尽可能自然地反映客观事实，又要便于具体的数据库管理系统的实现，还要照顾到数据在计算机中的物理表示。这几方面的要求往往是互相矛盾的。在数据库技术的发展历程中，先后出现过层次模型、网状模型和关系模型，目前流行的 DBMS 采用的主要是关系模型。另外，在数据库的设计阶段，往往采用主要考虑数据结构而忽略数据操作和约束的"概念模型"。

数据模型按不同的应用层次分为三种类型。

(1) 概念数据模型。概念数据模型(简称为概念模型)是一种面向客观世界、面向用户的模型。概念模型与具体的数据库管理系统无关，也与具体的计算机平台无关。概念模型着力于客观世界的结构描述以及它们之间的内在联系的刻画。概念模型是所有数据模型的基础。目前，较为有名的概念模型有 E-R 模型、扩充的 E-R 模型、面向对象模型与谓词模型等。

(2) 逻辑数据模型。逻辑数据模型又称为数据模型，它是一种面向数据库系统的模型。逻辑模型着力于数据库系统一级的实现。概念模型只有在转换成逻辑数据模型之后才能在数据库中表示出来。逻辑数据模型有多种，较为成熟且先后流行的有层次模型、网状模型、关系模型和面向对象模型等。目前，绝大多数数据库产品都是基于关系模型来构建的。

(3) 物理数据模型。物理数据模型又称为物理模型，它是一种面向计算机的物理表示的模型。物理模型给出了数据模型在计算机上的物理结构的描述。

# 2.2　概　念　模　型

数据模型是实现 DBMS 的基础。DBMS 所采用的数据模型应尽可能准确地反映现实世界，接近于人对客观事物的观察和理解，并适当地考虑数据在计算机中的物理表示方式。直接使用 DBMS 所支持的数据模型来设计数据库有不方便的地方，因此，专业人员一般采用概念数据模型来设计数据库。

概念模型是为了将现实世界中的事物以及事物之间的联系在数据世界里表现出来而构建的一个中间层次，是现实世界到信息世界的第一层抽象。概念模型是数据库设计人员用于信息世界建模的工具，也是数据库设计人员和用户之间进行交流的语言。

概念模型是对信息世界建模的，故应能完整、准确地表示实体及实体之间的联系。概念模型的表示方法很多，其中以 P.P.S.Chen 于 1976 年提出的 E-R 方法(Entity-Relationship Approach，实体-联系方法)最为著名。该方法用 E-R 图来描述现实世界的概念模型，也称为 E-R 数据模型。

E-R 数据模型提供了实体、属性和联系这三个简洁直观的抽象概念，可以比较自然地模拟现实世界，并且可以方便地转换成 DBMS 支持的数据模型(关系模型、层次模型或网状模型)。用 E-R 图来表示实体(型)、属性和联系的方法如下：

(1) 实体(型)——用矩形框表示，框内写实体名称。

(2) 属性——用椭圆形框表示，并用线(无向边)连接到相应的实体。属性较多时也可以将实体及其属性单独列表。

例如，学生实体具有学号、姓名、性别、出生年月、入学时间、班级等属性，可以用如图 2-5 所示的 E-R 图来表示。

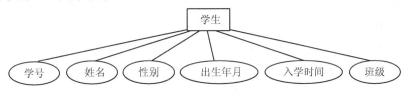

图 2-5　学生实体及其属性的 E-R 图

(3) 实体之间的联系——用菱形框表示，框内填写联系的名称。用线(无向边)将菱形框分别连接到有关的实体，并在线上标注联系的类型($1:1$、$1:n$ 或 $m:n$)。

例如，班级与班主任两个实体型之间的一对一联系、班级与学生两个实体型之间的一对多联系的表示方法如图 2-6 所示。

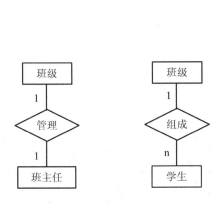

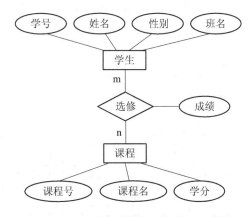

图 2-6　实体之间联系的表示　　　　图 2-7　表示实体及实体间联系的 E-R 图

值得注意的是，实体之间的联系也可以具有属性。例如，学生和课程两个实体之间是多对多的联系，因为学生选修了课程而产生了"成绩"，故"成绩"属性是属于"选修"联系的。表示学生和课程两个实体及其间联系的 E-R 图如图 2-7 所示。

"课程"实体集内部的课程和先修课程之间联系的表示方法如图 2-8 所示。

"课程"、"教师"、"参考书"三个实体型之间联系的表示方法如图 2-9 所示。

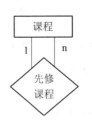

图 2-8　实体集内部联系的表示

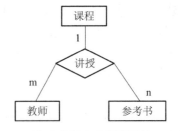

图 2-9　三个实体及实体间联系的 E-R 图

# 2.3　逻辑数据模型

在数据库领域中，DBMS 实际支持的、曾经和正在广泛使用的数据模型有三种：层次模型、网状模型和关系模型。层次模型和网状模型统称为格式化模型，是构造型的。这两种模型使用了有向图的概念。图的结点表示实体集合，方向弧表示实体之间的联系。关系模型是以关系理论为基础构造的，它将数据模型看成关系的集合。基于层次模型和网状模型的数据库系统在 20 世纪 70 年代初非常流行，现在已基本上被关系模型的数据库系统所取代了。

由于历史和技术条件的限制，这三种传统的数据模型较多地考虑了数据库系统的实现，使得它们模拟现实世界的能力明显不足，因而，从 20 世纪 70 年代后期开始，陆续出现了各种非传统数据模型。例如，面向对象数据模型近年来有了长足的进步。

## 2.3.1　关系数据模型

关系模型将数据组织成由若干行，每行又由若干列组成的表格的形式，这种表格在数学上称为关系。表格中存放两类数据：表示实体本身的数据和实体之间的联系。这种联系是由数据本身自然而然地建立起来的。

【例 2-1】　选课系统的关系模型。

设有三个关系，分别为学生表、课程表和选课表，分别描述了三个不同的实体集。如图 2-10 所示。

关系 S(学生表)

| 学号 | 姓名 | 性别 | 班级 |
|---|---|---|---|
| 13011001 | 张静 | 女 | 通信 41 |
| 13011012 | 王涛 | 男 | 通信 41 |
| 13021033 | 李林 | 男 | 能动 41 |

关系 C(课程表)

| 课程号 | 课程名 | 学时 | 学分 |
|---|---|---|---|
| 010733 | 工业设计 | 48 | 3 |
| 050516 | 数据库 | 56 | 4 |
| 090420 | 组合数学 | 64 | 4 |
| 101208 | 经济法 | 72 | 5 |

关系 SC(选课表)

| 学号 | 课程号 | 成绩 |
|---|---|---|
| 13011001 | 010733 | 86 |
| 13011001 | 050516 | 90 |
| 13011001 | 090420 | 81 |
| 13011012 | 010733 | 76 |
| 13011012 | 050516 | 80 |
| 13021033 | 050516 | 88 |

图 2-10　三个关系

这三个关系的定义构成了选课系统的关系模型。从中可以看出关系模型的一般形式：

(1) 关系中每一行称为一条记录，一条记录描述一个实体。每条记录由若干字段组成，各字段表示的是实体的各种属性。所有记录的结构都是相同的，也就是说，每条记录所包含的字段、每个字段的宽度和数据类型等都是相同的。

(2) 不同的关系可以有相同的属性，各关系之间的联系通过它们之间的共有属性表现出来。例如，关系 S(学生表)和 SC(选课表)共有一个属性——学号；关系 C(课程表)和 SC 共有一个属性——课程号。可以看出，关系 SC 将关系 S 和关系 C 联系在了一起。

实际上，这是关系模型的一种很常见的结构。由于关系 S 和关系 C 之间是多对多联系，在关系模型中不能直接表示出来，故需创建第三个关系来表示多对多联系。

(3) 在关系数据库中，可以方便地进行查询、添加、删除和修改记录等操作。

例如，找出选修了 050516 号课程的学生的学号的方法是：确定应在 SC 上进行操作；在 SC 上找出相应的学号 04011001、04011012。

又如，将新开设的 203001 号课程的信息插入到数据库中的方法是：确定应在 S 上进行操作；将 203001 号课程的记录按课程号升幂的次序排在 C 关系的 050516 号课程的前面；将插入后的关系保存到数据库中。

注：一个系统中的所有关系的集合构成关系数据库。

## 2.3.2  层次数据模型

用树型结构来表示实体及实体之间联系的模型称为层次模型。它是由若干个基本层次联系组成的一棵倒放的树，树的每个结点代表一个记录型。例如，一个学校的行政组织可以用如图 2-11 所示的层次模型表示。

注：层次模型实际存储的数据由链接指针来体现联系。

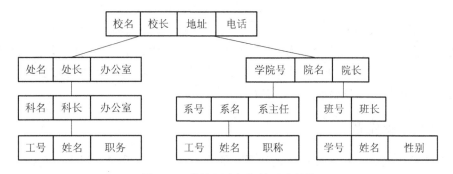

图 2-11  学校行政组织的层次结构

层次模型的两个限制条件：

(1) 有且仅有一个结点无父结点，称为树的根结点。

(2) 其他结点有且仅有一个父结点。

这使得用层次模型表示 1∶n 联系变得容易，但不能直接表示 m∶n 联系，须转换成 1∶n 联系才可。

在层次模型中，两个实体间的联系总是唯一的而且是向下的。对于层次模型定义的数据库，只能按照层次路径存取数据。

【例2-2】 选课系统的层次模型。

将上例中的选课系统用层次数据模型表示出来，表示的方法是：将课程记录作为根，一条课程记录连接选修了这门课程的几条学生的记录。共有四棵独立的树，如图 2-12 所示。从中可以看出层次模型的一般形式：

(1) 每门课程构成一棵树，每棵树由这门课程的记录及从属于它的具体的学生记录组成。一个根可以有若干从属，如课程号为 050516 的"数据库"有 3 条从属的学生记录；也可以没有从属，如课程号为 101208 的"经济法"课程；还可以有低一级的从属。从根开始按主从关系的连接形成了树的一枝，称为层次路径。对于以层次模型定义的数据库，只能按照层次路径存取数据。

(2) 在层次模型中，查询子结点必须经过父结点，例如，找出选修了 050516 号(数据库)课程的学生的操作步骤为：找到根为 050516 号(数据库)课程的那棵树；找出 050516 号课程的记录所对应的 04021033 号学生记录、04011012 号学生记录和 04011001 号学生记录。

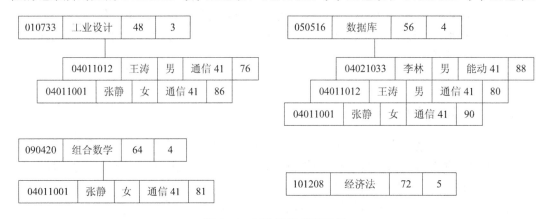

图 2-12 层次数据模型示例

层次模型对插入和删除的限制较多。例如，在插入一条学生的记录时，如果该学生选修了某门课程，先找到以该课程为根结点的树，再将学生记录插入树中即可；如果该生没有选修课程，相当于没有根，则将无法插入这条记录。解决这一问题的方法是：为这条记录创建一个"虚根"，这就使操作变得复杂了。

## 2.3.3 网状数据模型

用网状结构来表示实体及实体之间联系的模型称为网状模型。网中每个结点代表一个记录型。结点间的联系用记录指针来实现。它取消了层次模型的两个限制条件，允许结点有多于一个的父结点；可以有一个以上的结点没有父结点。一般情况下，网中的每个联系都是一对多的联系，如果是多对多的联系，则常要演变为一对多的联系。

【例2-3】 选课系统的网状模型。

将上例中的选课系统用网状数据模型表示出来，如图 2-13 所示。

从图中可以看出，这个模型有三种记录：学生记录、课程记录和成绩记录，其中成绩记录叫做连接记录。通过连接记录将学生记录和课程记录连接起来，从而使记录的组织成为网状结构。

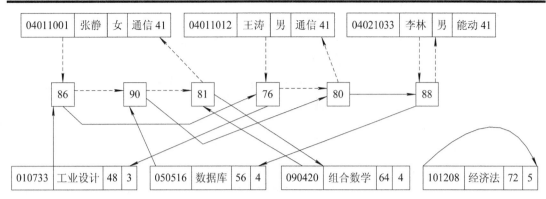

图 2-13　网状数据模型示例

在网状数据模型中，各记录型之间没有主从关系，所有的记录都存在于一个闭合环中。本例中有两个闭合环：一个开始于学生记录，最后又回到学生记录，表示不同的学生分别选修的各门课程的成绩；另一个开始于课程又回到课程，表示不同课程考试的结果。

网状数据模型可以很好地完成查询及其他与存储有关的操作。例如，找出选修了050516号(数据库)课程的学生的操作步骤为：找到 050516 号(数据库)课程的记录；扫描该记录所在的闭合环，找出该环上的连接记录；从连接记录所在的另一个环上找出学生记录。

如果要插入一条未选修课程的学生的记录，可以简单地生成一条记录，因为该记录没有与课程记录的连接记录，故其链始于自身又返回自身，构成一个闭合环。

# 2.4　关系及关系约束

一个关系可看做一个二维表，由各表示一个实体的若干行或各表示实体(集)某方面属性的若干列组成。可以用数学语言将关系定义为元组的集合。

关系有"型"和"值"之分，关系模式是对关系的型即关系数据结构的描述，关系可看成按型填充所得到的值。一般来说，关系模式是稳定的，而关系本身却会随所描述的客观事物的变化而不断变化。

客观世界中事物的性质是互相关联的，往往还要受到某些限制。在关系数据模型中，这些关联和限制表现为一系列数据的约束条件，包括域约束、键(码)约束、完整性约束和数据依赖(参见 2.5 节)等。

## 2.4.1　关系

关系的一般形式如图 2-14 所示。

一个关系可以看做一个行列结构的二维表。每个表有唯一的名字，由给定数目的列组成。每列也有一个唯一的名字，表中第一行标示列名。

表中每列称为一个属性，属性的个数即关系的度。每行称为一个元组，一个元组是由一组具体的属性值构成的，表示一个实体。可根据属性的多少将元组称为一元组、二元组……、n 元组。

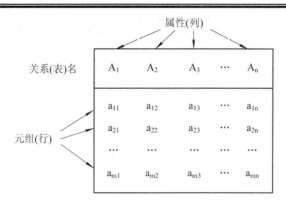

图 2-14　关系的一般形式

一般地，关系中的属性固定不变，而元组却是经常变化的。一个关系至少要有一个属性，但可以没有元组。在任意一个时刻，出现在一个关系中的元组的总数称为关系的基数。

为方便起见，也可按计算机技术的习惯，将属性称为字段，将元组称为记录。

关系数据库的基本结构是关系。关系模型是建立在集合代数的基础上的，故可从集合论角度给出关系数据结构的形式化定义。

### 1．域

属性所取值的变化范围称为属性的域。域约束规定属性的值必须是来自域中的原子值，即那些就关系模型而言已不可再分的数据，如整数、字符串等，而不应包括集合、记录、数组这样的组合数据。

域有理论和实际之分，后者是前者的子集。例如，假定在记载了学生基本信息的"学生"关系中，包含了"年龄"、"姓名"和"籍贯"属性，则"年龄"的值域是自然数的一个子集(如 1～100)，"姓名"和"籍贯"的值域是汉字的某个子集。可见，属性是一种变量，属性值是变量所取的值，而域是变量的变化范围。

注：属性是一种多值变量。

### 2．笛卡尔积

给定一组域 $D_1, D_2, \cdots, D_n$ (这些域中可以有相同的)，则

$$D_1 \times D_2 \times \cdots \times D_n = \{(d_1, d_2, \cdots, d_n) \mid d_i \in D_i, i=1, 2, \cdots, n\}$$

称为 $D_1, D_2, \cdots, D_n$ 的笛卡尔积，其中每个元素$(d_1, d_2, \cdots, d_n)$称为一个 n 元组，元组中的每个 $d_i$ 是 $D_i$ 域中的一个值，称为一个分量。当 n=1 时，称为单元组，当 n = 2 时，称为二元组，以此类推。

【例2-4】　设有三个域：

$$D_1 = \{张京，王莹，李玉\}, \quad D_2 = \{男，女\}, \quad D_3 = \{21, 22\}$$

则笛卡尔积

$D_1 \times D_2 \times D_3 = \{$

(张京，男，21)，(张京，男，22)，(张京，女，21)，(张京，女，22)，

(王莹，男，21)，(王莹，男，22)，(王莹，女，21)，(王莹，女，22)，

(李玉，男，21)，(李玉，男，22)，(李玉，女，21)，(李玉，女，22)

$\}$

其中，(张京，男，21)、(张京，男，22)等都是元组，张京、王银、男、21 等都是分量。这个笛卡尔积的基数为 $3 \times 2 \times 2 = 12$，可列成一个二维表，如图 2-15(a)所示。

| $D_1$ | $D_2$ | $D_3$ |
|------|------|------|
| 张京 | 男 | 21 |
| 张京 | 男 | 22 |
| 张京 | 女 | 21 |
| 张京 | 女 | 22 |
| 王莹 | 男 | 21 |
| 王莹 | 男 | 22 |
| 王莹 | 女 | 21 |
| 王莹 | 女 | 22 |
| 李玉 | 男 | 21 |
| 李玉 | 男 | 22 |
| 李玉 | 女 | 21 |
| 李玉 | 女 | 22 |

(a)

| 姓名 | 性别 | 年龄 |
|------|------|------|
| 张京 | 男 | 22 |
| 王莹 | 女 | 21 |
| 李玉 | 女 | 22 |

(b)

图 2-15　笛卡尔积的二维表形式及关系实例

### 3．关系

笛卡尔积的一个子集称为关系，记为

$$R(D_1, D_2, \cdots, D_i, \cdots, D_n), \quad R \in D_1 \times D_2 \times \cdots \times D_n$$

其中，R 为关系名，n 为关系 R 的度(目)。

在笛卡尔积中，域的元素是任意排列的，一般来说，取其一个子集作为关系才有意义，例如，在图 2-15(a)所示的笛卡尔积中，只有三个元组是有实际意义的。

虽然关系数据模型借用了数学中关系的概念，但两者还是有差别的。当关系作为关系数据模型的数据结构时，需要加以限定与扩充。

(1) 无限关系在数据库系统中没有意义，故关系数据模型中的关系必须是有限集合。

(2) 数学中元组的值是有序的，而在关系数据模型中对属性的次序不作规定，故需要为关系的各列加上属性名来取消关系元组的有序性。例如，图 2-15(b)所示为从笛卡尔积中抽取一个有意义的子集并为各列加上属性名而形成的关系。

## 2.4.2　关系的性质

按照关系的定义，关系应具有以下六个性质：

(1) 列(字段)是同质的，即同一列中的所有数据都属于同一种数据类型且取自同一个域。在关系数据库中创建表(关系)时，需要定义每一列的名称、数据类型、宽度(最多字符数)以及域(取值范围)等各种约束条件。

如果某列中包含空值(表示为 NULL),则表示相应记录中的值未知或不存在。例如,如果形如

| 学号 | 姓名 | 班级 | 导师 | 性别 | 出生年月 | 入学分 |
|------|------|------|------|------|----------|--------|
|      |      |      |      |      |          |        |

的"研究生"表中有一行的"导师"字段没有填,则其原因可能是填表者不知道该生的导师,也可能是该生的导师还没有确定。

(2) 不同的列可以取值自同一个域。一列也可以称为一个属性。不同的属性应该有不同的名字,不允许重名。例如,如果一个学校的所有老师和学生的名字构成一个域,则"姓名"属性和"导师"属性取值自同一个域。

(3) 列的次序可以任意交换,不影响关系的实际意义。基于这一点,不少关系型 DBMS 中,都是将新添加的属性追加到最末一列。

(4) 不允许有完全相同的元组。因为关系定义为元组的集合,而集合中的所有元素都是不相同的。

(5) 行的次序可以任意交换,不影响关系的实际意义。基于这一点,在输入表中数据时,可以先一行一行地输入手头已有的数据,然后再搜集其他数据并按行追加进去,不必顾及先后顺序。必要时,按某个字段或某几个字段排序就可以了。

(6) 分量必须取原子值,即每个分量都是不可拆分的数据项。在如图 2-16 所示的 Stu1 表和 Stu2 表中,分别包含了多值字段和复合字段(表中有表),就不具有这个性质。

Stu1

| 课程号 | 课程名 | 教师 |
|--------|--------|------|
| B0010 | 高等代数 | 唐军 |
|        |        | 常明 |
| E0029 | 软件基础 | 贾强 |
| C0102 | 企业管理 | 孙跃 |

Stu2

| 课程号 | 课程名 | 教师 | |
|--------|--------|------|------|
|        |        | 主讲 | 辅导 |
| B0023 | 复变函数 | 李平 | 刘奇 |
| C0011 | 英语写作 | 张公 | 王露 |
| A0101 | 文学欣赏 | 周邦 | 林恒 |

图 2-16  包含多值字段或复合字段的表

具有上述性质的表才能够称之为关系。如果表中有多值属性,则应以单独的关系来表示,如果表中有复合字段,则应拆分成两个(或更多个)简单成员属性。

在实际的数据库产品中,基表(关系)不一定完全具有这几个性质。例如,有些产品仍然区分了属性的顺序和元组的顺序,有些产品允许基表中存在完全相同的元组。

## 2.4.3  主键和外键

由关系的性质可知,关系的每个元组是互不相同的。但是,不同的元组在部分属性组上的值可能相同。例如,在"学生"关系中,可能会出现两个(或更多个)姓名、性别、出生年月以及所在班级都完全相同的学生,表示这两个学生的元组在属性组(姓名,性别,出生年月,所在班级)上的值就是相同的。因此,有必要找出那些能够将元组区分开来的属性或属性组,即关系中的键。

在关系模型中,键是一个重要的概念,它可以提供在数据库的任何表中检索元组的基

本机制。键有候选键、主键和外键之分。

### 1．候选键

如果关系的某个属性或属性组的值唯一地决定其他所有属性的值，即唯一地决定一个元组，而其任何真子集无此性质，则称这个属性或属性组为该关系的候选键(简称为键)或候选码。例如，在如图 2-17(a)所示的"课程"关系中，"课程号"是候选键，在如图 2-17(b)所示的"选课"关系中，属性组(学号，课程号)是候选键。

(a)　　　　　　　　　　　　　　　　　(b)

图 2-17　数据库中的两个表

实际上，"课程"关系中的属性组(课程号，课程名)能够决定其他属性的值，但这个属性组不能算键，因为它的真子集 {课程号} 也有这个性质，这种包含了冗余属性的属性组称为超键。

极端地，候选键包含所有属性，称为全键。

包含在任何一个候选键中的属性称为主属性，不包含在候选键中的属性称为非主属性。例如，在"选课"关系中，学号和课程号都是主属性，成绩是非主属性。

### 2．主键

一个关系至少有一个候选键。如果关系中有多个候选键，选定其中一个作为主键，其他的就是备用键。例如，在形如

| ID | 学号 | 姓名 | 班级 | 导师 | 性别 | 出生年月 | 入学分 |
|---|---|---|---|---|---|---|---|
|  |  |  |  |  |  |  |  |

的"研究生"表中，"学号"属性可以作为主键。但有时候为了便于和其他表建立联系或者减少修改表的结构的可能性，专门添加一个以行号为值的"ID"字段作为主键。

主键的值可用于识别元组，它应该是唯一的，即每个元组的主键的值都不能为空，也不能与其他元组的主键相同。

### 3．外键

在一个关系数据库的两个(或两个以上)关系中，常包含来自同一个域的列，可以通过它们将两个关系连接起来，这需要用到外键。

设 X 是关系 R 的一个属性组，它并非 R 的主键(或备用键)，但却是另一个关系 S 的键

或引用了本关系的键，则称 X 为 R 关于 S(可为 R 本身)的外键。

例如，在如图 2-17(b)所示的"选课"关系中，"课程号"并非当前关系的主键，但却是另一个关系"课程"的主键，故"课程号"是"选课"关系的外键。

又如，"课程"关系的"先修课"属性引用同一关系的主键(课程号)作为其值，故"先修课"是"课程"关系的外键。

### 2.4.4 关系模式

关系模式是关系数据结构的描述。就像在纸上制作一个数据表之前先要画出框线、填写表头一样，在创建一个关系之前，也要先定义关系模式。

关系是元组的集合，故关系模式必须指定这个元组集合的结构。具体来说，要指定这些元组包含哪些属性，这些属性分别来自哪个域，以及属性与域之间的映像关系。

一个关系通常是由赋予它的元组语义(取决于所描述的实体)来确定的。一组符合元组语义的元组构成了该关系模式的关系。按照数学的观点，元组语义实质上是一个 n(属性个数)目谓词，使这个 n 目谓词为真的笛卡尔积中的元素的全体构成该关系模式的关系。

关系是用来描述现实世界中的事物的，事物的状态会随时间及各种情况而发生变化，因而，关系(关系模式的值)也要随之变化。但一般来说，事物的形式以及事物之间的联系方式是相对稳定的，因而表现这些形式及联系方式的关系模式是固定不变的。

#### 1. 关系模式

关系模式可简单地以关系名及其属性列表来表示，关系的一般形式为

$$R(A_1, A_2, \cdots, A_n) \quad 或 \quad R(U)$$

其中，R 为关系名，$A_1$、$A_2$、$\cdots$、$A_n$ 为属性名(度为 n)，U 为组成关系的属性名集合。每个属性都有一个域(属性的值取自该域)，如果属性 $A_i$ 的域为 D，则可记作

$$dom(A_i) = D$$

完整的关系模式可表示为

$$R(U, D, dom, F)$$

其中，R 为关系名，U 为组成该关系的属性名集合，D 为属性组 U 中各属性所来自的域，dom 为属性向域的映像集合，F 为属性间的数据依赖关系(参见 2.6 节)集合。

习惯上，人们常笼统地将关系和关系模式都称为关系。但实际上，关系是关系模式在某个时刻的状态或内容，关系模式是稳定的，而关系则随着关系操作而不断变化。

#### 2. 常用记号

设关系模式为 $R(A_1, A_2, \cdots, A_n)$，R 是它的一个值(关系)，t 是 R 的一个元组，表示为 $t \in R$。在下面的叙述中，将使用以下记号：

(1) 分量记号。$t[A_i]$ 表示元组 t 中对应于属性 $A_i$ 的一个分量(值)，也可记作 $t.A_i$。

(2) 属性列记号。如果 $A = \{A_{i1}, A_{i2}, \cdots, A_{ik}\}$，其中 $A_{i1}, A_{i2}, \cdots, A_{ik}$ 是 $A_1, A_2, \cdots, A_n$ 中的一部分，则 A 称为属性列或域列。$t[A] = t[A_{i1}], t[A_{i2}], \cdots, t[A_{ik}]$ 表示元组 t 在属性列 A 上各分量的集合。$\bar{A}$ 表示 $\{A_1, A_2, \cdots, A_n\}$ 中去掉 $\{A_{i1}, A_{i2}, \cdots, A_{ik}\}$ 后剩余的属性组。

(3) 连接记号。设 R 为 n 目关系，S 为 m 目关系，$t_r \in R$，$t_s \in S$，$\widehat{t_r t_s}$ 称为元组的连接。

它是一个 n + m 列元组，前 n 个分量为 R 中一个 n 元组，后 m 个分量为 S 中一个 m 元组。

### 3．关系数据库模式

一个关系数据库通常包括多个关系，而且这些关系中的元组也以不同的形式相互关联。

关系数据库也有"型"和"值"之分，关系数据库的型也称为关系数据库模式，它包括若干域的定义以及在这些域上定义的若干关系模式。关系数据库的值是这些关系模式在某个时刻的相应的关系的集合，通常就称为关系数据库。

## 2.4.5 关系完整性约束

关系模式 $R(A_1, A_2, \cdots, A_n)$ 仅仅说明了关系的语法，实质上说明了关系 R 中每个元组 t 应该满足的条件是：

$$t \in D_1 \times D_2 \times \cdots \times D_n$$

但关系中的元组不但要合乎语法，还要受语义的限制。例如，假定关系模式为

    GradeStu(学号，姓名，年龄，成绩)

则下面两个元组都合乎语法：

    (12001010，张林，200，90)

    (12001010，王君，20，900)

但前一个元组中"年龄"属性的值不合理，后一个元组中"成绩"属性的值在以"百分制"登记的成绩中也是不合理的。故而因语义的限制而不宜称为关系 GradeStu 中的元组。

数据的语义不但会限制属性的值，还会制约属性之间的联系。例如，因为关系中主键的值决定其他属性的值，故主键的值既不能为空也不能重复，而一组属性能否成为一个关系的主键，完全取决于数据的语义而不是语法。例如，取关系模式

    SC(学号，课程号，成绩)

中属性组(学号，课程号)作为主键，就是按语义而不是按语法来确定的。

语义还对不同关系中的数据带来一定的限制。例如，如果本学期开设的课程门数增多，则 SC 关系中的元组也会有相应的变化。

以上所举的例子都是语义施加于数据上的限制，统称为完整性约束。设 r 为关系 R 在给定时间的元组的集合(R 的值)，r' 为所有满足完整性约束的元组的集合，则有：

$$r \subseteq r' \subseteq D_1 \times D_2 \times \cdots \times D_n$$

语义完整性约束可以由用户来检查，也可以由系统来检查。完整性检查是在数据库更新时进行的，其实现的程度因 DBMS 的不同而不同。

关系模型允许定义三种完整性约束：实体完整性、引用完整性和用户定义的完整性。其中前两种是关系模型必须满足的完整性约束条件，应该由关系系统自动支持。用户定义的完整性是应用领域需要遵循的约束条件，体现了具体领域中的语义约束。

### 1．实体完整性规则

每个关系都有一个主键，每个元组(表示一个实体)的主键的值应是唯一的。主键的值不能为空值，否则无从识别元组，这就是实体完整性约束。

实际上，不仅主键本身，组成主键的所有属性都不能取空值。例如，在上述的 SC 关系中，作为主键的属性组(学号，课程号)中的"学号"和"课程号"两个属性都不能为空。

多数 DBMS 都支持实体完整性检查，但不一定是强制的。如果关系中定义了主键，则 DBMS 可以检查，但有些 DBMS 并不强制用户在关系中定义主键，因此就无法检查了。

### 2. 引用完整性规则

在关系模型中，实体之间的联系是用关系来描述的，因而存在关系与关系之间的引用。这种引用可通过外键来实现。

设关系 R 有一外键 X，则 R 中某一元组 t 的外键值为 t[X]，X 引用另一关系 S(可以是 R 本身)的主键 K，引用完整性约束要求：

$$t[X] = \begin{cases} t'[K] & (t' \text{ 为 } R' \text{ 中的元组}) \\ NULL \end{cases}$$

也就是说，外键要么是空缺的，要么引用实际存在的主键值。例如，如果在关系 SC 中有一个元组(12001001,990101,96)，其中试图引用关系 Course 中不存在的课程号 990101，就违反了引用完整性规则。

### 3. 用户定义的完整性规则

用户定义的完整性是针对某个具体的关系数据库的约束条件，反映的是具体应用涉及到的数据所应满足的语义要求。例如，将学生的"年龄"限制在 10～30 之间，规定某些属性值之间必须满足一定的函数关系等。关系模型应提供定义和检验这种完整性约束的机制，以便用统一的方法进行处理(不要由应用程序承担这一功能)。

# 2.5 关 系 运 算

关系模型提供一组完备的关系运算来支持对于关系数据库的检索和修改(插入、更新和删除)操作。关系运算方法分为两类：关系代数和关系演算。前者以集合代数运算方法对关系进行数据操作，后者则以谓词表达式来描述关系操作的条件和要求。

关系代数以一个或多个关系为运算对象，运算结果产生新的关系，所使用的运算符有集合运算符、专门的关系运算符、比较运算符和逻辑运算符，其中后两种是在专门的关系运算中起辅助作用的。关系代数运算可按运算符分为两类：一类是传统的集合运算，将关系看做元组的集合，其运算是纵(行)向进行的；另一类是专门的关系运算，既可纵向也可横(列)向进行。

关系演算是用谓词演算来表达操作请求的关系运算方法，可按使用的变量而分为两类：元组关系演算和域关系演算，分别以元组变量和域变量(元组变量的分量)作为谓词变元的基本对象。可以证明，元组关系演算、域关系演算与关系代数在表达能力上是等价的。

关系演算通过形式化语言来表达关系操作，只需说明所要得到的结果而无需标明操作过程，故基于关系演算的数据库语言是非过程化的。比较而言，在关系代数中指定操作请求时必须标明操作的序列，故基于关系代数的数据库语言是过程化的。

## 2.5.1 传统的集合运算

传统的集合运算是双目运算，即两个集合的运算。关系代数中的集合运算就是以传统的集合运算方法来进行关系运算的，包括并、交、差和广义笛卡尔积四种运算。

如果关系 R 和关系 S 同为 n 度(都有 n 个属性)，且相应属性取自同一个域，则 R 和 S 是并相容的。两个并相容的关系可进行并、交和差运算。

### 1. 并

关系 R 和关系 S 的"并"是将两个关系中所有元组合并，删去重复元组，组成一个新关系(度仍为 n)。新关系中的元组 t 或属于 R，或属于 S。记作

$$R \cup S = \{t \mid t \in R \lor t \in S\}$$

### 2. 差

关系 R 和关系 S 的"差"是从 R 中删去与 S 中相同的元组，组成一个新关系(度仍为 n)。新关系中的元组 t 属于 R 而不属于 S。记作

$$R - S = \{t \mid t \in R \land t \notin S\}$$

### 3. 交

关系 R 和关系 S 的"交"是从 R 和 S 中取相同的元组，组成一个新关系(度仍为 n)。新关系中的元组 t 既属于 R 又属于 S。记作

$$R \cap S = \{t \mid t \in R \land t \in vS\}$$

### 4. 广义笛卡尔积

设关系 R 和关系 S 分别为 n 目和 m 目关系，R 和 S 的广义笛卡尔积(叉积)是一个(n+m)列的元组的集合。元组前 n 列是关系 R 的一个元组，后 m 列是关系 S 的一个元组。如果 R 有 $k_1$ 个元组，S 有 $k_2$ 个元组，则 R 和 S 的广义笛卡尔积有 $k_1 \times k_2$ 个元组。记作

$$R \times S = \{\widehat{t_r t_s} \mid t_r \in R \land t_s \in S\}$$

设 R 为 n 目关系，S 为 m 目关系，$t_r \in R$，$t_s \in S$，则 $\widehat{t_r t_s}$ 称为元组的连接。它是一个 n+m 列元组，前 n 个分量为 R 中一个 n 元组，后 m 个分量为 S 中一个 m 元组。

注：广义笛卡尔积也是二元集合操作，但不要求操作对象(关系)是并相容的。

【例 2-5】 设 R 和 S 为参加运算的两个关系，它们具有相同的度 n(都有 n 个属性)，且相对应的属性值取自同一个域，如图 2-18 所示。

| R | A | B | C |
|---|---|---|---|
| | $a_1$ | $b_1$ | $c_1$ |
| | $a_1$ | $b_2$ | $c_2$ |
| | $a_2$ | $b_2$ | $c_1$ |

| S | A | B | C |
|---|---|---|---|
| | $a_1$ | $b_2$ | $c_2$ |
| | $a_1$ | $b_3$ | $c_2$ |
| | $a_2$ | $b_2$ | $c_1$ |

图 2-18 参加集合运算的两个关系

关系 R 和关系 S 的并、差、交运算结果及广义笛卡尔积如图 2-19 所示。

| R∪S | | |
|---|---|---|
| A | B | C |
| $a_1$ | $b_1$ | $c_1$ |
| $a_1$ | $b_2$ | $c_2$ |
| $a_2$ | $b_2$ | $c_1$ |
| $a_1$ | $b_3$ | $c_2$ |

| R−S | | |
|---|---|---|
| A | B | C |
| $a_1$ | $b_1$ | $c_1$ |

| R∩S | | |
|---|---|---|
| A | B | C |
| $a_1$ | $b_2$ | $c_2$ |
| $a_2$ | $b_2$ | $c_1$ |

| R×S | | | | | |
|---|---|---|---|---|---|
| A | B | C | A | B | C |
| $a_1$ | $b_1$ | $c_1$ | $a_1$ | $b_2$ | $c_2$ |
| $a_1$ | $b_1$ | $c_1$ | $a_1$ | $b_3$ | $c_2$ |
| $a_1$ | $b_1$ | $c_1$ | $a_2$ | $b_2$ | $c_1$ |
| $a_1$ | $b_2$ | $c_2$ | $a_1$ | $b_2$ | $c_2$ |
| $a_1$ | $b_2$ | $c_2$ | $a_1$ | $b_3$ | $c_2$ |
| $a_1$ | $b_2$ | $c_2$ | $a_2$ | $b_2$ | $c_1$ |
| $a_2$ | $b_2$ | $c_1$ | $a_1$ | $b_2$ | $c_2$ |
| $a_2$ | $b_2$ | $c_1$ | $a_1$ | $b_3$ | $c_2$ |
| $a_2$ | $b_2$ | $c_1$ | $a_2$ | $b_2$ | $c_1$ |

图 2-19　关系 R 和关系 S 的并、差、交运算结果及广义笛卡尔积

## 2.5.2　专门的关系运算

通过传统的集合运算方法可以实现关系数据库的许多基本操作。例如，元组的插入(或添加)操作可通过关系的并运算来实现；元组的删除操作可通过关系的差运算来实现；元组的更新操作可通过先删除后插入，即先差运算再并运算来实现。但是，传统的集合运算方法无法实现关系数据库的检索操作(最重要的数据操作)，这要用专门的关系运算来实现。

专门的关系运算包括选择、投影、连接和除。

### 1. 选择

选择运算就是在关系中选取满足给定条件的所有元组。记作

$$\sigma_F(R) = \{t \mid t \in R \wedge F(t) \text{为真}\}$$

其中，$\sigma$ 为选择命令，R 为运算对象即关系，F 为条件表达式。F 通常由各种比较运算符、逻辑运算符来连接关系中的某些属性、变量和常数构成。它们应有相同的数据类型，其值为逻辑真或逻辑假。

例如，在关系

Student(学号，姓名，性别，班级，班主任，籍贯)

中，查询籍贯为"河北"的学生(元组)的选择运算表达式为

$$\sigma_{籍贯="河北"}(\text{Student})$$

### 2. 投影

所谓投影，就是从关系中取出若干属性，消去重复元组后，组成一个新关系。记作

$$\Pi_X(R) = \{t[X] \mid t \in R\}$$

其中，$\Pi$ 为投影命令，R 为运算对象，X 为一组属性(要从关系 R 中取出的那些属性)。投影之后属性减少了，形成新的关系型，故需给以不同的关系名。

例如，在关系 Student 中，查询学生姓名和所在班级(求关系在这两个属性上的投影)的投影运算表达式为

$$\Pi_{姓名，班级}(\text{student})$$

或

$$\Pi_{2,4}(\text{Student})$$

应该注意的是，投影之后不仅取消了某些属性，而且自动取消了那些因属性减少而形成的重复的元组。

### 3. 连接

连接就是从关系广义笛卡尔积中选取满足条件的元组，组成一个新关系。记作

$$R\underset{X\theta Y}{\bowtie}S=\{\ \widehat{t_rt_s}\mid t_r\in R\wedge t_s\in S\wedge t_r[X]\theta t_s[Y]\}$$

其中，X 和 Y 分别为关系 R 和关系 S 上度数相等且可比的属性组。θ为比较运算符(=、≠、>、≥、<、≤)。连接运算将 X 属性组的值与 Y 属性组的值进行θ运算，并从 R 和 S 的广义笛卡尔积 R×S 中选取那些能使θ运算的结果为真值的元组。

设 R 有 m 个元组，S 有 n 个元组，则在 R 与 S 连接的过程中要访问 m×n 个元组：先将 R 中第 1 个元组逐个与 S 中各元组比较，符合条件的两个元组首尾相连纳入新关系，一轮进行 n 次比较；再将 R 中第 2 个元组逐个与 S 中各元组比较……共进行 m 轮扫描。可见，连接运算花费的时间较长。

如果运算符θ为"="(等号)，即连接条件为相等条件，则称为等值连接。等值连接从关系 R 和关系 S 的广义笛卡尔积中选取 X、Y 两个属性组的值相等的元组，记作

$$R\underset{X=Y}{\bowtie}S=\{\ \widehat{t_rt_s}\mid t_r\in R\wedge t_s\in S\wedge t_r[X]=t_s[Y]\}$$

如果是相同属性组(如同名属性)的等值连接，则称为自然连接。自然连接的结果关系中重复的属性将会去掉。如果 R 和 S 具有相同的属性组 Y，则自然连接记作

$$R\bowtie S=\{\ \widehat{t_rt_s}\mid t_r\in R\wedge t_s\in S\wedge t_r[Y]=t_s[Y]\}$$

【例 2-6】 图 2-20 给出了关系 R、关系 S，以及 R 和 S 的三次连接运算的结果。

R

| A | X | C |
|---|---|---|
| a | 3 | 5 |
| a | 6 | 1 |
| b | 4 | 0 |
| c | 2 | 1 |
| d | 5 | 3 |

S

| X | T |
|---|---|
| 7 | 4 |
| 0 | 1 |
| 6 | 5 |
| 0 | 7 |
| 5 | 8 |

$R\underset{C>T}{\bowtie}S$

| A | R.X | C | S.X | T |
|---|-----|---|-----|---|
| a | 3 | 5 | 7 | 4 |
| a | 3 | 5 | 0 | 1 |
| d | 5 | 3 | 0 | 1 |

$R\underset{C=T}{\bowtie}S$

| A | R.X | C | S.X | T |
|---|-----|---|-----|---|
| a | 3 | 5 | 6 | 5 |
| a | 6 | 1 | 0 | 1 |
| c | 2 | 1 | 0 | 1 |

$R\bowtie S$

| A | X | C | T |
|---|---|---|---|
| a | 6 | 1 | 5 |
| d | 5 | 3 | 8 |

图 2-20 两个关系及其连接运算结果

因为两个关系中有同名属性，故结果关系中的同名属性之前添上相应的关系名加以区分。另外，图中的自然连接的条件是 X = X，自然连接的结果关系中省略了重复的属性。

### 4. 除

除运算是一种比较复杂的综合运算。为了便于理解，先举一个例子。

【例 2-7】 按如图 2-21 所示关系 COUE 和关系 SC，求哪位学生选修了全部三门课程。

COUR

| 姓名 | 科目 |
|------|------|
| 张娟 | 电子商务 |
| 王强 | 计算全息 |
| 李云 | 电子商务 |
| 张娟 | 计算全息 |
| 王强 | 电子商务 |
| 张娟 | 经济法 |

(a)

SC

| 课程 | 学时 | 学分 |
|------|------|------|
| 电子商务 | 48 | 3 |
| 计算全息 | 54 | 4 |
| 经济法 | 36 | 2 |

(b)

T1 $\Pi_{姓名}(COUR)$

| 姓名 |
|------|
| 张娟 |
| 王强 |
| 李云 |

(c)

JZH

| 姓名 | 科目 |
|------|------|
| 张娟 | 电子商务 |
| 张娟 | 计算全息 |
| 张娟 | 经济法 |

(d)

QW

| 姓名 | 科目 |
|------|------|
| 王强 | 计算全息 |
| 王强 | 电子商务 |

(e)

YL

| 姓名 | 科目 |
|------|------|
| 李云 | 电子商务 |

(f)

TT $\Pi_{课程}(SC)$

| 课程 |
|------|
| 电子商务 |
| 计算全息 |
| 经济法 |

图 2-21 除运算示例

本题的实质为将关系 COUE 除以关系 SC，求得商关系。已知条件为：

- 被除关系 COUE(姓名，科目)，其中"科目"为"被除属性"。
- 除关系 SC(课程，学时，学分)，其中"课程"为"除属性"。

可以看出，被除属性和除属性是并兼容的。

求解步骤如下：

S1 被除关系在非被除属性上投影：$\Pi_{姓名}(COUR) \Rightarrow T1$。

S2 循环：按第 S1 步的结果执行以下操作。

- 第 1 遍：处理第 1 个元组 {'张娟'}

S2.1_1：在被除关系上选择：$\sigma_{姓名='张娟'}(COUR) \Rightarrow JZH$

S2.2_1：在被除属性上投影：$\Pi_{科目}(JZH)$={(电子商务), (计算全息), (经济法)}

- 第 2 遍：处理第 2 个元组 {'王强'}

S2.1_2：在被除关系上选择：$\sigma_{姓名='王强'}(COUR) \Rightarrow QW$

S2.2_2：在被除属性上投影：$\Pi_{科目}(QW)$={(电子商务), (计算全息)}

- 第 3 遍：处理第 3 个元组 {'李云'}

S2.1_2：在被除关系上选择：$\sigma_{姓名='李云'}(COUR) \Rightarrow YL$

S2.2_2：在被除属性上投影：$\Pi_{科目}(QW)$={(电子商务)}

S3 除关系在除属性上投影：$\Pi_{课程}(SC) \Rightarrow TT$={(电子商务), (计算全息), (经济法)}。

S4 循环：逐个求商关系中的元组(S2 步结果与 S3 步结果对照)。

- 第 1 遍：$\Pi_{科目}(JZH)=TT \Rightarrow A_1(RESULT)$= '张娟'

- 第 2 遍：$\Pi_{科目}(QW) \neq TT$
- 第 3 遍：$\Pi_{科目}(YL) \neq TT$

至此，求得关系 COUE 除以关系 SC 的商关系，如图 2-22 所示。

| RESULT | 姓名 |
|---|---|
| | 张娟 |

图 2-22　商关系

在给出除运算的形式化定义之前，先给出象集的定义：设关系为 R(X, Z)，X 和 Z 为属性组，t[X]=x，则 x 在 R 中的象集为

$$Z_x = \{t[Z] \mid t \in R, t[X] = x\}$$

它表示 R 中的属性组 X 上值为 x 的各元组在 Z 上分量的集合。

除运算的定义如下：给定关系 R(X,Y) 和 S(Y,Z)，其中 X、Y、Z 为属性组，R 中的 Y 与 S 中的 Y 可不同名，但须来自相同的域集。R 和 S 的除运算得到一个新的关系 P(X)，P 是 R 中满足下列条件的元组在 X 属性列上的投影：元组在 X 上分量值 x 的象集 $Y_x$ 包含 S 在 Y 上投影的集合，记作

$$R \div S = \{t_r[X] \mid t_r \in R \wedge \Pi_y(S) \subseteq Y_x\}$$

其中，$Y_x$ 为 x 在 R 中的象集，$x = t_r[X]$。

### 5. 关系代数操作的完备集

关系代数运算集合 $\{\sigma、\Pi、\cup、-、\times\}$ 已被证明是一个完备集合。任何其他关系代数运算都可以用这几种运算构成的操作序列来表示。例如，交运算可以使用并运算和差运算序列来表示：

$$R \cap S = (R \cup S) - ((R - S) \cup (S - R))$$

也就是说，交操作可有可无，定义交操作只是为了操作方便。

类似地，一个连接运算可以指定为一个笛卡尔积后跟一个选择运算：

$$R \underset{X\theta Y}{\bowtie} S = \sigma_{X\theta Y}(R \times S)$$

## 2.5.3　扩充的关系代数运算

在实际的 RDBMS 中，有些常见的数据库操作不能用前面介绍的基本关系代数运算来实现。下面介绍最常见的两种操作：外连接和外并。

### 1. 外连接

两个关系 R 和 S 进行自然连接时，只有符合连接条件的所谓匹配元组才能纳入结果关系，不满足连接条件的元组则被舍弃了。外连接与连接的区别在于保留非匹配元组，并在非匹配元组(找不到可匹配的元组)的空缺部分填上 null(空值)。外连接有三种。

(1) 左外连接：连接结果中只纳入左关系的所有元组，记作

$$R \bowtie S$$

(2) 右外连接：连接结果中只纳入右关系的所有元组，记作

$$R \bowtie S$$

(3) 全外连接：连接结果中纳入左右两关系的所有元组，记作

$$R \bowtie S$$

【例2-8】 图2-23中，给出了关系R和关系S以及它们的自然连接、左外连接、右外连接和全外连接的操作结果。

R

| A | X | Y |
|---|---|---|
| a | 2 | 3 |
| b | 2 | 6 |
| c | 1 | 4 |

S

| X | Y | B |
|---|---|---|
| 2 | 3 | d |
| 2 | 3 | e |
| 1 | 4 | b |
| 5 | 6 | g |

R ⋈ S

| A | X | Y | B |
|---|---|---|---|
| a | 2 | 3 | d |
| a | 2 | 3 | e |
| c | 1 | 4 | b |

R ⋈ S

| A | X | Y | B |
|---|---|---|---|
| a | 2 | 3 | d |
| a | 2 | 3 | e |
| c | 1 | 4 | b |
| b | 2 | 6 | null |
| null | 5 | 6 | g |

R ⋈ S

| A | X | Y | B |
|---|---|---|---|
| a | 2 | 3 | d |
| a | 2 | 3 | e |
| c | 1 | 4 | b |
| b | 2 | 6 | null |

R ⋈ S

| A | X | Y | B |
|---|---|---|---|
| a | 2 | 3 | d |
| a | 2 | 3 | e |
| c | 1 | 4 | b |
| null | 5 | 6 | g |

图 2-23　外连接操作示例

【例2-9】 根据给定的关系R和关系S，列出所有课程名及其先修课程号。
设

$$\begin{cases} R = \Pi_{\text{课程名, 先修课程号}}(Course) \\ S = \Pi_{\text{课程名, 课程号}}(Course) \end{cases}$$

R 表示课程名与先修课程号的关系，对于无先修课程的课程，其先修课程号为 null；对于有多门先修课程的课程，每门先修课程用一个元组表示。S 是课程名与课程号的对照表，通过 R 与 S 的连接，可将先修课程号映射到相应的课程名。可以使用外连接来列出所有课程名，包括无先修课程的课程名，表达式为

$$\Pi_{R.\text{课程名}, S.\text{先修课程号}} (R \underset{\text{先修课程号=课程号}}{\bowtie} S)$$

### 2. 外并

外并是并运算的扩展，可以对非并相容的两个关系 R 和 S 进行并运算。如果 R 和 S 的关系模式不同，构成的新关系的属性由 R 和 S 的属性组成(公共属性只取一次)，新关系的元组由属于 R 或属于 S 的元组构成，此时元组应在新增加的属性上填上 null。

【例 2-10】  图 2-24 所示为图 2-23 中给出的关系 R 和关系 S 的外并运算的结果。

| A | X | Y | B |
|---|---|---|---|
| a | 2 | 3 | null |
| b | 2 | 6 | null |
| c | 1 | 4 | null |
| null | 2 | 3 | d |
| null | 2 | 3 | e |
| null | 1 | 4 | b |
| null | 5 | 6 | g |

图 2-24  关系 R 和关系 S 的外并运算的结果

### 2.5.4  元组关系演算

元组关系演算以元组为变量，元组演算表达式的一般形式为

$$\{t[<属性表>] \mid \phi(t)\}$$

其中，t 是元组变量，既可将整个 t 作为查询对象，也可查询 t 中的某些属性。如果是查询整个 t，则可省去属性表。$\phi(t)$ 是 t 应满足的谓词。

【例 2-11】  在图 2-25 中，给出了关系 R、关系 S 及其元组关系演算的结果关系 R_S，其中 R_S 是按

$$R\_S = \{t \mid R(t) \wedge \neg S(t)\}$$

计算得到的。

R

| A | B | C |
|---|---|---|
| 1 | 2 | 3 |
| 4 | 5 | 6 |
| 7 | 8 | 9 |

S

| A | B | C |
|---|---|---|
| 1 | 2 | 3 |
| 3 | 4 | 6 |
| 5 | 6 | 9 |

R_S

| A | B | C |
|---|---|---|
| 4 | 5 | 6 |
| 7 | 8 | 9 |

图 2-25  两个关系及其元组关系演算结果

【例 2-12】  设关系模式为

Student(学号，姓名，性别，班级，班主任，籍贯)

则查询籍贯为"河北"的女学生的姓名的元组关系演算表达式为

$$\{t[姓名] \mid t \in Student \ AND \ t.性别 = '女' \ AND \ t.籍贯 = '河北'\}$$

【例 2-13】  用元组关系演算来表示关系代数中的投影、选择和并运算。

假定关系模式为 R(XYZ)，则

(1) 关系 R 上的投影运算为

$$\Pi_{XY}(R) = \{t[XY] \mid t \in R\}$$

(2) 关系 R 上的选择运算为

$$\sigma_F(R) = \{t \mid t \in R \ AND \ F\}$$

(3) 设 R、S 为 R(XYZ) 的两个值(两个关系)，则差运算为

$$R - S = \{t \mid t \in R \text{ AND } \neg (t \in S)\}$$

注：R(XYZ)是简写方式，表示 R 是具有 A、B、C 三个属性的关系模式。

E.F.Codd 提出的 ALPHA 语言是一种典型的元组关系演算语言。该语言有 GET、PUT、HOLD、UPDATE、DELETE、DROP 六条语句，语句的一般格式为

操作语句　工作空间名(表达式表): 操作条件

其中，工作空间名表示存放结果的用户工作区，可理解为结果关系名；表达式用于指定语句的操作对象，可以是关系名或属性名；操作条件(可为空)是一个逻辑表达式，用于将操作对象限定在满足条件的元组中。

**【例 2-14】**　设有两个关系模式：

　　NStu(学号，姓名，性别，年龄，班级，入学总分)

　　SC(学号，课程号，成绩)

则可使用 GET 语句(模仿 ALPHA 语言)实现检索操作。

(1) 查询所有学生：

　　GET W (NStu)

(2) 查询核 41 班年龄小于 20 岁的学生的学号和年龄：

　　GET W (NStu.学号, NStu.年龄): NStu.班级='核 41' ∧NStu.年龄<20

(3) 查询核 41 班学生的姓名：

　　RANGE NStu X

　　GET W (X.姓名): X.班级='核 41'

其中，X 是用 RANGE 说明的元组变量，可用来代替指定的关系名 NStu。

(4) 查询选修了 010733 号课程的学生的姓名：

　　RANGE SC X

　　GET W (Student.姓名): ∃X(X.学号= Student.学号∧X.课程号='010733')

其中，∃X 表示"存在一个 X"(∃符号为存在量词)。元组变量 X 是为存在量词而设的。

## 2.5.5　域关系演算

域关系演算以域为变量。域演算表达式的一般形式为

$$\{<x_1, x_2, \cdots, x_n> \mid \phi(x_1, x_2, \cdots, x_n, x_{n+1}, \cdots, x_{n+m})\}$$

式中，$x_1, x_2, \cdots, x_n, x_{n+1}, \cdots, x_{n+m}$ 为域变量，其中前 n 个域变量 $x_1, x_2, \cdots, x_n$ 出现在结果中，其他 m 个不出现在结果而出现在谓词 $\phi$ 中。域演算表达式表示所有使得 $\phi$ 为真的那些 $x_1$, $x_2, \cdots, x_n, x_{n+1}, \cdots, x_{n+m}$ 组成的元组集合。

**【例 2-15】**　在图 2-26 中，给出了关系 R、关系 S 及其域关系演算的结果关系 Rxy 和 RSy。

| R | A | B | C |
|---|---|---|---|
| | 1 | 2 | 3 |
| | 4 | 5 | 6 |
| | 7 | 8 | 9 |

| S | A | B | C |
|---|---|---|---|
| | 1 | 2 | 3 |
| | 3 | 4 | 6 |
| | 5 | 6 | 9 |

| Rxy | A | B | C |
|---|---|---|---|
| | 4 | 5 | 6 |

| RSy | A | B | C |
|---|---|---|---|
| | 1 | 2 | 3 |
| | 4 | 5 | 6 |
| | 7 | 8 | 9 |
| | 3 | 4 | 6 |

图 2-26　关系 R、关系 S 及其域关系演算的结果

其中，Rxy 和 RSy 是分别按 Rxy = {xyz|R(xyz)∧x<5∧y>3} 和 RSy = {xyz|R(xyz)∨S(xyz)∧y=4} 计算得到的。

【例 2-16】 设关系模式为

SC(学号，课程号，成绩)

则查找成绩在 90 分以上的学生的学号和课程号的域演算表达式为

{<x, y>| (∃ z)(SC(x, y, z) AND z>90)}

当 <x,y,z> 是 SC 中的一个元组时，谓词 SC(x, y, z) 为真。

在域关系演算语言中，由 M.M.Zloof 于 1975 年提出并于 1978 年在 IBM370 机上实现的 QBE(Query By Example，按例查询)是一种很有特色的产品。QBE 最突出的特点是操作方式，它是一种高度非过程化的基于屏幕表格的查询语言，用户通过终端屏幕程序，以填写表格的方式构造查询要求，而查询结果也以表格形式显示，非常直观易用。

# 2.6　数据依赖与关系规范化

一个关系数据库模式由多个关系模式构成，一个关系模式又由多个属性构成。许多情况下，设计者都必须借助于专门的设计方法将所涉及的属性合理分组，形成多个较"好"的关系模式。其中一种方法是基于关系规范化理论进行关系设计。

注：另一种方法是使用 E-R 图进行概要设计，然后转换为关系模式。这两种方法可以得到大致相同的结果，而且具有某种程度的互补性。

关系规范化理论研究的是关系模式中各属性之间的依赖关系及其对关系模式的影响，探讨"好"的关系模式应该具备的性质以及达到"好"的关系模式的设计算法。规范化理论给出了判断关系模式优劣的理论标准，帮助设计者预测可能出现的问题，提供自动产生各种模式的算法工具，因此，它是设计人员应该掌握的有力工具。规范化理论最初是针对关系模式的设计而提出的，但它对其他模型数据库的设计也有重要的指导意义。

## 2.6.1　函数依赖

现实世界中的客观事物是随着时间的推移而不断变化的，事物与事物之间的关系也会变化，但关系的变化往往受限于已有的事实而必须满足一定的完整性约束条件。这些约束可以通过限定属性的取值范围体现出来，也可以通过属性值之间的相互关连(如值是否相等)体现出来。后者称为数据依赖，它是数据模式设计的关键。

数据依赖是通过一个关系中属性值的相等与否体现出来的数据之间的相互关系。它是现实世界的属性之间的相互联系的抽象，是数据内在的性质，是语义的体现。数据依赖极为普遍地存在于现实世界中，可分为多种类型，其中最重要的是函数依赖。函数依赖用于说明在一个关系中属性之间的相互作用情况。

### 1. 函数依赖的概念

设 $R(A_1, A_2, \cdots, A_n)$ 是一个关系模式，X 和 Y 是属性集 $\{A_1, A_2, \cdots, A_n\}$ 的两个子集，对于关系模式 R 的任意一个关系 r 来说，如果不可能找到两个在 X 上属性值相等而在 Y 上属性值不等的元组，则称 X 函数确定 Y 或 Y 函数依赖于 X，记作 X→Y。相应地，如果 Y 函数不依赖于 X，则记作 X↛Y。

如果 X→Y，但 Y∉X，则称 X→Y 为非平凡的函数依赖；否则，如果 Y∈X，则称 X→Y 为平凡的函数依赖。例如，在关系 S(学号，姓名，成绩)中，已知一个"学号"的值可以推知相应的"成绩"值，这是非平凡函数依赖；而已知一组 {学号，姓名} 的值可以推知相应的"学号"与"姓名"中的任何一个值。可见，平凡的函数依赖总是成立的。因此，如果不特别声明，后面的讨论都只涉及非平凡的函数依赖。

【例 2-17】 分析给定关系的函数依赖情况及存在的问题。

设有一个描述学生情况的关系 SCG，如图 2-27 所示，这个关系的每个属性都是不可再分的。关系模式的键应为属性集 {IDStu, IDCour}，键的每个值都唯一地确定关系中的一个元组。

| 学号<br>IDStu | 姓名<br>NameStu | 学院<br>Inst | 地址<br>Addr | 课程号<br>IDCour | 课程名<br>NameCour | 成绩<br>Grade |
|---|---|---|---|---|---|---|
| 12099002 | 张丽 | 管理 | 管 201 | C0001 | 高等数学 | 90 |
| 12099002 | 张丽 | 管理 | 管 201 | C0002 | 英语 | 87 |
| 12099002 | 张丽 | 管理 | 管 201 | C0003 | 计算机应用 | 85 |
| 12096001 | 王峰涛 | 电信 | 信 103 | C0001 | 高等数学 | 95 |
| 12096001 | 王峰涛 | 电信 | 信 103 | C0002 | 英语 | 82 |
| 12098006 | 李一凡 | 能动 | 能 301 | C0002 | 英语 | 96 |
| 12098006 | 李一凡 | 能动 | 能 301 | C0003 | 计算机应用 | 88 |
| 12096010 | 刘晓虹 | 电信 | 信 103 | C0004 | 法律基础 | 70 |

图 2-27 关系 SCG

注：为了叙述方便，每个属性(字段)都给出两个名字，实际上，有些 DBMS 中的字段名与实际显示出来的名称(标题)可以不同。

根据语义即关系中每个属性的意义及其相互联系可以看出：一个学生的"学号"可以确定其"姓名"、所在的"学院"和学院的"地址"，故属性 NameStu、Inst 和 Addr 是函数依赖于属性 IDStu 的；同理，属性 NameCour 是函数依赖于 IDCour 的；而依赖于键 {IDStu, IDCour} 的只有属性 Grade，我们称属性 Grade 对于键 {IDStu, IDCour} 是完全函数依赖；称其他属性对于键 {IDStu, IDCour} 是部分函数依赖。关系 SCG 的 7 个属性之间的函数依赖情况如图 2-28(a)所示。

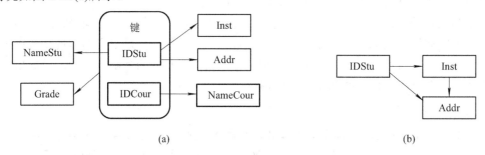

(a)           (b)

图 2-28 关系 SCG 中各属性之间的函数依赖

另外，属性 Addr 实际上是由属性 Inst 决定的，即 Addr 函数依赖于 Inst。属性 IDStu、Inst 和 Addr 之间的函数依赖情况是：

IDStu→Inst，Inst→Addr

因而，属性 Addr 通过属性 Inst 也间接地函数依赖于属性 IDStu。反过来，有

Addr↛IDStu　（或者 Addr↛Inst）

这种情况称为属性 Addr 对于属性 IDStu 的传递函数依赖，如图 2-27(b)所示。

### 2．函数依赖与关系的优劣

函数依赖与关系的"优劣"密切相关。例如，在关系 SCG 中，由于存在着几种不同程度的"不良"函数依赖而产生了许多问题，比较"有害"的有以下几点。

(1) 冗余度大：多个属性值有重复，修改时不易维护数据的一致性。例如，修改课程号时，有不止一处要改，容易遗漏。

(2) 删除异常：如果某个学生只选了一门课，例如，12096023 号学生只选了 C0004 号课程，他在上课之前又放弃了，则应删去选课数据，但因 {IDStu, IDCour} 是关键字，故需删去整个元组，这样，这个学生的所有信息也就跟着删除了，而其中包含了不应删除的信息。

(3) 插入异常：插入一个元组时，必须给定关键字，即具备 IDStu 和 IDCour 两个属性的内容。假定有个刚入学的学生，IDStu = "7"，Inst = "电信"，但他还没有选课，故无法确定 IDCour 的值，则这个学生的固有信息无法插入。

在 SCG 关系中，只有属性 Grade 对关键字是完全函数依赖，其他属性对关键字都只是部分函数依赖，甚至是传递函数依赖，这就是产生上述问题的原因。解决的方法是：把它变成更好的关系模式，即进行关系规范化。

## 2.6.2　基于主键的范式和 BC 范式

设计关系数据库时，关系模式不能随意建立，而必须满足一定的规范化要求。如果一个关系模式满足某种指定的约束，则称其为特定范式的关系模式。满足不同程度的要求构成不同的范式级别。

前面曾讨论过关系的几种性质，如果一个关系满足"每个属性值都必须是不能再分的元素"，那么该关系是一个规范化的关系。这是最低要求，满足这个要求的叫第一范式，简记为 1NF。在此基础上满足更高要求的称为第二范式，其余依次类推。一个属于低一级范式的关系，通过投影运算可以转换为若干高一级范式的关系的集合，这种过程叫做关系的规范化。

通常可将范式理解为符合某种条件的关系模式的集合，故 R 是第二范式的关系模式，也可以写成 R∈2NF。

### 1．2NF(第二范式)

如果关系模式 R∈1NF，且每个非主属性完全函数依赖于键，则 R∈2NF。

按这个定义，判断出例 2-17 中的关系 SCG 不属于 2NF。解决的方法是投影分解。关系 SCG 可分解为三个关系 S、C 和 SC，如图 2-29 所示。

S

| IDStu | NameStu | Inst | Addr |
|-------|---------|------|------|
| 12099002 | 张丽 | 管理 | 管201 |
| 12096001 | 王峰涛 | 电信 | 信103 |
| 12098006 | 李一凡 | 能动 | 能301 |
| 12096010 | 刘晓虹 | 电信 | 信103 |

C

| IDCour | NameCour |
|--------|----------|
| C0001 | 高等数学 |
| C0002 | 英语 |
| C0003 | 计算机应用 |
| C0004 | 法律基础 |

SC

| IDStu | IDCour | Grade |
|-------|--------|-------|
| 12099002 | C0001 | 90 |
| 12099002 | C0002 | 87 |
| 12099002 | C0003 | 85 |
| 12096001 | C0001 | 95 |
| 12096001 | C0002 | 82 |
| 12098006 | C0002 | 96 |
| 12098006 | C0003 | 88 |
| 12096010 | C0004 | 70 |

图 2-29 关系 SCG 分解得到的三个关系

这三个关系都消除了非主属性对键(主键)的部分函数依赖，因而都属于第二范式。它们所包含的属性之间的函数依赖分别如图 2-30(a)、(b)和(c)所示。

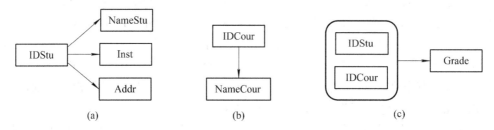

(a)          (b)          (c)

图 2-30 S、C 和 SC 三个关系的函数依赖

### 2. 3NF(第三范式)

如果关系模式 R∈2NF，且每个非主属性都不传递函数依赖于键，则 R∈3NF。

由图 2-28(b)可知，SCG 关系中的三个属性 IDStu、Inst 和 Addr 之间存在传递函数依赖，这种函数依赖关系依然存在于由 SCG 分解得到的 S 关系中。存在传递函数依赖的关系也会产生前面所讲的各种问题。解决的方法仍是投影分解，可将 S 分解为 S 和 I 两个关系，如图 2-31 所示。

S

| IDStu | NameStu | Inst |
|-------|---------|------|
| 12099002 | 张丽 | 管理 |
| 12096001 | 王峰涛 | 电信 |
| 12098006 | 李一凡 | 能动 |
| 12096010 | 刘晓虹 | 电信 |

I

| Inst | Addr |
|------|------|
| 管理 | 管 201 |
| 电信 | 信 103 |
| 能动 | 能 301 |

图 2-31 关系 S 分解得到的两个关系

S 和 I 既属于 2NF，又不存在传递函数依赖，故都属于 3NF。

### 3. BCNF(BC 范式)

3NF 仅对关系的非主属性与键的依赖作出限制，如果主属性传递函数依赖于键，也会使关系变坏。BC 范式可以解决这一问题。

如果关系模式 R∈1NF，且对于每个非平凡的函数依赖 X→Y，都有 X 包含键，则 R∈BCNF。

由 BCNF 的定义可知，一个满足 BCNF 的关系模式有如下性质：

(1) 所有非主属性对每个键都是完全函数依赖。

(2) 所有主属性对每个不包含它的键也是完全函数依赖。

(3) 不存在完全函数依赖于非键的属性组。

**【例 2-18】** 分析并分解给定关系，使其属于 BCNF。

设有关系 SNC，如图 2-32 所示，其中每个学生都不同名。这个关系的候选键有两个：{IDStu, IDCour} 和 {IDStu, NameStu}，非主属性 Grade 不传递依赖于任何一个候选键，故 SNC∈3NF。但因 IDStu→NameStu，而 IDStu 却不包含键，故 SNC∉BCNF。

| IDStu | NameStu | IDCour | Grade |
|-------|---------|--------|-------|
| 00097001 | 张丽 | C0001 | 90 |
| 00097001 | 张丽 | C0002 | 80 |
| 00097001 | 张丽 | C0004 | 85 |
| 00097002 | 王峰涛 | C0001 | 91 |
| 00097003 | 李一凡 | C0001 | 75 |
| 00097003 | 李一凡 | C0002 | 60 |
| 00097004 | 刘晓虹 | C0001 | 85 |
| 00097004 | 刘晓虹 | C0004 | 70 |

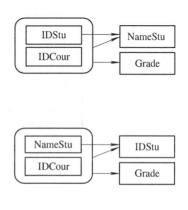

图 2-32 关系 SNC 及其函数依赖

非 BCNF 的关系模式也可通过投影分解为 BCNF。关系 SNC 可分解为两个关系，即 S(IDStu, NameStu) 和 SCG(IDStu, IDCour, Grade)，它们都是 BCNF。

一个关系模式如果属于 BCNF，则在函数依赖范畴已实现了彻底分离，消除了插入和删除的异常。在数据库的关系模型设计中，绝大多数工作只进行到 3NF 和 BCNF 的关系模式为止。但在关系中，除了函数依赖之外，还有多值依赖、连接依赖问题，从而提出了第四范式、第五范式等更高的规范化要求。

## 2.6.3 多值依赖和第四范式

除函数依赖之外，关系的属性间还有其他一些依赖关系，多值依赖是其中一种。多值依赖同样是现实世界中事物间联系的反映，其存在与否取决于数据的语义。

### 1. 多值依赖

在函数依赖 X→Y 中，给定 X 的值就唯一地确定了 Y 值("函数依赖"由此得名)，而在多值依赖 X→→Y(读作 X 多值决定 Y 或 Y 多值依赖于 X)中，对于给定的 X 值，对应的是 Y 的一组(零到多个)数值，而且这种对应关系对于给定的 X 值所对应的每个 U-X-Y 的值都成立。其中，U 为关系中所有属性的集合。

**【例2-19】**　分析给定关系中的多值依赖。

假定一门课程由多位教师讲授，每位教师可讲授多门课程，讲授同一门课程的教师都有一套相同的参考书，每种参考书可供多门课程使用。表示课程、教员和参考书情况的 CTB 关系如图 2-33 所示。

| Cour | Teach | Book |
|------|-------|------|
| 计算机 | 张方 | 程序设计 |
| 计算机 | 张方 | 数据库 |
| 计算机 | 张方 | 计算机网络 |
| 计算机 | 王袁 | 程序设计 |
| 计算机 | 王袁 | 数据库 |
| 计算机 | 王袁 | 计算机网络 |
| 通信 | 张方 | 信号与系统 |
| 通信 | 张方 | 电子学 |
| 通信 | 张方 | 数字电路 |
| 通信 | 林莹 | 信号与系统 |
| 通信 | 林莹 | 电子学 |
| 通信 | 林莹 | 数字电路 |

图 2-33　CTB 关系

关系模式 CTB(Cour, Teach, Book) 的键是全键，即属性组 {Cour, Teach, Book}，因而 CTB∈BCNF。但 CTB 关系有明显的数据冗余，且数据的插入、删除很不方便。例如，如果要为某一门课程而插入一名教师，则会因涉及多本参考书而必须插入多个元组。同样，如果某一门课程要去掉一本参考书，则会因涉及多个教师而必须删除多个元组。

在 CTB 关系中，每个 {Cour, Book} 上的值对应一组 Teach 值，而且这种对应与 Book 无关。例如，对于 {计算机，数据库} 的一组 Teach 值是 {张方，王袁}，这组值仅仅取决于 Cour 上的值(计算机)，因而，(计算机，计算机网络)对应的一组 Teach 值仍然是 {张方，王袁}，尽管这时 Book 的值已改变了。由此可见，Teach 多值依赖于 Cour，即 Cour→→Teach。

### 2．4NF(第四范式)

如果关系模式 R(U)∈1NF，且对于每个非平凡多值依赖 X→→Y(Y∉X)，X 都包含键，则 R∈4NF。

4NF 限制关系模式的属性之间不能有非平凡且非函数依赖的多值依赖。因为根据定义，对于每个非平凡的多值依赖 X→→Y，X 都包含候选键，于是有 X→Y，故 4NF 所允许的非平凡多值依赖实际上是函数依赖。可以用投影分解的方法来消除非平凡且非函数依赖的多值依赖。

函数依赖和多值依赖是两种最重要的数据依赖，如果只考虑函数依赖，则 BCNF 的关系模式已为规范化程度最高的了；如果只考虑多值依赖，则 4NF 的关系模式已为规范化程度最高的了。

### 2.6.4　关系规范化的过程与原则

关系规范化的目的是解决关系模式中存在的数据冗余以及插入、删除异常等问题，其基本思想是以数据依赖(主要是函数依赖)为主线，对关系模式进行投影分解，使得关系从较低级的范式变化为较高级的范式。规范化的过程就是逐步消除那些影响关系质量的不合适的数据依赖，使得每个关系都达到预定的范式等级，如图 2-34 所示。

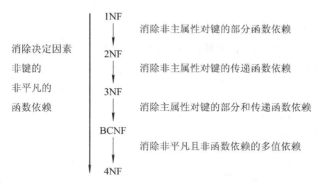

图 2-34　关系规范化过程

【例 2-20】　设有以下汽车关系：

汽车(车号，车名，功率，部件(部件号，部件名，型号，重量，用量))

将其规范化到 4NF。

(1) 规范化到 1NF。

汽车关系中又包含一个部件关系(还不能称为关系)，可将其分解，变为两个关系：

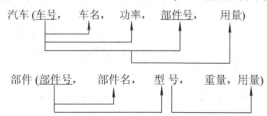

为了建立关系之间的联系以及保持属性之间的函数依赖，分解时对属性进行适当的调整：一是将"用量"保留在汽车关系中；二是在汽车关系中增加一个"部件号"。

- 两个关系中各属性都是不可再分的基本字段，故都是关系。
- 汽车关系中存在部分函数依赖，故汽车∈1NF。
- 部件关系中没有部分函数依赖，但存在传递函数依赖，故部件∈2NF。

(2) 分解汽车关系，消除部分函数依赖，提高范式等级。

将与部分函数依赖有关的属性分离出去，另组新关系：

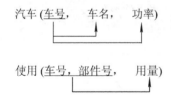

这两个关系中，既没有部分函数依赖，又不存在传递函数依赖，故都属于3NF。

(3) 分解部件关系，消除传递函数依赖，提高范式等级。

把存在传递函数依赖的两个属性分离出去，另组新关系：

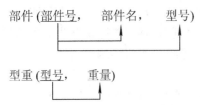

部件 (部件号，　部件名，　　型号)

型重 (型号，　重量)

这两个关系中，既无部分函数依赖，又无传递函数依赖，故都属于3NF。

至此，把一个还不能称为关系的表分解成四个关系：

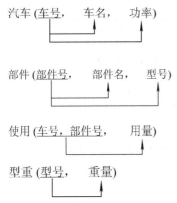

汽车 (车号，　车名，　功率)

部件 (部件号，　部件名，　型号)

使用 (车号，部件号，　用量)

型重 (型号，　重量)

这四个关系都至少属于3NF，数据冗余以及操作异常等问题都得到了解决。

注：规范化的关系分解方法不是唯一的。

关系分解时，受限于数据之间的相互约束，不可能是完全随意的。在规范化的分解过程中，不仅要着眼于提高关系的范式等级，还要注意以下两条原则：

(1) 无损分解原则：关系的无损分解就是在关系的投影分解过程中既不能丢失数据，也不能增加数据，同时还要保持原有的函数依赖。

(2) 相互独立原则：所谓独立是指分解后的新关系之间相互独立，对一个关系内容的修改不应该影响到另一个关系。

应该指出：关系规范化只是改善关系质量的一种方法，规范化程度也不是衡量关系质量的唯一标准。也就是说，并非范式等级越高越好，如果将关系分解得过于细碎，则在进行检索操作时往往需要进行多个表的连接运算，从而降低检索的效率。因此，在关系规范化过程中应该适可而止，有时候即使仍有数据冗余也不宜继续分解下去，尤其是对那些更新操作不多但查询操作的频度很高的数据库系统更是如此。

## 实验 2　关系规范化

### 1. 实验任务与目的

(1) 按给定数据创建 Excel 工作表。

(2) 模拟关系规范化的过程，将刚创建的 Excel 工作表分离为多个工作表，必要时通过计算填充某些列。

(3) 创建一个空的 SQL Server 数据库。

(4) 将几个 Excel 工作表导入刚创建的 SQL Server 数据库。

(5) 创建数据库中表与表之间的联系。

通过本实验，直观地体验关系规范化的过程，加深对于关系数据模型概念的理解。同时，掌握 SQL Server 数据库管理系统中通过导入方式创建表的方法。

**2. 预备知识**

(1) 数据表处理软件 Excel 的使用方法，包括：

① 工作表的创建、打开、保存与输出；

② 数据的输入、修改、自动填充。

(2) 关系数据库中表的概念，主要涉及本章 2.3 节的内容。

(3) 函数依赖的概念，主要涉及本章 2.6.1～2.6.3 节的内容。

(4) 关系规范化的过程，主要涉及本章 2.6.4 节的内容。

(5) SQL Server 中的创建数据库与数据导入操作。

创建数据库就是创建一个空的数据库并以数据文件和日志文件的形式保存在外存储器上，以便此后在其中创建存放数据的表以及其他对象。

数据导入操作即将非 SQL Server 创建的数据表，如 Excel 工作表、Word 中的表格或者其他数据库管理系统所创建的表导入到正在操作的 SQL Server 数据库中，使其成为该数据库中的一个表。

**3. 实验步骤**

(1) 创建工作表。

启动 Excel 软件，生成空白工作簿，输入如图 2-35 所示的数据，形成第一张工作表，命名为"总表"。

| 职工号 | 姓名 | 所属部门 | 岗位 | 性别 | 工资号 | 工资 | 津贴 | 应发 | 扣除 | 实发 |
|---|---|---|---|---|---|---|---|---|---|---|
| 10010 | 张京 | 销售部 | 经理 | 男 | B001 | 3500 | 3000 | | 200 | |
| 50011 | 王莹 | 销售部 | 副经理 | 女 | B007 | 2000 | 2500 | | 180 | |
| 40005 | 李玉 | 办公室 | 主任 | 女 | A002 | 2500 | 3000 | | 150 | |
| 50005 | 方丽 | 办公室 | 会计 | 女 | A005 | 2000 | 2500 | | 130 | |
| 50006 | 马蓝 | 办公室 | 出纳 | 女 | A006 | 2000 | 2500 | | 130 | |
| 20010 | 刘同 | 一厂 | 厂长 | 男 | C010 | 3000 | 3500 | | 200 | |
| 20011 | 陈前 | 一厂 | 副厂长 | 男 | C012 | 3000 | 3000 | | 200 | |
| 10009 | 周木 | 二厂 | 厂长 | 男 | D009 | 3000 | 3500 | | 200 | |
| 10012 | 林妮 | 二厂 | 副厂长 | 女 | D012 | 3500 | 3000 | | 100 | |
| 10011 | 杨原 | 后勤部 | 主任 | 男 | E001 | 3500 | 3500 | | 200 | |

图 2-35　总表

(2) 将“总表”分离为两个工作表。

可以看出，这张表上存放了三类数据，即职工基本情况、工资细目以及需要通过计算得到的“应发”和“实发”工资栏目。如果变为关系数据库中的一张表，则不符合关系规范化的原则。因此，有必要拆分。此处采用“先剪切再粘贴”的方式，将“总表”中的各个栏目分别拷贝到两个新建的工作表中。

职工表：职工号、姓名、所属部门、岗位、性别、工资号

工资表：工资号、工资、津贴、扣除

(3) 拷贝并计算填充“工资发放表”。

数据库的表中只存放来自于生产或生活实践的原始数据，有些制作报表时必要的栏目是在查询过程中通过计算得到的。例如，发放工资时需要包括以下栏目的报表：

工资发放表：职工号、姓名、工资号、应发、实发

① 通过拷贝方式从“职工表”中得到前三个栏目。

② 用公式填充功能输入“应发”栏和“实发”栏的第一个数据，如利用

=工资表！B2+工资表！C2

输入“应发”列 D2 格的数据，然后用自动填充功能输入该列的其他数据。

创建好的“工资发放表”如图 2-36 所示。

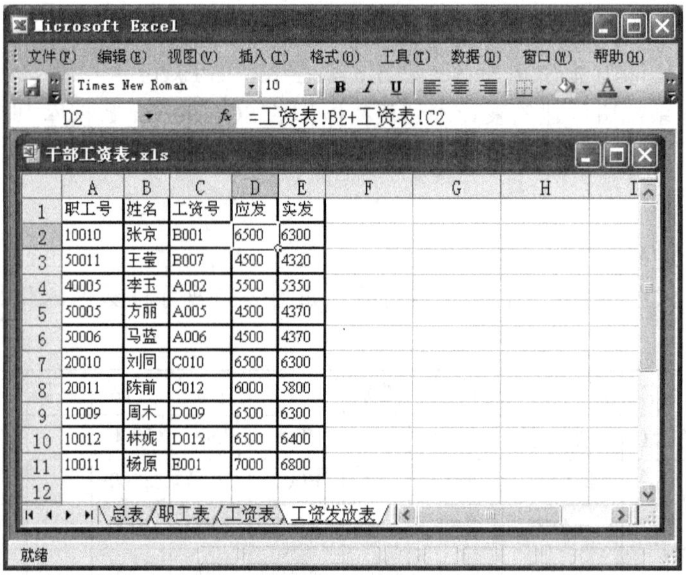


| | A | B | C | D | E |
|---|---|---|---|---|---|
| 1 | 职工号 | 姓名 | 工资号 | 应发 | 实发 |
| 2 | 10010 | 张京 | B001 | 6500 | 6300 |
| 3 | 50011 | 王莹 | B007 | 4500 | 4320 |
| 4 | 40005 | 李玉 | A002 | 5500 | 5350 |
| 5 | 50005 | 方丽 | A005 | 4500 | 4370 |
| 6 | 50006 | 马蓝 | A006 | 4500 | 4370 |
| 7 | 20010 | 刘同 | C010 | 6500 | 6300 |
| 8 | 20011 | 陈前 | C012 | 6000 | 5800 |
| 9 | 10009 | 周木 | D009 | 6500 | 6300 |
| 10 | 10012 | 林妮 | D012 | 6500 | 6400 |
| 11 | 10011 | 杨原 | E001 | 7000 | 6800 |

图 2-36 Excel 中的工资发放表

将图 2-36 中的名为“干部工资表”的工资发放表保存到外存储器上。

(4) 创建空的 SQL Server 数据库。

① 启动 SQL Server 2008 数据库管理系统，打开名为“Micsosoft SQL Server Mangement Studio”的 SQL Server 主窗口。

② 右击“数据库”结点，选择快捷菜单中的“新建数据库”命令，打开“新建数据库”对话框，如图 2-37 所示。

③ 在对话框中输入数据库名称“工资”，并单击“确定”按钮，完成创建“工资”数据库工作。

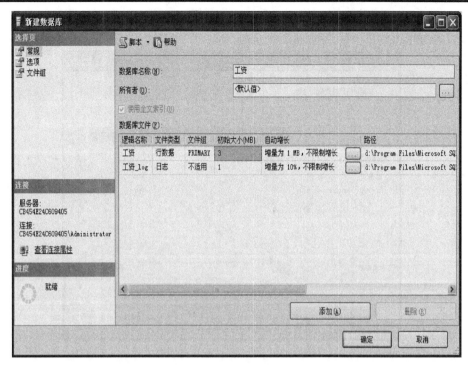

图 2-37　"新建数据库"对话框

(5) 通过导入方式创建数据库中的"职工表"和"工资表"。

① 展开"数据库"结点。

② 右击"工资"结点，选择快捷菜单中的"任务"子菜单中的"导入数据"命令，调用"SQL Server 导入和导出向导"对话框，并单击"下一步"按钮。

③ 在向导弹出的"选择数据源"对话框中，选择"Microsoft Excel"数据源以及刚保存过的"干部工资表"工作簿的文件路径(图 2-38)，并单击"下一步"按钮。

图 2-38　"选择数据源"对话框

④ 在向导弹出的"选择目标"对话框中(图 2-39)，选择默认的"身份验证"和"数据库"设置，并单击"下一步"按钮。

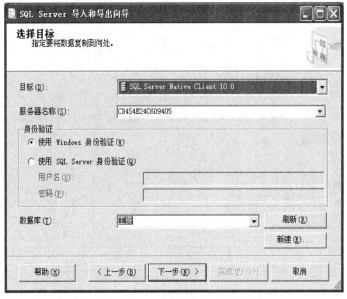

图 2-39 "选择目标"对话框

⑤ 在向导弹出的"指定表复制或查询"对话框中，选择默认的"选择复制一个或多个表或视图的数据"单选项，并单击"下一步"按钮。

⑥ 在向导弹出的"选择源表或源视图"对话框中(图 2-40)，选择"职工表"和"工资表"，并单击"下一步"按钮。

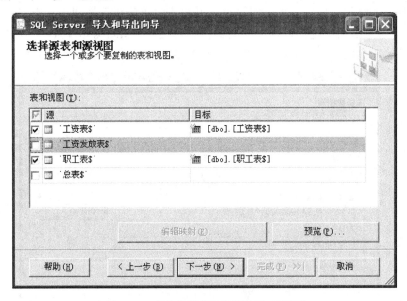

图 2-40 "选择源表和源视图"对话框

⑦ 在弹出的对话框中，单击"完成"按钮。

⑧ 在弹出的"执行成功"对话框(图 2-41)中，单击"关闭"按钮。

图 2-41 "执行成功"对话框

(6) 观察"工资"数据库并创建主键。

① 重新启动 SQL Server 数据库管理系统。

② 观察"工资"数据库中的"职工表"(图 2-42)和"工资表"(图 2-43)。

| CB454E24C... – dbo.职工表$ | | | | | |
|---|---|---|---|---|---|
| 职工号 | 姓名 | 所属部门 | 岗位 | 性别 | 工资号 |
| 10010 | 张京 | 销售部 | 经理 | 男 | B001 |
| 50011 | 王莹 | 销售部 | 副经理 | 女 | B007 |
| 40005 | 李玉 | 办公室 | 主任 | 女 | A002 |
| 50005 | 方丽 | 办公室 | 会计 | 女 | A005 |
| 50006 | 马蓝 | 办公室 | 出纳 | 女 | A006 |
| 20010 | 刘同 | 一厂 | 厂长 | 男 | C010 |
| 20011 | 陈前 | 一厂 | 副厂长 | 男 | C012 |
| 10009 | 周木 | 二厂 | 厂长 | 男 | D009 |
| 10012 | 林妮 | 二厂 | 副厂长 | 女 | D012 |
| 10011 | 杨原 | 后勤部 | 主任 | 男 | E001 |
| NULL | NULL | NULL | NULL | NULL | NULL |

| CB454E24C... – dbo.工资表$ | | | |
|---|---|---|---|
| 工资号 | 工资 | 津贴 | 扣除 |
| B001 | 3500 | 3000 | 200 |
| B007 | 2000 | 2500 | 180 |
| A002 | 2500 | 3000 | 150 |
| A005 | 2000 | 2500 | 130 |
| A006 | 2000 | 2500 | 130 |
| C010 | 3000 | 3500 | 200 |
| C012 | 3000 | 3000 | 200 |
| D009 | 3000 | 3500 | 200 |
| D012 | 3500 | 3000 | 100 |
| E001 | 3500 | 3500 | 200 |
| NULL | NULL | NULL | NULL |

图 2-42 "工资"数据库中的"职工表"　　　图 2-43 "工资"数据库中的"工资表"

③ 在"职工表"的"设计"状态即显示表的结构的状态下，右击"职工号"字段并选择快捷菜单中的"主键"命令，给该字段加上小钥匙即设为主键。

④ 在"工资表"的"设计"状态即显示表的结构的状态下，右击"工资号"字段并选择快捷菜单中的"主键"命令，给该字段加上小钥匙即设为主键。

(7) 创建"职工表"和"工资表"之间的联系。

① 右击"工资"结点下属的"数据库关系图"结点，选择快捷菜单中的"新建数据库关系图"命令，打开相应的窗口。

② 在弹出的"添加表"对话框中，分别双击列表中的"职工表"和"工资表"项，将两个表的字段名列表添加到设计关系图的窗口中。

③ 将"工资表"中的"工资号"字段(主键)拖放到"职工表"的"工资号"字段(外键)上。

④ 在弹出的"表和列"对话框(图 2-44)中，单击"确定"按钮。

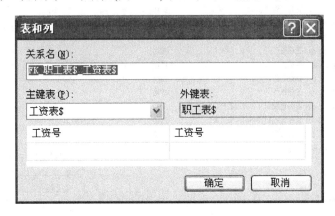

图 2-44　创建表与表之间联系的对话框

⑤ 在弹出的"外键关系"对话框(图 2-45)中，单击"确定"按钮。设计好的关系如图 2-46 所示。

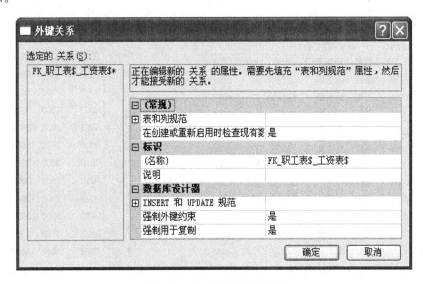

图 2-45　设置联系的对话框

(8) 保存"工资"数据库并关闭 SQL Server 数据库管理系统。

① 选择"文件"菜单中的"保存"命令，保存"工资"数据库。

② 选择"文件"菜单中的"退出"命令，退出 SQL Server 数据库管理系统。

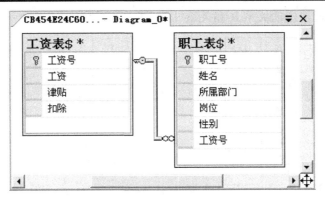

图 2-46　"工资"数据库的关系图

# 习　题

1. 给出一个包含度大于 3、基数大于 5 的关系，并指出其中的键。

2. 为什么关系中没有重复的元组？为什么不宜将一个关系的所有属性作为主键？

3. 举例说明以下名词的联系与区别：关系模式、关系数据库、数据库模式、关系模型。

4. 如果 R 中有 20 个元组，S 中有 30 个元组，那么 R×S 最多有多少个元组？

5. 如图 2-47 所示，已知 R 和 S 两个关系，求 R∪S，R−S，R∩S。

| R | A | B | C |
|---|---|---|---|
| | a | 3 | d |
| | b | 4 | t |
| | r | 3 | e |

| S | A | B | C |
|---|---|---|---|
| | b | 1 | F |
| | r | 3 | e |
| | d | 3 | t |

图 2-47　关系 R 和关系 S

6. 如图 2-48 所示，已知 U 和 V 两个关系，求 $R \underset{B>E+F}{\bowtie} S$。

| U | A | B | C |
|---|---|---|---|
| | a | 4 | 6 |
| | b | 6 | 3 |
| | r | 3 | 2 |

| V | D | E | F | G |
|---|---|---|---|---|
| | d | 1 | 2 | B |
| | a | 2 | 3 | c |
| | b | 1 | 4 | c |

图 2-48　关系 U 和关系 V

7. 如图 2-49 所示，已知 R、S 两个关系，求 R⋈S。

| U | A | B | C |
|---|---|---|---|
| | $a_1$ | $b_1$ | $c_2$ |
| | $a_2$ | $b_3$ | $c_1$ |
| | $a_3$ | $b_1$ | $c_3$ |
| | $a_4$ | $b_2$ | $c_5$ |
| | $a_5$ | $b_3$ | $c_1$ |

| V | D | E | B | C |
|---|---|---|---|---|
| | $d_1$ | $e_1$ | $b_2$ | $c_2$ |
| | $d_2$ | $e_2$ | $b_3$ | $c_1$ |
| | $d_3$ | $e_3$ | $b_1$ | $c_3$ |
| | $d_4$ | $e_4$ | $b_1$ | $c_2$ |
| | $d_5$ | $e_5$ | $b_3$ | $c_1$ |

图 2-49　关系 R 和关系 S

8. 根据题 7 的运算结果，求 $\prod_{B,D}$ (R⋈S)。

9. 广义笛卡尔积与连接的主要区别是什么？

10．按图 2-50 给出的关系 R 和关系 S，求 R÷S 的商关系。

| R | A | B | C | D |
|---|---|---|---|---|
| | a | 1 | d | 4 |
| | a | 1 | e | 5 |
| | a | 1 | f | 6 |
| | b | 2 | d | 4 |
| | b | 2 | e | 5 |
| | c | 3 | d | 4 |

| S | C | D |
|---|---|---|
| | d | 4 |
| | e | 5 |

| R÷S | A | B |
|---|---|---|
| | a | 1 |
| | b | 2 |

图 2-50　两个关系及其除法运算结果

11．什么叫关系规范化？关系规范化有什么意义？

12．假定有一个客户订货系统，允许一个客户一次(一张订单)预订多种商品，那么关系模式：

订单(订单号，日期，客户编号，客户名，商品编码，数量)

属于第几范式？为什么？

13．下列关系模式分别属于第几范式？为什么？

(1) 关系：R(X,Y,Z)，函数依赖：XY→Z。

(2) 关系：R(X,Y,Z)，函数依赖：Y→Z；XZ→Y。

(3) 关系：R(X,Y,Z)，函数依赖：Y→Z；Y→X；X→YZ。

(4) 关系：R(X,Y,Z)，函数依赖：X→Y；X→Z。

(5) 关系：R(W,X,Y,Z)，函数依赖：X→Z；WX→Y。

14．已知学生关系 S(学号，姓名，班级，班主任，课程号，成绩)，问：

(1) 该关系的候选关键字是什么？

(2) 主关键字是什么？

(3) 范式等级是什么？

(4) 怎样把该关系化到 3NF？

15．已知订货单汇总表如图 2-51 所示，将其规范化为 3NF。

### 订货单汇总表 1

| 订户 | | | | 产品 | | | |
|---|---|---|---|---|---|---|---|
| 订单号 | 姓名 | 地址 | 车次 | 产品号 | 产品名 | 单价 | 数量 |
| S1001 | 张晓月 | 西安 | 无 | N201 | 风扇 | 315.00 | 50 |
| S1002 | 王思凡 | 汉中 | 406 | N202 | 电表 | 60.00 | 20 |
| S1003 | 李丽 | 成都 | 137 | N203 | 空调器 | 3800.00 | 10 |
| S1004 | 刘平 | 洛阳 | K55 | N201 | 风扇 | 315.00 | 30 |
| S1005 | 陈言方 | 太原 | 48 | N203 | 空调器 | 3800.00 | 15 |
| S1006 | 张军 | 银川 | 206 | N206 | 电冰箱 | 1390.00 | 26 |
| S1007 | 王静 | 潍坊 | K88 | N202 | 电表 | 60.00 | 30 |

图 2-51　订货单汇总表

# 第3章 数据库设计与创建

创建数据库是数据库管理的基础，只有在认真分析用户需求，精细规划数据库结构的基础上，才能创建出高效易用且易于管理的数据库。

在关系数据库管理系统(如 SQL Server)中，创建数据库包括创建数据库本身、创建数据库中的表以及基于表的视图、存储过程等其他对象。但最重要的是创建数据库中的表。目前，一般的关系数据库管理系统都支持多种创建表的方法，例如，在 SQL Server 中，可以通过导入数据的方法，将 Excel 等各种数据表变为数据库中的表；可以在可视化的用户界面中，直观地定义表的结构并输入表中的数据；还可以使用 SQL 语言中的数据定义语句来定义表的结构。

## 3.1　数据库设计方法

数据库设计是创建数据库应用系统的基础。数据库设计的目的是对于一个给定的环境，构造最优的数据库模式，建立数据库及其应用系统，使之能够有效地存储和操纵数据，满足各种不同用户的应用需求。如果数据库系统未经规范化设计而是凭直觉构造的，则很难满足用户的需求，还会占用大量不必要的存储空间或者产生数据异常。

具体来说，数据库设计的基本任务是：根据将要构建数据库系统的企事业单位用户的数据管理需求、数据操纵需求和数据库的支撑环境(包括硬件、操作系统与 DBMS 等)，设计出满足该单位需求的数据库模式(包括外模式、逻辑模式和内模式)以及典型的应用程序。例如，如果某个企业试图实现销售业务的信息化管理，希望创建一个数据库系统，通过对该企业经营销售活动各个环节中所产生的数据的处理，动态地为企业领导和各个生产经营部门提供各种信息，如资源情况、订货情况、合同执行情况、成品库存情况以及用户拖欠款情况等；通过对相应数据的统计分析，准确及时地把握市场信息，及早发现企业经营活动中的问题，以便采取相应的措施，提高企业的经济效益。数据库设计者就要根据这些需求，认真地调查分析该企业中所有相关部门的组织结构、相关业务和工作流程，运用相关的营销理论和数据库设计方法，设计并构建一个销售业务管理数据库以及相应的应用程序。

数据库设计过程中，可以采用两种方法：面向数据的方法或面向过程的方法。

面向过程方法以处理需求为主，兼顾信息需求。

面向数据方法以信息需求为主，兼顾处理需求。早期的数据库系统中数据量较小，因而较多地采用面向过程方法。

随着计算机应用的深入和普及，数据库的规模和复杂程度与日俱增，数据已成为大多数应用系统的核心，比较而言，相应的处理流程往往显得简单一些，使得面向数据的设计方法逐渐成为主流方法。

**1. 传统数据库设计方法**

数据库设计目前一般采用生命周期法，将整个数据库应用系统的开发分解为目标独立的若干个阶段，包括需求分析阶段、概念结构设计阶段、逻辑结构设计阶段、物理结构设计阶段、数据库实施阶段以及数据库运行和维护阶段。

1) 需求分析阶段

数据库设计的首要任务是准确地了解和分析用户需求(包括数据与处理)和现有条件，确定创建数据库的目的和要求以及数据库的使用方法。例如，分析数据库系统应该具有哪些功能，数据库中应该存储哪些数据，使用数据的业务规则有哪些，数据与数据之间有什么联系及约束，对数据库的整体性能有什么要求，等等。为了完成这个任务，数据库设计者应该同应用领域的专家和用户进行充分的沟通和交流，系统调查和分析用户的真实需求以及现有的应用环境和技术条件，尽可能搜集足够的数据库设计的依据。

需求分析阶段的结果是形成用户的需求规格说明。现在已有很多种方法(如画数据流图等)和工具可用于对这一阶段搜集到的信息进行组织和描述。

2) 概念结构设计阶段

概念结构设计是整个数据库设计的关键，它通过对用户需求进行综合、归纳与抽象，形成一个独立于具体 DBMS 的数据库系统的概念模型：E-R 模型或面向对象模型。其目的是生成一种简单的数据描述方法，使得所描述的数据的组织和处理符合用户和开发者的意图。

概念结构设计一般分为如下三步(以 E-R 模型为例)。

(1) 设计局部 E-R 图：用 E-R 图描述单个实体或部分实体之间的联系。

(2) 设计全局 E-R 图：将局部 E-R 图合并在一起，得到初步的全局 E-R 图。合并过程中，可能会出现属性命名不一致或冗余的联系等，都需要解决。

(3) 评审：即由数据库管理员和用户对数据库全局概念结构进行评审，使得描述准确、结构完整和文档齐备。

3) 逻辑结构设计阶段

逻辑结构设计是将概念数据模型转换为具体 DBMS 所支持的数据模型，对其进行优化。例如，将用 E-R 图表示的概念模型转换为 SQL Server 支持的关系数据模型，然后根据用户的处理需求以及安全性的考虑等，在基本表的基础上建立必要的视图，形成适用于不同用户的外模式。一般来说，要经历初始模式设计、子模式设计、模式评价和修正等阶段，最后才能导出数据库的逻辑结构。

4) 物理结构设计阶段

数据库物理设计是根据 DBMS 的特点和处理的需要，为逻辑数据模型选取一个适合于应用环境的物理结构(内模式)，包括数据库文件的组织格式、内部存储结构、建立索引和表的聚集等。

5) 数据库实施阶段

在数据库实施阶段，设计人员运用 DBMS 提供的数据库语言以及软件开发工具，根据逻辑设计和物理设计的结果建立数据库，编制与调试应用程序，组织数据入库，并进行数据库系统的功能测试。

6) 数据库运行和维护阶段

数据库应用系统经过试运行后即可投入正式运行。在数据库系统运行过程中必须不断地对其进行评价、调整与修改。

需要指出的是，上述设计步骤既是数据库设计的过程，也包括了数据库应用系统的设计过程。在数据库设计过程中，应将数据库本身的设计与数据库中数据处理的设计结合起来，使得两个方面的需求分析、抽象、设计和实现同时进行，相互参照，相互补充，从而提高设计质量。如果所设计的系统比较复杂，还应该考虑使用专门的数据库设计工具和软件开发工具，进行规范设计并减少设计工作量。

**2. 数据库设计的特征**

由于实际应用环境的复杂多样、用户需求的灵活多变以及数据库技术(包括软件工具和软件工程方法等)本身的局限性，数据库设计往往是凭借设计人员的经验用"手工试凑"的方式进行的，因而，数据库设计与其他工程设计类似，具有反复性、试探性和逐步进行这三个明显的特征。

1) 反复性

一般来说，数据库设计是需要经过反复推敲和修改才能完成而不大可能是一气呵成的。一个设计阶段总是在前一阶段的基础上开展工作的，但也可以向前一阶段反馈要求改进的信息并在改进之后重新设计。有时候可能还要多次地互为参照并反复调整，以求保证设计效果。

2) 试探性

数据库设计过程中，往往既要构思对于种类繁多且规模宏大的数据本身的存储和处理，又要考虑众多用户对数据操纵的多种需求，还必须综合平衡影响系统性能的各种工程因素，因而，不同的设计者甚至同一设计者在不同的时间段所给出的设计结果都可能有很大差别。为了达到较好的设计效果，实际的设计过程往往是逐步试探的过程，可能会先给出初步方案、权衡各种因素并调整后定案，发现问题再进行调整定案……

3) 逐步进行

实际的数据库设计工作往往是由各类人员分阶段进行的。这样做既有技术分工上的必要性，又可以分阶段把关、逐级审查、保证设计的质量和进度。这种工作方式不利于对后一阶段反馈到前一阶段的需求的处理，这就要求每一阶段都考虑周全，尽可能地减少这种反馈。

**3. 面向对象数据库设计**

传统的数据库设计过程中，往往用数据流图来进行需求分析，用 E-R 图来构建数据库的概念模型，这两种方法本身没有必然的联系，不能在需求分析阶段和数据库设计阶段形成自然的沟通。如果采用面向对象分析方法进行需求分析，采用面向对象设计方法进行数据库设计，则在进行需求分析时构建的对象模型可以自然地转换为适用的数据库模式。

面向对象的观点认为，任何一个系统都是由若干个对象和这些对象之间的相互作用构成的。其中对象由数据和相应的操作两部分构成的。对象具有自主性、封装性和动态性。将面向对象作为方法学应用到软件工程的各个阶段，其实质就是寻找对象以及对象之间的相互关系。

面向对象分析是对真实世界的对象进行建模，其根本出发点是站在应用的角度对问题域进行刻画和描述，这样有利于对问题的理解。需求分析阶段的结果是"问题陈述＋对象模型＋动态模型＋功能模型"。设计阶段是对原对象模型的进一步描述，此阶段可用面向对象方法实现数据库的设计。

数据库设计中的对象模型与 DBMS 中的外模式和概念模式相对应，引入外对象模型和概念对象模型。不同权限的用户所看到的外对象模型不同，但概念对象模型在全局上是一致的，对象模型由对象和对象之间的关联、继承、聚集等关系来刻画。对象模型与 DBMS 中的表之间有着直接映射的关系，将对象模型转化为表结构时，必须考虑完整性约束和范式约束，以反映表之间的联系。如果能在需求分析阶段即采用面向对象的分析方法，数据库设计也采用面向对象的设计方法，可将需求分析阶段的对象模型很自然地转化为其数据库的结构，达到需求分析与数据库设计在面向对象方法体系上的一致。

# 3.2  数据库设计过程

数据库设计过程实际上是一个不断构拟和调整的过程，即使是正在运行的数据库，往往也存在需要改进甚至重新设计的问题，因此，数据库设计往往被认定为包括了从设计到运行甚至是复杂的配套软件运行的所有环节。这种观念使得数据库设计牵涉到 DBMS 产品、软件开发工具以及数据库安全和维护等过多的内容而为初学者带来了理解上的困难。为了学习方便起见，这里将数据库设计限定在需求分析、概念结构设计、逻辑结构设计和物理结构设计几个环节之内。也就是说，数据库设计的任务是"设计出适用于现有应用环境的数据库模式"。实际上，对于具备数据库设计能力而且足够聪明(对设计工作比较敏感)的设计者来说，如果已有成功的数据库设计经验可以借鉴而且每个环节都做得比较得体，也可以设计出基本上可用的数据库模式。另外，现在的 DBMS 软件以及整个计算机系统(包括计算机网络)都在朝着方便用户的方向发展，数据库的物理模式在很大程度上都是由软件来自动构建的，因而，初学者将主要精力放在前三个阶段的学习上就可以了。

【例 3-1】  "教学"数据库的规划。

本例将构建一个用于教学管理的简易数据库，初步规划的功能如下：

(1) 存储以下原始数据。

● 与教学相关的实体描述，如"学生"基本情况、"教师"基本情况和"课程"基本情况。

● 与学生相关的"班级"和"专业"情况；与教师和专业相关的"学院"情况。

(2) 教务员可以"排课"或查看开课计划。

● 教务员可以排课，即为各专业安排开课计划。排一次课之后，就会生成一个包括专业标识、课程标识、教师标识和开课学期的"开课"表中的一条记录。

● 教务员可以输出课表，即按专业输出开课计划，一次输出排课表中的一条记录。

(3) 学生可以"选课"或查看考试成绩。

● 学生可以查看自己专业的开课计划，一次输出排课表中的一条记录。

● 学生可以选课，选一门课之后，生成一个包括学号、课程标识和分数(此时为空值)的"成绩"表中的一条记录。

● 学生在考试过后，还可以查看并输出自己的考试成绩，即"选课"表中的自己的标识(学号)所对应的一条或多条记录。

(4) 教务员可以"登录成绩"或查看学生考试成绩。

● 教务员可以登录学生的考试成绩，登录一次将会充实"成绩"表中的一条记录中的"分数"字段。

● 教务员可以查看并输出学生的考试成绩，即"成绩"表中的一条或多条记录。

(5) 日常的查询、更新和数据统计操作。例如，教务员或者其他教师可以查看或输出学生的姓名、班级和电话；查询某个专业的开课计划，输出学生成绩清单等。

## 3.2.1　数据库设计的需求分析

需求收集和分析是数据库设计的第一阶段，这一阶段收集到的基础数据和一组数据流图(Data Flow Diagram，DFD)是下一步概念结构设计的基础。概念结构是整个组织中所有用户关心的信息结构，对整个数据库设计具有重大影响。要设计好概念结构，就必须在需求分析阶段用系统的观点来考虑问题、收集和分析数据及其处理。

### 1. 需求分析阶段的任务

需求分析阶段的任务是，通过详细调查现实世界中要处理的对象(组织、部门、企业等)，充分了解原系统的工作情况，明确用户的各种需求，然后在这个基础上确定新系统的功能。新系统必须充分考虑今后可能的扩充和改变，不能仅按照当前的应用需求来设计数据库。

调查的重点是"数据"和"处理"，通过调查，要从中获得每个用户对数据库的要求，包括以下几个方面：

(1) 信息要求。这一要求是指用户需要从数据库中获得的信息的内容和性质。由信息要求可以导出数据要求，也就是说，搞清楚数据库中需要存放哪些数据。

(2) 处理要求。这一要求是指用户要完成什么处理功能，对处理的响应时间有什么要求，处理的方法是批处理还是联机处理。

(3) 安全性和完整性要求。

为了较好地完成调查任务，设计人员必须不断地与用户交流，与用户达成共识，以便逐步确定用户的实际需求，然后分析和表达这些需求。需求分析是整个设计活动的基础，也是最困难、花费时间较长的一步。需求分析人员既要懂得数据库技术，又要比较熟悉应用环境的业务。

需求分析阶段需要收集将来应用所涉及的数据，这是一个重要而困难的任务。如果设计人员只按当前应用来设计数据库，则新数据的加入将会影响数据库的概念结构，且会影响逻辑结构和物理结构，因此，设计人员应充分考虑到可能的扩充和改变，使得设计易于改动。

在分析和表达用户需求时，经常采用的方法有结构化分析方法和面向对象的方法。结构化分析方法用自顶向下、逐层分解的方法分析系统，用数据流图表达数据和处理过程的关系，数据字典对系统中数据的详尽描述是各类数据属性的清单。对数据库设计来说，数据字典是进行详细的数据收集和数据分析所获得的主要结果。

### 2. 数据流图

数据流图是结构化分析方法中用于表示系统逻辑模型的一种工具。它以图形的方式描绘数据在系统中流动和处理的过程，是需求理解的逻辑模型的图形表示。由于它只反映系统必须完成的逻辑功能，所以是一种功能模型，直接支持系统的功能建模。

数据流图从数据传递和加工的角度来刻画数据流从输入到输出的移动变换过程。数据流图中的主要图形元素如图3-1所示。

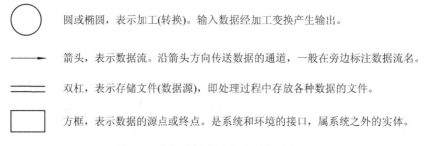

图3-1　数据流图中的主要图形元素

### 3. 数据字典

需求分析之后，得到一个数据字典。数据字典是系统中各类数据描述的集合，是进行详细的数据收集和数据分析所获得的主要成果。数据字典通常包括5个部分。

(1) 数据项：数据的最小单位。描述的内容为

数据项描述 = {数据项名，数据项含义说明，别名，数据类型，长度，取值范围，
取值含义，与其他数据项的逻辑关系，数据项之间的联系}

其中，"取值范围"、"与其他数据项的逻辑关系"定义了数据的完整性约束条件，是设计数据检验功能的依据。

(2) 数据结构：若干个数据项的有意义的集合。描述的内容为

数据结构描述 = {数据结构名，含义说明，组成，{数据项或数据结构}}

可以看出，数据结构既可以由若干个数据项组成，也可以由若干个数据结构组成。

(3) 数据流：可以是数据项，也可以是数据结构，表示某个数据处理的输入或输出，即数据结构在系统内的传输路径。描述的内容为

数据流描述 = {数据流名，说明，数据流来源，数据流去向，组成；{数据结构}，
平均流量，高峰期流量}

其中，"平均流量"指的是每天、每周或每月等的传输次数。

(4) 数据存储：处理过程中存取的数据，可作为数据流的来源或去向。常常是手工凭证、手工文档或计算机文件。描述的内容为

数据存储描述 = {数据存储名，说明，编号，流入的数据流，流出的数据流，组成；{数据结构}，数据量，存取方式}

其中，"存取方式"有批处理/联机处理、检索更新、顺序检索/随机检索。

(5) 处理过程：具体处理逻辑一般用判定表或判定树来描述，数据字典中只需要描述处理过程的说明性信息。描述的内容为

处理过程描述 = {处理过程名，说明，输入；{数据流}，输出；{数据流}，处理；{简要说明}}

其中，"简要说明"主要说明该处理过程的功能及处理要求。

数据字典是在需求分析阶段建立，在数据库设计过程中不断修改、充实和完善的。

【例 3-2】　"教学"数据库的需求分析。

不妨将例 3-1 中"教学"数据库的初步规划看做用户的实际需求，据此进行"教学"数据库的需求分析。

(1) 确定实体。

● 该数据库需要存储和处理有关学生、课程和教师基本情况的数据，因而，学生、课程和教师都是系统中的实体，定义它们的属性如下：

教师：工号、姓名、职称、性别、出生年月、住址、电话

学生：学号、姓名、性别、出生年月、籍贯、宿舍、电话

课程：课程号、课程名、学分、学时

● 教务员虽为系统用户，但其信息与系统处理无关，故不作为实体。

● 为了准确地描述学生的情况，需要添加对于学生所属的班级、班级所属的专业以及专业所属的学院(也与教师的描述相关)的描述，因而，班级、专业和学院也成为系统中的实体，定义它们的属性如下：

班级：班号、班名、人数

专业：专业号、专业名

学院：学院号、学院名、地址、电话

(2) 作数据流图。

通常，数据流图是分层作出的，作数据流图的过程反映了自顶向下进行功能分解和细化的分析过程。顶层(第 0 层)表示系统的开发范围以及系统与周围环境的数据交换关系；底层代表了那些不可进一步细分的"原子加工"；中间各层分别是对其上一层父图的细化，其中的每个加工可以继续细化，中间层次的多少由系统的复杂程度来决定。

本例中，描述教务员排课(包括查看成绩)以及教务员和学生查看并输出开课计划的数据流图如图 3-2(a)所示。几个存储文件中，"开课"是"排课"活动所产生的数据存储，其余几个都是系统中已经确定的实体。

描述学生选课、教师登录考试成绩以及学生和教师查看并输出考试成绩的数据流图如图 3-2(b)所示。几个存储文件中，"成绩"是"选课"活动所产生的数据存储，其余几个都是系统中已经确定的实体。

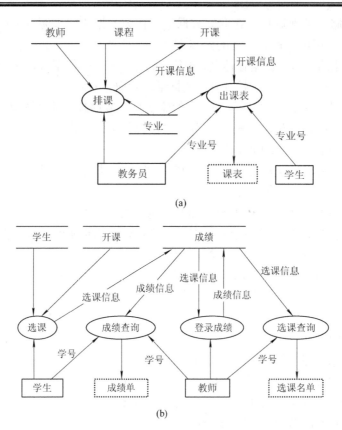

图 3-2 "选课"及"排课"的数据流图

(3) 数据字典。

概括地说，数据字典就是用来定义数据流图中各个成分的具体含义的，它以一种准确的、无二义性的说明方式为系统的分析、设计及维护提供了有关元素的一致的定义和详细的描述。它和数据流图共同构成了系统的逻辑模型，是需求规格说明书的主要组成部分。例如，对于数据项"学号"可以定义为

| | |
|---|---|
| 数据项名 | 学号 |
| 描述 | 每个学生的唯一标识 |
| 别名 | SID |
| 数据类型 | 字符串 |
| 长度 | 10 个 |
| 取值范围 | 0～9999999999 |
| 峰值 | 不定，新生入学时期最有可能 |
| 其他说明 | 不能为空也不能重复 |

对于数据结构"学生"可以定义为

| | |
|---|---|
| 数据结构名 | 学生 |
| 描述 | 反映学生基本情况的数据 |
| 定义 | 学号+姓名+性别+出生年月+籍贯+住址+电话 |

| 数据量 | 20000 以内 |
| --- | --- |
| 峰值 | 不定，新生入学时期最有可能 |
| 其他说明 | 系统功能扩充时可能增加种类 |

对于数据流"选课信息"可以定义为

| 数据流名 | 选课信息 |
| --- | --- |
| 描述 | 处理学生选课信息 |
| 定义 | 学号+课程号 |
| 数据流来源 | "学生"数据结构 |
| 数据流去向 | "成绩"数据存储 |
| 频率 | 20000 万次以内 |
| 峰值 | 不定，但经常在开学初或期末 |

对于因登录成绩而产生的数据存储"成绩"可以定义为

| 数据存储 | 成绩 |
| --- | --- |
| 描述 | 记录学生本学期所有课程的成绩 |
| 定义 | 学号+课程号+分数 |
| 输入数据流 | 选课信息+成绩信息 |
| 输出数据流 | 成绩信息+选课信息 |
| 数据量 | 由学生的人数决定 |
| 峰值 | 不定，新生入学时期最有可能 |

对于处理过程"成绩查询"可定义为

| 处理过程名 | 成绩查询 |
| --- | --- |
| 描述 | 处理来自于学生或教务员的成绩查询请求 |
| 输入 | 学号 |
| 输出 | 成绩单 |
| 处理 | 成绩查询处理 |
| 频率 | 20000 万次以内 |
| 峰值 | 不定，但经常在开学初或期末 |

## 3.2.2　数据库概念设计

数据库概念设计的目的是在认真分析数据间内在语义关系的基础上，建立一个数据的抽象模型。数据库概念设计的方法有如下两种。

(1) 集中式模式设计法。这是一种统一的模式设计方法，它按照需求，由统一的机构或人员设计一个综合的全局模式。这种设计方法简单方便，强调统一与一致，适用于小型或不算复杂的单位或部门，而对大型的或语义关联较为复杂的单位则不适合。

(2) 视图集成设计法。这种方法将一个单位分解为若干个部分，先分别对每部分进行局部模式设计，建立它们的视图，然后以各视图为基础进行集成。在集成过程中，由于视图设计的分散性，可能会导致不一致，从而出现某些冲突，因而需要对视图进行修正，最终形成全局模式。

视图集成设计法是一种从分散到集中的方法，其设计过程复杂，但能较好地反映需求，避免设计的粗糙与不周到，适合于大型与较为复杂的单位。

使用 E-R 模型与视图集成法进行设计的一般步骤为：首先选择局部应用，然后进行局部视图设计，最后对局部视图进行集成，得到概念模式。

### 1. 选择局部应用

按系统具体情况，在多层数据流图中选择一个适当层次的数据流图，使这组图中每部分对应一个局部应用，从这一层次的数据流图出发，设计出分 E-R 图。

### 2. 视图设计

视图设计一般有三种设计次序：自顶向下、由底向上、由内向外。

(1) 自顶向下：先从抽象级别高且普遍性强的对象开始逐步细化、具体化与特殊化。例如，在进行"职工"视图设计时，可先将职工分为"干部"与"一般职工"，进一步地，还可再将一般职工细分为"办公室人员"、"销售部人员"、"研发部人员"、"一厂人员"、"二厂人员"等。

(2) 由底向上：先从具体的对象着手，逐步抽象、普遍化和一般化，最终形成一个完整的视图设计。

(3) 由内向外：先从最基本与最明显的对象着手，逐步扩充至非基本、不明显的其他对象。例如，在进行"职工"视图设计时，从最基本的职工开始，逐步扩展至职工所在的部门，是"一般职工"还是"干部"等。

上述三种方法可任意选择，可单独使用也可混合使用。可以将某些具有共同特性和行为的对象抽象为一个实体。对象的组成部分可以抽象为实体的属性。

在设计过程中，实体与属性是相对而言的。同一事物，在某种应用环境中作为属性，在另一种应用环境中也可以作为实体。但在给定的应用环境中，属性必须是不可再分的数据项，属性不能与其他实体发生联系，联系只发生在实体之间。

### 3. 视图集成

视图集成的实质是将所有局部视图统一合并成一个完整的数据模式。在进行视图集成时，最重要的工作是解决局部设计中的冲突。这种冲突是由于各个局部视图设计时的不一致而造成的。常见的冲突有以下几种。

(1) 命名冲突：有同名异义和同义异名两种情况。例如，假定"图书馆"数据库中有一个读者关系，则"借书证号"与可能命名的"读者编号"，属于同义异名。

(2) 概念冲突：同一事物在一处为实体而在另一处为属性或联系。例如，学校中的"学院"可以作为一个具有"名称"、"教工数"、"学生数"、"电话"等各种属性的实体，也可以作为学生实体的一个属性，表明学生所在的学院。

(3) 域冲突：相同属性在不同视图中有不同的域，例如，"借书证号"在某个视图中为字符串，而在另一个视图中可能为整数。如果一个属性在不同的视图中采用了不同的度量单位，也属于域冲突。

(4) 约束冲突：不同的视图可能有不同的约束。

视图经过合并，生成的是初步的 E-R 图，其中可能存在冗余的实体间联系。冗余数据和冗余联系容易破坏数据库的完整性，给数据库的维护增加困难。因此，对于视图集成后所形成的整体的数据库概念结构还必须进一步验证，以确保它满足以下条件：

- 整体概念结构内部必须具有一致性，即不能存在互相矛盾的表达；
- 整体概念结构能准确地反映每个原有的视图结构，包括属性、实体及实体间的联系；
- 整体概念结构能满足需求分析阶段所确定的所有要求；
- 整体概念结构最终还应该提交给用户，征求用户与有关人员的意见，进行评审、修改和优化，然后确定下来，作为数据库的概念结构和进一步设计数据库的依据。

【例 3-3】　"教学"数据库的概念设计。

(1) 分 E-R 图设计。根据例 3-2 中对于"教学"数据库进行需求分析的结果，可以设计出如图 3-3 所示的几个实体的 E-R 图。

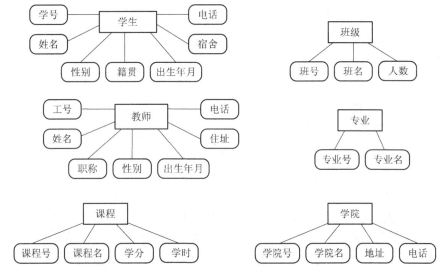

图 3-3　"教学"数据库的分 E-R 图

(2) "教学"数据库中实体之间的联系如图 3-4 所示。

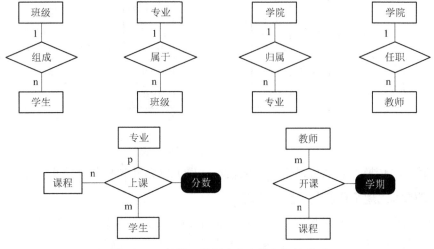

图 3-4　"教学"数据库中实体之间的联系

(3) 将分 E-R 图设计得到的结果合并，得到如图 3-5 所示的"教学"数据库的总 E-R 图。

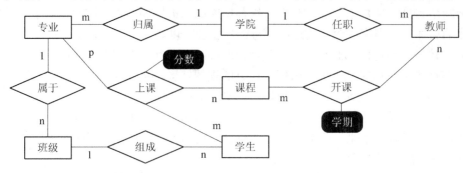

图 3-5 "教学"数据库的总 E-R 图

### 3.2.3 数据库的逻辑设计

数据库逻辑设计的主要工作是将 E-R 图转换成 DBMS 中的关系模式。

关系模型的逻辑结构是一组关系模式的集合，而 E-R 图则是由实体、实体的属性和实体之间的联系三个要素组成的一个整体，所以将 E-R 图转换为关系模型实际上就是要将实体、实体的属性和实体之间的联系转化为关系模式。

#### 1．转换时会遇到的一些问题

(1) 命名及属性域的处理。关系模式中可沿用 E-R 图中的原有命名，也可另行命名。当然，应该避免重名。由于关系数据库管理系统一般只支持几种数据类型，而 E-R 图中的属性域则不受限制，故遇到不支持的数据类型时要进行类型转换。

(2) 可再分的非原子属性的处理。E-R 图中允许有非原子属性而关系模式中不允许出现，故要进行转换。非原子属性主要有元组型和集合型。例如，如图 3-6 所示的两个关系中，分别包含元组型的非原子属性和集合型的非原子属性。其主要转换方法是将元组属性横向展开而集合属性纵向展开。

Stu1

| 课程号 | 课程名 | 教师 |
|---|---|---|
| B0010 | 高等代数 | 唐军 |
| | | 常明 |
| E0029 | 软件基础 | 贾强 |
| C0102 | 企业管理 | 孙跃 |

(a) 元组型

Stu2

| 课程号 | 课程名 | 教师 | |
|---|---|---|---|
| | | 主讲 | 辅导 |
| B0023 | 复变函数 | 李平 | 刘奇 |
| C0011 | 英语写作 | 张公 | 王露 |
| A0101 | 文学欣赏 | 周邦 | 林恒 |

(b) 集合型

图 3-6 包含非原子属性的表

(3) 联系的转换。联系可以用关系来表示，也可以归并到相关联的实体中。

#### 2．逻辑模式规范化及其调整和实现

(1) 关系规范化。关系规范化理论研究的是关系模式中各属性之间的依赖关系及其对关系模式的影响，探讨"好"的关系模式应该具备的性质，以及达到"好"的关系模式的

设计算法。规范化理论给出了判断关系模式优劣的理论标准，帮助设计者预测可能出现的问题，提供自动产生各种模式的算法工具，因此，是设计人员应该掌握的有力工具。

(2) 关系数据库管理系统。有时，需要对逻辑模式进行调整，以满足关系数据库管理系统的性能、存储空间等要求，同时对模式进行适应关系 DBMS 限制条件的修改，其目的是：

① 调整性能，以减少连接运算。

② 调整关系大小，使每个关系数量保持在合理水平，从而提高存取效率。

③ 尽量采用快照(snapshot)，因为应用中需要的往往只是某个固定时刻的值，这时可使用快照固定这个时刻的值，并定期更换。这种方式可以显著提高查询速度。

**3. 关系视图设计**

逻辑设计的另一个重要内容是关系视图的设计，又称为外模式设计。关系视图是在关系模式基础上设计的直接面向用户的视图，可按用户需求随时创建。一般地，关系数据库管理系统都提供关系视图功能。

关系视图主要有以下作用：

(1) 提供数据的逻辑独立性。其目的是保证应用程序不受逻辑模式变化的影响。数据的逻辑模式会随着应用的发展而不断变化，逻辑模式的变化必然会影响到应用程序，这会给维护工作带来困难。有了关系视图之后，建立在其上的应用程序就不会随逻辑模式的修改而变化，这时变动的只是关系视图的定义。

(2) 适应用户对数据的不同需求。数据库一般都有较大的结构，而数据库用户一般只希望了解其中与自己相关的一部分。这时，可以使用关系视图屏蔽用户不需要的模式，而只将用户需要了解的部分呈现出来。

(3) 有一定的数据保密功能。关系视图为每个用户划定了访问数据的范围，从而在使用数据库系统的各个用户之间起到一定的隔离作用。

【例 3-4】　将例 3-3 中设计的"教学"数据库的概念模型转换为关系模型。

(1) 一个实体型转换为一个关系模式。实体的属性就是关系的属性，实体的关键字就是关系的关键字。"教学"数据库中的几个实体可以转换为以下关系模式，每个关系模式中带下划线的字段都可以作为相应关系中的主键：

　　　　　学生(<u>学号</u>，姓名，性别，出生年月，籍贯，宿舍，电话)

　　　　　班级(<u>班号</u>，班名，人数)

　　　　　专业(<u>专业号</u>，专业名)

　　　　　教师(<u>工号</u>，姓名，职称，性别，出生年月，住址，电话)

　　　　　学院(<u>学院号</u>，学院名，地址，电话)

　　　　　课程(<u>课程号</u>，课程名，学分，学时)

(2) 一个 m : n 联系转换为一个关系模式。该联系两端两个实体的键以及联系本身的属性均转换为关系的属性，而该关系的键为各实体的键的组合。"教学"数据库中的 m : n 联系"开课"可以转换为以下关系模式：

　　　　　开课(<u>工号</u>，<u>课程号</u>，学期)

(3) 一个 1:n 联系可以转换为一个独立的关系模式，也可以与 n 端对应的关系模式合并。如果转换为一个独立的关系模式，则与该联系相连的各实体的关键字以及联系本身的属性均转换为关系的属性，而关系的关键字为 n 端实体的关键字。例如，"教学"数据库中的"归属"是一个 1:n 联系，可以转换为独立的关系模式：

　　　　归属(学院号, 专业号)

也可以与"专业"关系模式合并，这时"专业"关系模式为

　　　　专业(专业号, 专业名, 学院号)

本例中所有 1:n 联系均按后一种方式处理。

(4) 一个 1:1 联系可以转换为一个独立的关系模式，也可以与任意一端对应的关系模式合并。如果转换为独立的关系模式，则相关联的各实体的关键字以及联系本身的属性均转换为关系的属性，每个实体的关键字均为该关系的候选关键字。如果与某一端对应的关系模式合并，则需要在该关系模式的属性中加入另一个关系模式的关键字和联系本身的属性。例如，假定"教学"数据库中要添加一个"家长"实体，相应的关系模式为

　　　　家长(家长名, 地址, 电话)

"家长"与"学生"两个实体之间是一个 1:1 联系，则可将其这个联系合并到"家长"关系模式中，使其变为

　　　　家长(家长名, 学号, 地址, 电话)

(5) 三个或三个以上实体间的一个多元联系转换为一个关系模式，与该多元联系相连的各实体的键以及联系本身的属性转换为关系的属性，而关系的键为各实体的组合。例如，"上课"联系是一个三元联系，可以转换为如下关系模式：

　　　　上课(学号, 课程号, 专业号, 分数)

(6) 对于自联系，即同一实体集的实体之间的联系，也可按上述 1:1、1:n 和 m:n 分别处理。例如，如果教师实体集内部存在课程组长与其他雇员之间的领导与被领导的 1:n 自联系，可以将该联系与教师实体合并，形成关系模式：

　　　　教师(工号, 姓名, 组长, …)

其中增加了一个"组长"属性，存放相应组长的工号。

(7) 具有相同键的关系模式可以合并。合并可以减少数据库中的关系个数，如果两个关系模式具有相同的主键，可将其中一个关系模式的全部属性加入到另一个关系模式中，然后去掉其中的同义属性，并适当调整属性的次序。

按照上述原则，如图 3-5 所示 E-R 图可以转换为下列关系模型：

　　　　学生(学号, 姓名, 班号, 性别, 出生年月, 籍贯, 宿舍, 电话)

　　　　班级(班号, 班名, 专业号, 人数)

　　　　专业(专业号, 专业名, 学院号)

　　　　教师(工号, 姓名, 学院号, 职称, 性别, 出生年月, 住址, 电话)

　　　　学院(学院号, 学院名, 地址, 电话)

　　　　课程(课程号, 课程名, 学分, 学时)

　　　　上课(学号, 课程号, 专业号, 分数)

　　　　开课(工号, 课程号, 学期)

# 3.3 SQL Server 数据库系统

从用户角度来看，数据库是一批有机地组织在一起的数据的集合，用于管理必要的业务数据。而对于 DBMS 来说，数据库是存储于外存储器上的一系列字节，可以随时取出其中某些字节或者更新部分字节。这两种角度的交点是：数据库系统不仅需要提供操作界面以便用户能够创建数据库并能检索或修改数据，而且还要提供系统组件来管理所存储的数据。

SQL Server 是一种创建和操纵关系数据库的软件系统，它将数据库作为一种容器，在其中存放由不同种类的数据构造而成的多个表以及为了操作数据而创建的视图、索引、触发器和存储过程等数据库对象。数据库以操作系统文件的形式存储于外存储器上，可以随时连接、更新、备份或卸载。一般来说，SQL Server 软件的用户大体上是通过以下几种方式来完成自己的工作的。

(1) 通过 SQL Server 的可视化用户界面，使用各种菜单、工具栏以及向导、模板等，创建数据库和数据库中的表并实现数据的输入、查询、更新和报表输出等各种功能。

(2) 在已有数据库中创建视图、索引、存储过程和触发器等各种对象，进一步丰富数据库的内涵，以便实现更为深入、更加复杂或者规模更大的操作。

(3) 编写数据库应用程序(往往要与其他软件结合才能完成)，进一步提高操作的等级、规模和适用范围。

所有这些操作的基础是创建可用于操作的数据库，因此，首先要了解 SQL Server 数据库的基本组成、主要组成部分的特点以及相应的存储文件等。

## 3.3.1 SQL Server 中的数据库管理

可以在一台计算机上多次安装 SQL Server，也就是说，一台计算机上可以安装一个或多个 SQL Server 实例。每个 SQL Server 实例中可以包含一个或多个数据库。一个数据库由一个或多个称之为"架构"的对象所有权组组成，而一个架构又由多个数据库对象，如表、视图和存储过程等构成。还有些对象，如证书和非对称密钥等，属于某个数据库但不属于该数据库中的任何架构。

一个 SQL Server 实例可以支持多个数据库。每个数据库可以存储来自其他数据库的相关数据或不相关数据。例如，SQL Server 实例中可以包含一个存储职员数据的数据库、另一个存储与产品相关的数据的数据库。又如，一个数据库用于存储当前客户的订单数据，而另一个相关数据库存储用于年度报告的历史客户订单。

### 1. 系统数据库与用户数据库

打开 SQL Server Management Studio，并在左侧"对象资源管理器"窗格中展开数据库实例下的"数据库"结点，可以看到当前数据库实例下管理的所有数据库，如图 3-7 所示。

图 3-7 "对象资源管理器"中的系统数据库与用户数据库列表

从中可以看到，SQL Server 中的数据库主要分为两类：系统数据库和用户数据库。系统数据库主要用于记录系统级的数据和对象，各数据库的主要功能如下。

(1) master 数据库：记录 SQL Server 的系统级信息，包括实例管理下的所有元数据(如登录账户)、端点、链接服务器和系统配置设置。同时，master 数据库还记录了所有其他数据库的存在、数据库文件的位置以及 SQL Server 的初始化信息。因此，在 master 数据库中不能创建任何用户对象，如果它不可用，也就无法启动 SQL Server 了。

(2) model 数据库：用作为 SQL Server 实例上创建的所有数据库的模板。由于每次启动 SQL Server 时都会重新创建 tempdb 数据库，故 model 数据库始终都在 SQL Server 系统中。

(3) msdb 数据库：SQL Server 代理用于进行复制、作业调度以及管理警报等活动。msdb 数据库通常在调度任务或排除故障时使用。

(4) tempdb 数据库：一个工作空间，用于保存临时对象或中间结果集，是所有用户都可用的全局资源。

用户数据库就是用户使用且常由用户自己创建的数据库，如图 3-7 中的 dbCourses 数据库和 dbNorthwind 数据库。

所有数据库下都包含了一系列对象，例如表、视图、函数、存储过程或触发器、用户、角色、架构等。这些对象从逻辑上描述了数据库保存的数据结构、针对数据的约束以及数据库安全性等信息，也就是说，SQL Server 数据库不仅保存了数据，还同时保存了与数据处理相关的信息。

## 2. 数据文件和日志文件

SQL Server 将数据库映射为一组操作系统文件。数据和日志信息分别存储在不同的文件中。因此，SQL Server 数据库的文件有两种类型：数据文件和日志文件。这两种文件的结构不同。数据文件还可以再分为主要文件和次要文件两类。为了便于分配和管理，可以将数据文件集合起来，放到文件组中。

(1) 主要文件：主要数据文件包含数据库的启动信息，并指向数据库中的其他文件。用户数据和对象可存储在该文件中，也可以存储在次要数据文件中。每个数据库有一个主要数据文件。主要数据文件的建议文件扩展名为“.mdf”。

(2) 次要文件：次要数据文件是可选的，由用户定义并存储用户数据。通过将每个文件放在不同的磁盘驱动器上，次要文件可用于将数据分散到多个磁盘上。另外，如果数据库超过了单个 Windows 文件的最大容量，可以使用次要数据文件，这样数据库就能继续增长。次要数据文件的建议文件扩展名为“.ndf”。

(3) 事务日志文件：事务日志文件保存用于恢复数据库的日志信息。每个数据库必须至少有一个日志文件。事务日志文件的建议文件扩展名为“.ldf”。

注：并不强制使用文件扩展名“.mdf”和“.ndf”，用之则有助于标识文件的类型和用途。

例如，可以创建一个简单的数据库 Sales，其中一个是包含所有数据和对象的主要文件，另一个是包含事务日志信息的日志文件，也可以创建一个更复杂的数据库 Orders，其中有一个主要文件和五个次要文件，数据库中的数据和对象分散在所有六个文件中，另有四个日志文件存放事务日志信息。

默认情况下，数据和事务日志存放于同一个驱动器上的同一个路径下。这是处理单磁盘系统时采用的方法。实际生产环境中，最好将数据和日志文件放在不同的磁盘上。

用户可以指定数据文件的尺寸是否自动增长，即定义文件时，指定一个增量，必要时文件大小按此量增长；还可以为每个文件指定一个不允许超出的最大容量，如果未指定最大容量，则文件可以一直增长到磁盘无可用空间为止。

### 3．文件组

为了便于数据布局和管理任务(如备份和还原操作)，用户可以在 SQL Server 中将多个文件划分为一个文件集合，这个文件集合就是一个文件组。例如，可以分别在三个磁盘驱动器上创建三个文件 Data1.ndf、Data2.ndf 和 Data3.ndf，将它们分给文件组 fgroup1，然后在文件组 fgroup1 上创建一个表，则对表中数据的查询将分散到三个磁盘上，从而提高了性能。文件组分为三种类型。

(1) 主要文件组：包含主要文件的文件组。所有系统表都分配到这个文件组中。一个数据库有一个主要文件组。其中包含主要数据文件和未放入其他文件组的次要数据文件。

(2) 用户定义文件组：用户首次创建数据库或修改数据库时自定义的文件组。创建这种文件组的主要目的是进行数据分配。例如，可将位于不同磁盘的文件划分为一个组，并在这个文件组上创建一个表，就可以提高表的读写效率。

(3) 默认文件组：如果在数据库中创建某个对象时没有指定所属的文件组，就会被分到默认文件组。不管何时，只能将一个文件组指定为默认文件组。默认文件组中的文件必须足够大，能够容纳未分配给其他文件组的所有新对象。如果未使用 ALTER DATABASE 语句进行更改，则 PRIMARY 文件组是默认文件组，不过，即使改变了默认文件组，系统对象和表仍然分配给 PRIMARY 文件组而不是新的默认文件组。

注：一般情况下，文件组中的文件尺寸不会自动增长，除非文件组中的所有文件都分配不到可用空间。

### 3.3.2　SQL Server 数据库中的表

SQL Server 数据库是关系型数据库，一个数据库由多个表组成，一个表对应关系理论中所说的一个关系，用于存储一批数据。表中的数据组织成一条一条记录，每条记录又由分属于不同数据类型和其他特征的多个字段构成，如图 3-8 所示。

| 产品ID | 产品名称 | 供应商ID | 类别ID | 单位数量 | 单价 | 库存量 | 订购量 | 再订购量 | 中止 |
|---|---|---|---|---|---|---|---|---|---|
| 1 | 苹果汁 | 1 | 1 | 每箱24瓶 | 18.0000 | 39 | 0 | 10 | False |
| 2 | 牛奶 | 1 | 1 | 每箱24瓶 | 19.0000 | 17 | 40 | 25 | False |
| 3 | 蕃茄酱 | 1 | 2 | 每箱12瓶 | 10.0000 | 13 | 70 | 25 | False |
| 4 | 盐 | 2 | 2 | 每箱12瓶 | 22.0000 | 53 | 0 | 0 | False |
| 5 | 麻油 | 2 | 2 | 每箱12瓶 | 21.3500 | 0 | 0 | 0 | True |
| 6 | 酱油 | 2 | 2 | 每箱12瓶 | 25.0000 | 120 | 0 | 25 | False |
| 7 | 海鲜粉 | 3 | 7 | 每箱30盒 | 30.0000 | 15 | 0 | 10 | False |
| 8 | 胡椒粉 | 3 | 2 | 每箱30盒 | 40.0000 | 6 | 0 | 0 | False |
| 9 | 鸡 | 4 | 6 | 每袋500克 | 97.0000 | 29 | 0 | 0 | True |
| 10 | 蟹 | 4 | 8 | 每袋500克 | 31.0000 | 31 | 0 | 0 | False |
| 11 | 民众奶酪 | 5 | 4 | 每袋6包 | 21.0000 | 22 | 30 | 30 | False |
| 12 | 德国奶酪 | 5 | 4 | 每箱12瓶 | 38.0000 | 86 | 0 | 0 | False |
| 13 | 龙虾 | 6 | 8 | 每袋500克 | 6.0000 | 24 | 0 | 5 | False |
| 14 | 沙茶 | 6 | 7 | 每箱12瓶 | 23.2500 | 35 | 0 | 0 | False |
| 15 | 味精 | 6 | 2 | 每箱30盒 | 15.5000 | 39 | 0 | 5 | False |

图 3-8　数据库中的表

一般来说，一个表存储一类事物或者说一个实体集的相关数据；其中每条记录都是一个实体的相关数据；记录中的不同字段便是实体的不同属性的描述；记录中的某个或某几个字段对于其他字段具有决定作用，可以设置为主键。例如，产品表以"产品 ID"作为主键(不能为空也不能重复)，而订单明细表的主键由两个字段(订单 ID，产品 ID)构成。

#### 1．字段的属性

表的定义(表的结构)包含了表头的内容和格式，也包含了描述表中包含的数据类型的元数据(metadata，数据描述信息)。每个字段都具有该字段可存储数据类型的一组规则。在输入表中的数据时，如果正在输入的某个字段的值违反了表的定义中预先指定的规则，则系统会拒绝插入或修改这一行。例如，如果预先为"学生"表中的"年龄"字段定义了一个约束："年龄<30"，则当所输入的学生的年龄为 35 时，系统会拒绝插入这个学生的记录。

表中所有的字段名在同一个表中具有唯一性，同一字段的数据属于同一种数据类型。除了用字段名和数据类型来指定字段的属性外，还可以定义其他属性，例如：

(1) NULL 或 NOT NULL 属性。NULL 即空值，通常表示未知、不可用或将在以后添加的数据。如果指定了表中某个字段具有 NULL 属性，则在输入数据时可以省略该字段的值。反之，那些指定为具有 NOT NULL 属性的字段都必须在输入时给出具体的值。

(2) IDENTITY 属性。IDTENTITY 属性就是字段的标识属性，指定了 IDENTITY 属性的字段称为"标识"字段。任何表中都可以创建一个而且只能创建一个标识字段，该字段只能定义为 decimal、int、numeric、bigint 或 tinyint 等数值型字段，而且所有的值都是系统自动生成的序号值，每个序号值唯一标识表中的一行。

在用 IDENTITY 属性定义一个字段时，可以指定一个初始值和一个增量，输入数据到含有 IDENTITY 字段的表时，初始值在输入第一行数据时使用，以后就由 SQL Server 根据上一次使用的 IDENTITY 值加上增量得到新的 IDENTITY 值。如果不指定初始值和增量值，则其默认值均为 1。

### 2．主键

主键可以是一个字段，也可以是多个字段。例如，在"学生"表中，"学号"可以作为主键；在"成绩"表中，"学号"和"课程号"一起作为主键。在 SQL Server 中，设置为主键的字段在显示表的结构时用钥匙状的图标标识。

主键字段(或字段组)的每个值(或每组值)都代表一条且只代表一条记录。因而，每条记录中主键的值都不能为空，一条记录中的主键的值也不能与其他任何记录中的主键的值相同。

实际创建数据库时，为了操作方便起见，可能会采用一些特殊的处理方法。例如，以下两种方法常会出现在一些使用频率比较高的数据库中：

(1) 为一个数据库中的一个表或者多个表添加一个专门的字段作为主键，其值为每个记录的编号或类似的内容，以后修改数据库中这些表的结构时可以改动得少一些。

(2) 将一个经常使用的字段放到多个表甚至所有表中，方便数据查询。例如，假定"工资管理数据库"中有三个表"职工"、"工资"和"扣除"，其中都将"职工号"作为主键，则在每月计算每个职工的工资时，按照"职工号"分别从"职工"表中查出每个人的姓名、从"工资"表中查出他的工资数(基本工资、工龄工资、业绩津贴、补贴、加班费等)、从"浮动工资"表中查出他的扣除数(房管、水电、借款等)，即可算出应发给他的工资数目。

### 3．表与表之间的联系

表与表之间可以建立关联，以便体现事物与事物之间的联系，如图 3-9 所示。

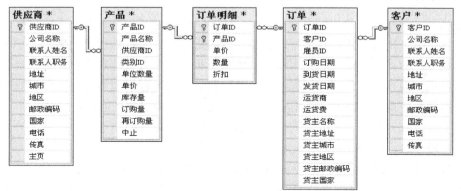

图 3-9　表与表之间的联系

(1) "产品"表与"供应商"表之间通过共有的"供应商 ID"字段建立了关联。"供应商 ID"字段是"供应商"表的主键，而在"产品"表中叫做外键。这个外键表达了"产品"表与"供应商"表之间的一对多联系："供应商"表中一个"供应商 ID"的值可以在"产品"表的多条记录中出现，也就是说，一个供应商("供应商"表中的一条记录)可以提供多种产品("产品"表中的多条记录)。

(2) "产品"表与"订单明细"表之间通过"产品 ID"建立了一对多联系，"订单明细"表和"订单"表之间又通过"订单 ID"建立了一对多联系。实际上，这两个联系相当于"产品"表和"订单"表之间的多对多联系，因为关系数据模型不能表达多对多联系，才不得不拆成了两个一对多联系。

### 4．约束

约束是 SQL Server 提供的自动保持数据库完整性的一种方法，它通过限制字段中的数据、记录中的数据以及表与表之间的数据来保证数据的完整性。主键就是约束的一种形式。

在 SQL Server 中，对于基本表的约束分为列约束和表约束。列约束是对某个特定列的约束，包含在列的定义中，直接跟在该列的其他定义之后；表约束与列定义相互独立，不包括在列定义中，通常用于对多个列一起进行约束。创建表时，可以创建 CHECK 约束作为表定义的一部分。例如，如果创建"学生"表时为"年龄"字段添加了 CHECK 约束"年龄<30"，则当输入该字段的值时，不能输入大于 30 的数字。如果表已经存在，则可以添加 CHECK 约束。表和列可以包含多个 CHECK 约束。CHECK 约束条件的示例如表 3-1 所示。

**表 3-1　CHECK 约束条件示例**

| 功　　能 | CHECK 约束表达式 |
| --- | --- |
| 限制 Month 列为合适的数字 | BETWEEN 86 AND 100 |
| 正确的 SSN 格式 | LIKE '[0-9][0-9][0-9]-[0-9][0-9]-[0-9][0-9][0-9][0-9]' |
| 限制为一个 Shippers 的特定列表 | IN ('UPS', 'Fed Ex', 'USPS') |
| 价格必须为正数 | UnitPrice >= 0 |
| 引用同一行中的另外一列 | ShipDate >= OrderDate |

SQL Server 2008 中共有 6 种约束：主键约束、唯一性约束、检查约束、默认约束、外键约束和空值约束。

### 5．索引

索引是一种帮助用户按照索引字段(一个或几个字段的集合)的值快速找到指定内容的机制。索引提供指向存储在表中特定字段的值的指针，然后根据指定的排列次序对这些指针进行排序。数据库中索引的作用与书中的索引相同：在查找特定值时，先在索引中搜索该值，然后按照指向包含该值的行的指针跳转到所需的内容。因为通过索引查找比直接在原表中查找快捷得多，因而，使用索引可以加快对表中特定数据的访问速度。

索引虽然起到了为记录排序的作用，但不改变表中记录的物理顺序，而是另外建立一个记录的顺序表，操作时引用它就可以了。

一般来说，当某个或某些字段被当作查找记录或排序的依据时，可以将其设定为索引。一个表可以建立多个索引，每个索引确定表中记录的一种逻辑顺序。同指定主键类似，可以在单个字段上创建索引，也可以在多个字段上创建索引。

在 SQL Server 系统中，根据索引的顺序与数据表的物理顺序是否相同，可将索引分为两种类型：一种是表中记录的物理顺序与索引顺序相同的聚集索引，另一种是两者不同的非聚集索引。除此之外，还有唯一索引、包含索引、索引视图、全文索引等。

## 3.3.3　SQL Server 的数据库对象

一个 SQL Server 数据库中，除过包含一组存储数据的表对象之外，一般还包括其他几种对象，如视图、索引、触发器和存储过程等。这些对象用于保存 SQL Server 数据库的基本信息以及用户自定义的数据操作等，以便更好地操纵数据库中的数据。实际上，数据库系统的任务不仅仅是保存数据，更重要的是通过各种数据操纵手段来利用数据，这也是它有别于数据文件等其他数据存储系统的地方。

注：SQL Server 中的数据库实际上是最高层对象，大部分其他对象都是数据库对象的子对象。从技术角度上说，数据库服务器也可以看做对象，但按实际"编程"的观点来看，不便称其为对象。

### 1. 视图

视图也是由字段与记录构成的一种表。视图中的数据是从基本表中查询得到的。也就是说，视图是一种虚拟表，它实际上只是保存起来的一套查询规则，其中的内容全部来源于运行时从数据库中已有的表(称为基表或源表)中按规则取出来的。视图主要为查询数据提供方便并提高数据库的安全性。例如，为了查询某些学生选修的某些课程的考试成绩，需要同时在以下三个表中检索：

> 学生(学号，姓名，班级，…)
> 课程(课程号，课程名，学分)
> 成绩(学号，课程号，分数)

再将检索得到的结果按照

> 姓名，课程名，分数

的形式打印出来。如果按照关系模式

> 考试成绩(姓名，课程名，分数)

创建一个名为"考试成绩"的视图，则每次进行类似查询时只需要在这个视图中检索。这样不仅查询方便，而且可以隐藏"学生"、"课程"和"成绩"三个基表，提高数据库操作的安全性。

视图的使用与基表大体相同。

### 2. 存储过程

存储过程可按字面意义理解为存储起来的操纵数据表的过程。实际上，存储过程确实就是把对数据表操作的方法有机地组织起来的一个对象。存储过程是独立于表而存在的。使用存储过程可以完善应用程序，提高应用程序的运行效率并提高数据库的安全性。

一个存储过程通常是一组 SQL 语句(SQL Server 版称为 Transact-SQL)有机结合而成的一个逻辑单元，其中包括变量、参数、选择结构和循环结构等程序的一般构件。通过存储过程可以完成数据表中数据的添加、删除、修改、查询等基本操作以及数据表的判断等较为复杂的操作。与向服务器发送单条语句相比，使用存储过程有许多优点。例如，在使用过程中，可以用较短的存储过程名替代较长的字符串文本，减少存储过程中的运行代码所需的网络信息流量；可以预先优化和预编译，从而节省存储过程每次运行的时间；可以隐藏数据库的复杂性，使得用户更方便地操作；等等。

### 3. 触发器

触发器是一种特殊的存储过程，它与表格紧密相连，可以看做表格定义的补充。当用户修改指定表或视图中的数据时，触发器就会自动执行。触发器基于一个表创建，但可针对多个表来操作，故常用于实现复杂的规则。

触发器是确保数据表数据一致性的重要的数据库对象之一，通过触发器可以完成诸如向一个表插入数据的同时向另一个表插入数据，或者删除另一个表中数据的操作。但是，使用触发器也要慎重，如果数据库中存在大量的触发器，则会影响操作时的效率。

### 4．用户和角色

用户是获得了数据库存取权限的使用者。角色是一组数据库用户的集合。如果获得了对于 SQL Server 实例的访问权限，则被标识为一个登录名。如果获得了数据库的访问权限，则标识为数据库用户。数据库用户可以是基于登录名的，也可以创建为不基于登录名的。

可以给具有数据库访问权限的用户授予访问数据库中对象的权限。访问权限可以分别授予各个用户，但最好创建数据库角色并将具有相同权限的用户添加到同一角色中，然后对角色授予访问权限。同一角色中的所有用户具有相同的权限。

## 3.4　创建 SQL Server 数据库

将前几个阶段(需求分析、概念结构设计、逻辑结构设计和物理结构设计)设计好的某个数据库模式(主要由一整套关系模式构成)在 SQL Server 中予以实施，就成为 SQL Server 数据库。可将 SQL Server 数据库看做存储和操纵数据的空间，这个空间用一个个分别存储了不同种类的数据的基本表来填充。为了提高操纵数据的能力，还可以在基本表的基础上再生成一些视图、索引、存储过程和触发器等对象。

现在的 DBMS 一般都提供至少两种创建数据库的方式：一是通过可视化的图形用户界面直观地创建数据库；二是编写 SQL 语言代码直接创建数据库。在 SQL Server 2008 中，提供了可视化的数据库设计器，用于对所连接的数据库进行设计和可视化处理。在数据库设计器中，可以直观地创建、编辑或删除表、表中的列、键、索引、关系和约束，还可以创建一个或多个关系图，以显示数据库中的部分或全部表、列、键和关系。

### 3.4.1　通过图形用户界面创建数据库

使用数据库之前，必须先创建数据库并生成相应的数据文件和日志文件。随后在所创建的数据库中，按照数据库设计所得到的一系列关系模式创建一个个的表以及表与表之间的联系，就基本形成了一个数据库的框架。当然，实际可用的数据库在数据入库以及创建了视图、索引、存储过程等各种数据库对象之后才能成型。

注：SQL Server 中，新建的数据库实际上是根据 model 数据库中保存的数据库模板创建的，也就是说它是 model 数据库的一个副本。

大多数使用数据库的人员都使用 SQL Server Management Studio 工具。 Management Studio 工具有一个图形用户界面，用于创建数据库和数据库中的对象。Management Studio 还具有一个查询编辑器，用于通过编写 Transact-SQL 语句与数据库进行交互。Management Studio 可以从 SQL Server 安装磁盘进行安装，也可以从 MSDN 中下载。

在 SQL Server Management Studio 中，用户可以方便地通过可视化方法创建数据库。

**【例 3-5】**　创建"教学"数据库。

(1) 打开 SQL Server Management Studio。

① 选择"开始"→"程序"→"Microsoft SQL Server 2008"→"SQL Server Management Studio"菜单项，打开 SQL Server Management Studio 窗口。

② 使用"Windows 身份验证"连接到 SQL Server 2008 数据库实例。

(2) 打开"新建数据库"对话框。

在"对象资源管理器"窗格中展开服务器，然后右击"数据库"结点并选择快捷菜单中的"新建数据库"命令，打开"新建数据库"对话框，如图 3-10 所示。

图 3-10 中，"选择页"下有三个选项：常规、选项和文件组。完成了这三个选项的设置，就完成了数据库的创建工作。

常规——"数据库文件"列表中包括两行，分别是数据文件和日志文件，其中各字段的意义如下：

● 逻辑名称：指定数据库文件的文件名。

● 文件类型：区别当前是数据文件还是日志文件。

● 文件组：当前数据库文件所属的文件组。一个数据库文件只能存放在一个文件组中。

● 初始大小：数据文件和日志文件的默认大小分别为 3 MB 和 1 MB，可设置。

● 自动增长：当设置的文件大小不够用时，系统会按此处设定的方式自动增长。

● 路径：指定存放数据库文件的路径。

选项——用于定义数据库的排序规则、恢复模式、兼容级别、恢复和游标等选项。

文件组——用于数据库文件所属的文件组，还可以添加或删除文件组。

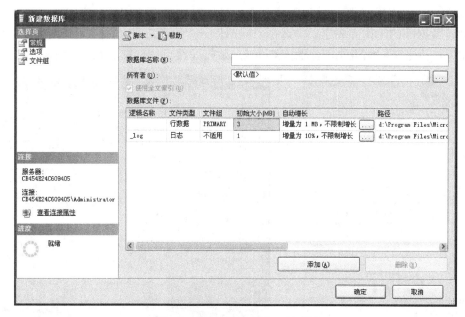

图 3-10　"新建数据库"对话框

(3) 定制并创建"dbCourses"数据库。

① 在"新建数据库"对话框中"常规"页的"数据库名称"文本框中输入数据库名称"dbCourses"。

注：数据库的名称必须遵循 SQL Server 2008 的命名规则，如长度在 1～128 个字符之间，不能使用某些字符(如* # ? " < > |)，不能包含 SQL Server 2008 的保留字(如 master)等。

② 如果接受所有默认值，可以单击"确定"按钮结束创建工作。本例中的"dbCourses"数据库不用默认值，因此还需执行以下两步。

③ 在"所有者"下拉列表框中选择数据库所有者：单击"浏览"按钮，打开"查找对象"对话框，如图 3-11 所示，选择登录对象 sa 作为数据库的所有者。

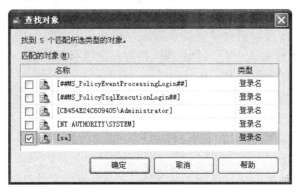

图 3-11　查找对象对话框

注：数据库的所有者是对数据库有完全操作权限的用户。默认值表示当前登录 Windows 系统的是管理员账户。

④ 选中"使用全文索引"复选框，启用数据库的全文搜索。这样数据库中的变长复杂数据类型列也可以建立索引。

⑤ 单击"确定"按钮，结束创建工作。

创建数据库的工作完成之后，选择"视图"→"刷新"菜单项，则在对象资源管理器的数据库结点之下将出现刚创建的 dbCourses 数据库结点，如图 3-12(a)所示。

(a)

(b)

图 3-12　新建数据库的文件与结点

这时，如果打开 SQL Server 数据库所在的文件夹(本例为 SQL Server 系统默认的文件夹)，将会看到刚创建的 dbCourses 数据库对应两个操作系统文件：数据文件 dbCourses.mdf 和日志文件 dbCourses_log.ldf，如图 3-12(b)所示。

## 3.4.2  通过图形用户界面创建数据库中的表

创建数据库的首要目的是存储可供查询和操纵的数据，而关系数据库中的所有数据都要分门别类地存放在一个一个表中。因此，虽然 SQL Server 数据库中可以包含多个不同种类的对象，但最重要的对象非表莫属。建立了数据库之后，创建预先规划的多个表并将它们有机地关联在一起自然就成为最重要的任务。在 SQL Server 中，既可以通过图形用户界面，使用菜单、工具栏、对话框以及专门的向导和模板来直观地创建数据库中的表，还可以使用 Transact-SQL 语言的数据定义语句来直接创建表。

创建表的首要任务是定义表的结构，即规定表头的内容和格式。在 SQL Server 中，一个数据库中可以创建多个表，而且每个表中包含的列的数目多达 1024 个。列的数目及表的总大小仅受限于可用的硬盘存储容量。另外，每列的宽度可以达到 8092 字节，而且 image、text 或者 ntext 类型的数据不受此限制。

注：默认状态下，只有系统管理员和数据库拥有者(DBO)可以创建新表，但这两类人可以授权其他人来完成这一任务。

【例 3-6】  创建"教学"数据库中的"学生"表并输入数据。

要创建的"学生"表结构如下：

| 字段名 | 数据类型 | 宽度 | 允许为空 |
|---|---|---|---|
| 学号 | char | 10 | 否 |
| 姓名 | char | 10 | 否 |
| 班号 | char | 8 | 是 |
| 性别 | char | 2 | 是 |
| 出生年月 | datetime | 默认 | 是 |
| 籍贯 | char | 18 | 是 |
| 宿舍 | char | 10 | 是 |
| 电话 | char | 13 | 是 |

其中，
- 班号的设置规则为

  8 位班号=4 位入学年份+2 位专业号+2 位本班号
- 学号字段为主键，其设置规则为

  学号 = 8 位班号+2 位班内号 = 4 位入学年份+2 位专业号+2 位本班号+2 位班内号
- 出生年月字段指定约束为

  1982 年 1 月 1 日以后出生

(1) 打开"教学"数据库。

① 选择"开始"→"程序"→"Microsoft SQL Server 2005"→"SQL Server Management

Studio"菜单项，打开 SQL Server Management Studio 窗口。

② 使用"Windows 身份验证"连接到 SQL Server 2008 数据库实例。

③ 在"对象资源管理器"窗格中展开服务器，展开下属的"数据库"结点，再展开下属的"dbCourses"结点。

(2) 打开"新建表"对话框。右击 dbCourses 结点下属的"表"结点，选择快捷菜单中的"新建表"命令，打开表设计器对话框，如图 3-13 所示。

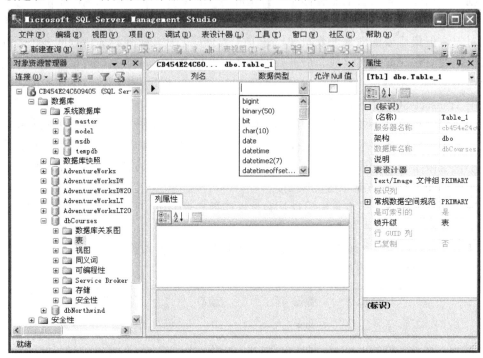

图 3-13　SQL Server 用户界面及表设计器对话框

(3) 在表设计器对话框中定义表的结构。定义表的结构意为指定表中所有字段的字段名、数据类型、宽度等。需要按照预先设计的表的结构，逐个地进行。

● 输入字段名：字段名在表中是唯一的而且必须遵守 SQL Server 的命名规则。

● 选择性地输入数据类型，并在类型名后面的括号中输入字段宽度，如 char(10)表示宽度为 10 的字符串；float(10,3)表示总宽度为 10、小数点后有 3 位的浮点数。

● 必要时勾选"允许 Null 值"复选框。

注：SQL Server 中，char(n)类型用于存储固定长度的字符，最多可存储 8000 个字符，每个字符占一个字节。nchar(n)类型也用于存储固定长度的字符，最多可存储 4000 个字符，每个字符占两个字节。

(4) 设置主键。右击要设置为主键的"学号"字段的行选择器(该行最前面的小方块)，选择快捷菜单中的"设置主键"命令，则该字段会带上钥匙状标记。

如果主键为多个字段，按住 Ctrl 键并逐个单击各字段，然后右击选择命令，即可设置这几个字段共同体为主键。

设计好的"学生"表的结构如图 3-14(a)所示，其中"姓名"字段的属性如图 3-14(b)所示。

(a) (b)

图 3-11　"学生"表的结构及其中"姓名"字段的属性

(5) 设置 CHECK 约束。

① 右击要设置 CHECK 约束的"出生年月"字段名，选择快捷菜单中的"CHECK 约束"命令，打开"CHECK 约束"对话框，如图 3-15(a)所示。

② 单击"常规"栏"表达式"格右侧的□按钮，打开"CHECK 约束表达式"对话框，如图 3-15(b)所示。

③ 输入表达式：

出生年月>'1982-01-01'

或者(输入上面的表达式后，自动变为下面的表达式)

([出生年月]> '1982-01-01')

并单击"确定"按钮，保存 CHECK 约束。

注：CHECK 约束可以和一个列关联，也可以和表关联，可以检查一个列的值相对于另外一个列的值，只要这些列都在同一个表中以及值是在更新或者插入的同一行中。

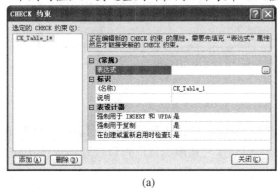

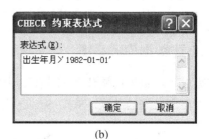

(a) (b)

图 3-15　"CHECK 约束"及"CHECK 约束表达式"对话框

(6) 保存设计好的表。

① 单击工具栏上的"保存"或者选择"文件"→"保存"→"另存为"菜单项,打开"另存为"对话框。

② 在弹出的"选择名称"对话框的"输入表名"文本框中,输入表名"学生",并单击"确定"按钮将其保存。

(7) 输入"学生"表中的数据。

① 右击 dbo.学生结点,选择快捷菜单中的"编辑前 200 行"命令,打开输入表中数据的对话框。

② 选择第一行中的文本框,此时选择器将提示该行正处于编辑将态。在该对话框中根据各个列的属性输入数据。还可以在该对话框中查看表中的所有数据行,也可向表中添加、删除数据和修改表中已有的数据。本例中,输入如图 3-16 所示的数据。

| 学号 | 姓名 | 班号 | 性别 | 出生年月 | 籍贯 | 宿舍 | 电话 |
|------|------|------|------|----------|------|------|------|
| 2012100115 | 张京 | 2012001 | 男 | 1993-11-06 00:... | 河北保定 | 东18-506 | 13135601225 |
| 2012100109 | 王莹 | 2012001 | 女 | 1994-03-05 00:... | 山西候马 | 中10-303 | 13067808629 |
| 2012100108 | 周晓玉 | 2012001 | 女 | 1994-02-15 00:... | 陕西汉中 | 中10-30 | 13123110189 |
| 2012100203 | 林峰 | 2012002 | 男 | 1994-03-10 00:... | 陕西延川 | 东18-302 | 13001023569 |
| 2012100205 | 黄一鸣 | 2012002 | 男 | 1993-12-10 00:... | 内蒙古包头 | 东18-302 | |
| 2012110101 | 李钰 | 2012101 | 男 | 1994-06-18 00:... | 陕西宝鸡 | 西09-102 | 18700332378 |
| 2012130328 | 王佳佳 | 2012303 | 女 | 1993-12-23 00:... | 河南平顶山 | 中02-206 | |
| 2012130312 | 张卫 | 2012303 | 男 | 1994-03-19 00:... | 四川阆中 | 西01-202 | |
| * NULL | NULL | NULL | NULL | NULL | NULL | NULL | NULL |

图 3-16  输入"学生"表中数据的对话框

如果所输入的某个字段的数据违反了设计表时指定的数据类型、宽度或者 CHECK 约束,系统将自动阻止这样的操作。例如,如果输入的"出生年月"字段的值为"1964-01-01",系统就会弹出如图 3-17 所示的消息框提醒用户并阻止这个操作。

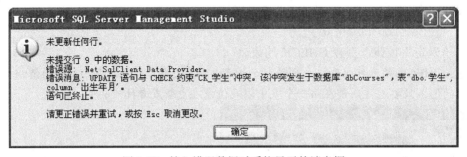

图 3-17  输入错误数据时系统显示的消息框

### 3.4.3  创建数据库关系图

在完成了数据库的构建并创建了其中的若干个表之后,还需要创建数据库关系图,从而建立表与表之间的关联。SQL Server 提供了数据库关系图工具,可以快速而简便地完成这项工作。

**注:** 如果多人同时使用数据库关系图工具来操作同一个数据库,并且几个人所做的更改

作用到了同一个表上，则最后保存的操作结果覆盖先保存的内容而决定最终的表的布局。

### 1．数据库关系图的显示

在数据库关系图中，显示了表、表中的字段名列表以及表与表之间的关系。用钥匙状图案标记的字段为主键，如图 3-18 所示。实际上，在这个图中也可以对显示出来的表中的字段进行定义，例如，可以修改列的名称、数据类型、长度和注释等。

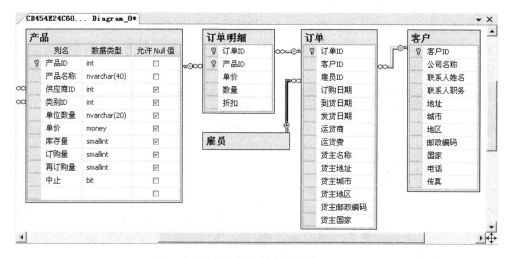

图 3-18 数据库关系图

默认形式的数据库关系图中，每个表都由三个不同的部分构成。

(1) 标题栏：用于显示表的名称。如果修改了某个表之后尚未保存它，则表名末尾将显示一个星号(＊)。

(2) 行选择器：可以单击行选择器来选择表中的字段。如果该字段是表的主键，则行选择器上显示钥匙状符号。

(3) 字段名列表：字段名列表仅在表的某些视图中可见。

可以自定义每个表所显示的信息量，方法是右击要改变显示方式的表，选择快捷菜单中的"表视图"命令，再选择级联菜单中的某个命令。其中，"标准"视图显示表的结构，如图 3-18 中的产品表；"列名"视图显示字段名列表，如图 3-18 中的"订单明细"表、"订单"表和"客户"表；"仅表名"视图只显示表的名字，如图 3-18 中的"雇员"表。

### 2．数据库关系图与数据库中的表

可以为一个数据库创建多个数据库关系图。每个数据库表都可以出现在任意数目的关系图中。这样，便可以创建不同的关系图使数据库的不同部分可视化或者强调设计的不同方面。例如，可以创建一个大型关系图来显示所有的表和字段，再创建一个较小的关系图来显示所有表但不显示字段。

SQL Server 的数据库关系图工具除过可以创建关系图之外，还可以用于添加表、修改表、构建关系或者添加索引等操作。在其中所做的任何更改都会先保存在内存中，然后通过保存命令提交给数据库。

如果一个正在编辑的数据库关系图中包含了某个已经删除了的表，则当涉及该表的某些更改尚未保存时，该表将会重建。如果该表未曾更改，则重新打开关系图后，可以看到它被删除了。

如果需要在 SQL Server 中更改表的结构，则必须先删除原来的表，然后重新创建新表。如果强行更改，则会出现提示信息：

> "不允许保存更改。您所做的更改要求删除并重新创建以下表。您对无法重新创建的表进行了更改或者启用了"阻止保存要求重新创建表的更改"选项。

去掉这个提示并使得所做的修改保存到数据库中的方法是：

(1) 在 SQL Server 主窗口中选择"工具"→"选项"→"选项"菜单项，打开"选项"对话框，如图 3-19 所示。

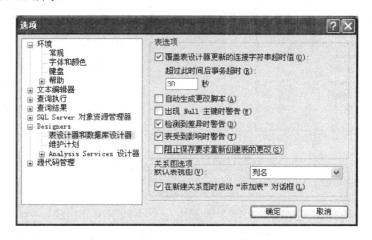

图 3-19　"选项"对话框

(2) 展开 Designers 结点，选择"表设计器和数据库设计器"项，并在右侧的"表选项"栏中取消对"阻止保存要求重新创建表的更改"项的选择。

【例 3-7】　创建"教学"数据库关系图。

创建了"教学"数据库中的所有表之后，就可以按照以下步骤创建其数据库关系图了。

(1) 打开编辑数据库关系图的对话框。

① 右击数据库关系图结点，选择快捷菜单中的"新建数据库关系图"命令。

② 当 SQL Server 显示如图 3-20(a)所示的消息框时，单击"是"按钮，打开编辑数据库关系图的对话框以及"添加表"对话框(如图 3-20(b)所示)。

(a)　　　　　　　　　　　　　　　　　(b)

图 3-20　编辑数据库关系图的对话框

(2) 在"添加表"对话框中，全选表名列表中的所有表名，将"教学"数据库中的几个表都放到编辑数据库关系图的对话框中。

(3) 编辑数据库关系图。可以采用拖放的方式，分别建立两个表之间的一对多联系。例如，将"班级"表和"学生"表通过共有的"班号"字段连接起来的方法如下：

① 将"班级"表中的"班号"字段(主键)往"学生"表的"班号"字段上拖放。

② 在弹出的"表和列"对话框(图 3-21(a))中，确认两个表名以及共有字段名无误后，单击"确定"按钮。

③ 查看弹出的"外键关系"对话框(图 3-21(b))，确认无误后单击"确定"按钮。

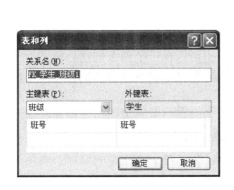
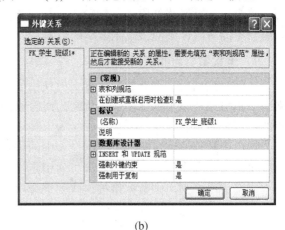

(a)　　　　　　　　　　　　　　　(b)

图 3-21　建立两个表之间联系的对话框

如果操作无误，则两表之间将会出现相应的连线，且"班级"表(主键表)一端以钥匙标记，"学生"表(外键表)一端以∞标记。

完整的"教学"数据库关系图如图 3-22 所示。

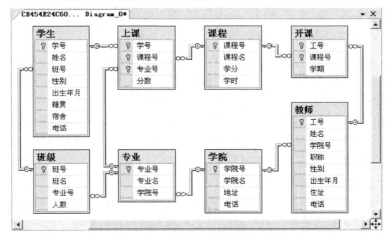

图 3-22　"教学"数据库关系图

### 3.4.4　创建索引

表是存放数据的容器。如果要在很大(存放了很多数据)的表中查询某个数据，采用逐条记录逐个字段搜索的方式会很浪费时间。如果将一个表看成一本书，并像编写书后面的索引(与页码关联的名词索引、人名索引、地名索引等)一样创建某些字段的索引，则可加快检索速度。

数据库中定义索引的目的是快速定位指定的记录。使用索引查询表中的数据时，DBMS只需要在索引定义所涉及的列中搜索而不必遍历表中的所有数据，因此查询速度可以很快。一旦在索引中找到了要查询的数据，就可以获得一个指针，它指向当前表中数据所在的那一条记录。

通常情况下，只有当经常查询索引列中的数据时，才需要创建相应的索引。索引需要占用磁盘空间并且降低添加、删除和更新记录的速度。因此，如果更新数据的频率很高或者磁盘空间有限，则应该限制索引的数量。

### 1. 聚集索引与非聚集索引

在创建索引前，首先要确定索引所使用的列。索引可以在一个列上创建，称之为简单索引；也可以在多个列上创建，称之为组合索引。列的选择由它所在的环境以及其中所保存的数据来决定。

索引中数据的逻辑顺序与数据在表中的物理顺序有时相同有时不同，可据此将索引分为聚集索引和非聚集索引两种。聚集索引定义了数据在表中存储的物理顺序。如果聚集索引中定义了多个列，则数据将按这些列来排序并存储：先按第一列指定的顺序，再按第二列指定的顺序，依此类推。显然，一个表中的数据只能按照一种物理顺序来存储，因此，一个表中只能定义一个聚集索引。

插入数据时，SQL Server 使用聚集索引找到插入位置，并将此处及此后的数据一起后移，然后将所输入的数据连同索引键值一同插入空出的位置，从而保持了应有的顺序。可以想见，如果某个列经常需要更新，则不宜放入聚集索引，否则会因经常改变数据的存储位置而导致过多的处理开销。另外，由于聚集索引指定的数据逻辑顺序与其实际存储顺序相同，故索引提取数据时需要进行的输入/输出操作次数比非聚集索引少。因此，如果表中只有一个索引，则应确保它是聚集索引。

注：只有当表包含聚集索引时，其中的数据行才按排序顺序存储。如果表具有聚集索引，则称之为聚集表。如果表没有聚集索引，则其数据行存储在一个称为堆的无序结构中。

非聚集索引中数据的逻辑结构独立于数据在表中的物理结构。非聚集索引由一系列依序编排的索引值(一般为键)以及各索引值自带的指向表中数据的物理位置的指针构成。它不会改变表中数据的实际存储顺序，但可通过每个索引值自带的指针找到相应的数据。因此，一个表中同时可以存在多个非聚集索引。显然，当需要以多种方式检索数据时，创建多个适应不同检索方式的非聚集索引是有好处的。

注：非聚集索引中的索引行指向数据行的指针称为行定位器。行定位器的结构取决于数据是存储在堆中还是聚集表中。对于堆，行定位器是指向行的指针。对于聚集表，行定位器是聚集索引键。

### 2. 唯一索引与主键索引

无论是聚集索引还是非聚集索引，都可以设置为"索引值不能重复"，称之为唯一索引。唯一索引不允许两行具有相同的索引值(包括 NULL 值在内)。如果现有数据中存在重复的索引值，则大多数数据库都会阻止新创建的唯一索引与表保存在一起。当新数据会使表中的索引值重复时，数据库也拒绝接受该数据。

在一个表中定义了主键之后，将会自动创建主键索引。主键索引是唯一索引的特殊类型，它要求主键中的每个值是唯一的。当在查询中使用主键索引时，它还允许快速访问数据。

**注**：复合索引是基于多个字段创建的索引。它也可以是唯一索引，即字段组合不能重复，但单独字段值可以重复。

**3. 索引和统计信息**

获取数据时，SQL Server 会根据当时情况采用最好的方法进行操作，并将结果返回给请求它的查询。例如，在提取相同的数据且有多个索引可供选择时，SQL Server 会根据相关信息选择其中一个；甚至在有相应索引可用的情况下，SQL Server 也可能会通过逐行扫描的方法来提取数据。做出这些选择的依据是统计信息。

SQL Server 会为索引中包含的每一列都保存统计信息。这些统计信息在经过了一定的时间或进行了一定次数的数据插入和更改之后会被更新。因此，如果在已输入了数据的表中创建了索引或者修改了已有的索引，但却未能使 SQL Server 更新表上的统计信息，那么，SQL Server 在提取数据时，可能会因未能得到正确的信息而采用了低效率的操作方式。

SQL Server 会在必要时按照预先的设置自动更新统计信息。例如，可在创建索引时指定"重新计算统计信息"，也可通过图形用户界面或者 SQL 语言中的命令来"手动更新"。

**【例 3-8】** 为"教学"数据库中的"学生"表创建索引。

通过 SQL Server 的图形用户界面进行创建非常方便，但必须预先考虑以下几个问题：

● 要创建的索引中，需要包含哪些列？例如，如果需要按班级显示"学生"表中的所有记录，则索引中包含"班号"字段即可，如果还需要班内按学号显示，则再包含"学号"字段即可。

● 一个列中，是否只包含唯一的值？例如，在"学生"表中，一个班级通常有二三十名甚至更多的学生，一般不宜创建基于"班号"的唯一索引。

● 是否创建聚集索引？例如，"学生"表中的主键是学号，该表中的记录按"学号"排序是很自然的。如果要创建基于"班号"的聚集索引，则该表中的记录将改为按"班号"来排序。因此，创建索引之前要想清楚，这样做是否有利于大多数操作。

本例按以下步骤创建一个基于"班号"的非聚集索引。

(1) 打开"索引/键"对话框。右击"学生"表结点，选择快捷菜单中的"索引/键"命令，打开"索引/键"对话框，如图 3-23(a)所示。

(2) 定制索引。

① 单击"添加"按钮，在左侧的索引列表中添加一个自动命名的索引项。

② 单击右侧"常规"栏中的"列-索引"网格中的 ... 按钮，打开"索引列"对话框。

③ 在"列名"栏选择"班号"和"学号"，"排序顺序"栏选择默认的"升序"值，如图 3-23(b)所示。

单击"确定"按钮后，"索引/键"对话框中显示如图 3-23(c)所示的内容，表示已经创建了一个名为"IX_学生*"、按"班号"且当"班号"相同时按"学号"的索引。该索引是非聚集索引且不是唯一索引(均为默认值)。

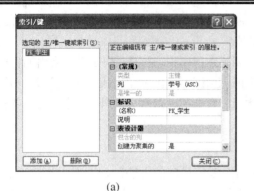

(a)

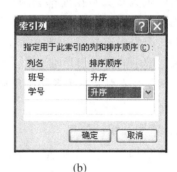

(b)

(c)

图 3-23　创建索引的对话框

注：“索引/键”对话框中还有一个“重新计算统计信息”选项，可选“是”或“否”，本例中采用默认值“是”。

## 实验 3　创 建 数 据 库

### 1．实验任务与目的

在 SQL Server Management Studio 中完成以下任务：

(1) 创建“教学”数据库。

(2) 创建“教学”数据库中的“学生”表、“专业”表、“课程”表、“上课”表。

(3) 创建“学生”表中基于“班号”和“学号”字段的索引。

(4) 创建“学生”表、“专业”表、“课程”表和“上课”表之间的联系。

通过本实验，直观地体验创建数据库的一般过程，基本掌握通过 SQL Server 图形用户界面进行数据定义的方法，包括数据库的创建、基表的创建、属性约束、用户自定义约束的设置方法等。

### 2．预备知识

(1) 本实验涉及本章中的知识有：

● 数据库设计的传统方法及一般过程。

● 使用 E-R 数据模型的数据库概念设计的一般方法。

- 将 E-R 数据模型转换为关系模型的一般方法。
- SQL Server 软件的功能及使用的一般方法。
- SQL Server 数据库的一般特点以及使用 SQL Server 图形用户界面进行数据定义的一般方法。

(2) SQL Server 创建表的两种方法。

SQL Server 中，至少可以采用两种方法创建数据库中的基表：一是直接在 SQL Server 的图形用户界面(SQL Server Management Studio 窗口)中创建；二是在"查询编辑器"中编辑并运行 SQL 数据定义语句来创建。

例如，创建"课程"表的一种方法是：在 SQL Server Management Studio 窗口中，输入或选择性输入如图 3-24(a)所示的各字段的定义以及相应的约束，然后单击工具栏上的"保存"按钮即可。

创建"课程"表的另一种方法是：在 SQL Server Management Studio 窗口中，单击工具栏上的"新建查询"按钮，打开查询编辑器窗口，在其中输入以下数据定义语句：

```
CREATE TABLE 课程(
    课程号  CHAR(6) PRIMARY KEY,
    课程名  CHAR(18),
    学分  INT,
    学时  INT
);
```

然后单击工具栏上的 ! (运行)按钮，执行该语句，如图 3-24(b)所示。

(a)　　　　　　　　　　　　　(b)

图 3-24　创建基表的两种方式

### 3. 实验步骤

1) 创建 dbCourses 数据库

(1) 选择"开始"→"程序"→"Microsoft SQL Server 2008"→"SQL Server Management

Studio" 菜单项，打开 SQL Server Management Studio 窗口。

(2) 使用"Windows 身份验证"连接到 SQL Server 2008 数据库实例。

(3) 右击"数据库"结点，选择快捷菜单中的"新建数据库"命令，打开"新建数据库"对话框。

(4) 按照本章 3.4 节的讲解，创建 dbCourses 数据库。

2) 创建 dbCourses 数据库中的"学生"表

(1) 选择"开始"→"程序"→"Microsoft SQL Server 2005"→"SQL Server Management Studio"菜单项，打开 SQL Server Management Studio 窗口。

(2) 使用"Windows 身份验证"连接到 SQL Server 2008 数据库实例。

(3) 在"对象资源管理器"窗格中展开服务器，展开下属的"数据库"结点，再展开下属的"dbCourses"结点。

(4) 右击 dbCourses 结点下属的"表"结点，选择快捷菜单中的"新建表"命令，打开表设计器对话框。

(5) 按照本章 3.4 节的讲解，创建 dbCourses 数据库。

3) 创建 dbCourses 数据库中的其他表

按照创建"学生"表的方法，创建 dbCourses 数据库中的其他几个表：

(1) 创建"课程"表，表的结构如图 3-25(a)所示。

(2) 创建"上课"表，表的结构如图 3-25(b)所示。

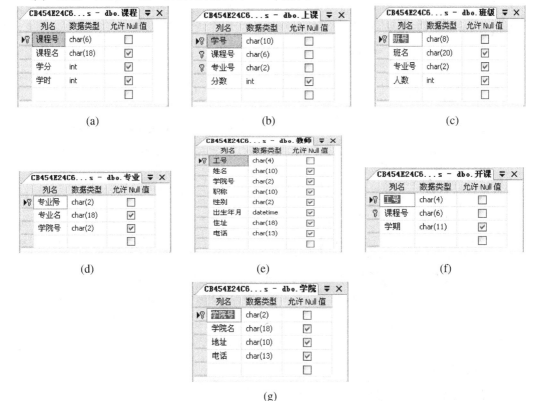

图 3-25　dbCourses 数据库中的基表

(3) 创建"班级"表，表的结构如图 3-25(c)所示。

(4) 创建"专业"表，表的结构如图 3-25(d)所示。

(5) 创建"教师"表，表的结构如图 3-25(e)所示。

(6) 创建"开课"表，表的结构如图 3-25(f)所示。

(7) 创建"学院"表，表的结构如图 3-25(g)所示。

4) 创建 dbCourses 数据库关系图

右击数据库关系图结点，选择快捷菜单中的"新建数据库关系图"命令，并按照本章 3.4 节的讲解，创建 dbCourses 数据库中的关系图。

5) 创建索引

按照本章 3.4 节的讲解，在"学生"表中创建一个基于"班号"的非聚集索引。

6) 结束

(1) 保存刚创建的 dbCourses 数据库。

(2) 右击该数据库所在的服务器结点，选择快捷菜单中的"断开连接"命令，关闭该数据库以及所属服务器。

(3) 单击"对象资源管理器"中的"连接"下拉按钮，选择列表中的"数据库引擎"命令，打开"连接到服务器"对话框。

(4) 单击"连接"按钮，再次打开 dbCourses 数据库所属服务器。

(5) 展开"数据库"→"dbCourses"结点，观察该数据库中刚创建的几个表。

(6) 关闭 dbCourses 数据库及所属服务器。

# 习　题　3

1. 什么是数据库的概念结构设计，其主要任务和目的是什么？

2. 数据库设计的主要特点是什么？

3. 某企业的"销售管理系统"的功能为：

(1) 接受顾客的订单，检验订单，若库存有货，进行供货处理，即修改库存，给仓库开备货单，并且将订单留底；若库存量不足，将缺货订单登入缺货记录。

(2) 按缺货记录进行缺货统计，并给采购部门发送缺货通知单。

(3) 按采购部门发来的进货通知单处理进货：修改库存；从缺货记录中取出缺货订单进行供货处理。

(4) 按留底的订单进行销售统计，打印统计表给经理。

根据上述的功能描述，画出数据流图。

4. 商店业务中，一个顾客(姓名、单位、电话)可以买多种商品，一种商品(编号、品名、型号、单价)供应给多个顾客，画出相应的 E-R 图。

5. "读者"和"图书"两个实体分别描述为：

读者(证号，姓名，单位，性别，电话)

图书(编号，书名，出版社，作者，定价)

它们之间的联系如图 3-26(a)所示，将其转换为关系模型。

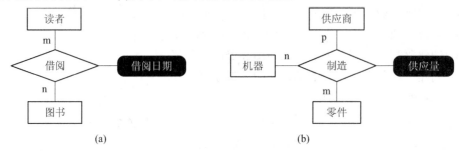

图 3-26  两个 E-R 图

6．"机器"、"供应商"和"零件"三个实体分别描述为：

机器(机器号，机器名，负责人，型号，单价)

供应商(供应商号，供应商名，负责人，电话)

零件(零件号，零件名，负责人，型号，供应商号，单价)

它们之间的联系如图 3-26(b)所示，将其转换为关系模型。

7．假设有以下几个实体：

学生(学号，姓名，性别，班级，选修课名)

课程(课号，课名，开课单位，教师号)

教师(教师号，教师名，职称，性别，课号)

单位(单位号，电话，教师号，教师名)

这些实体之间存在以下联系：

(1)  一个学生可以选修多门课程，一门课程可为多个学生选修。

(2)  一个教师可以讲授多门课程，一门课程可由多个教师讲授。

(3)  一个单位可有多个教师，一个教师只属于一个单位。

请完成以下设计工作：

(1)  分别设计两个局部 E-R 图：学生选课和教师授课。

(2)  将它们合并为一个全局 E-R 图。

(3)  将全局 E-R 图转换为等价的关系模型表示的数据库逻辑结构。

8．SQL Server 数据库中的数据文件和日志文件各有什么作用？

9．SQL Server 数据库中，设置表的标识字段有什么意义，如何设置？

10．举例说明数据库中外键的作用。

11．举例说明表约束和列约束以及它们之间的区别。

12．CHECK 约束中，下列表达式应该写成什么形式：

(1)  日期在 2001 年 3 月 1 日到 2002 年 3 月 1 日之间。

(2)  在 −10 到 10 之间，但不等于 0。

(3)  姓"温"但不包括"温世明"。

13．数据库中的索引有什么作用？

14．列举 SQL Server 数据库中的五种重要对象，并说明它们的用途。

15．在 SQL Server 中更改表的结构时，应该注意什么问题？

# 第4章 SQL语言

用户使用数据库时,要对数据库进行各种各样的操作,如查询、添加、删除、更新数据以及定义或修改数据模式等。目前流行的 DBMS 都配有非过程关系数据库语言,其中应用最广的是 SQL 语言。

SQL 语言提供了数据定义、数据查询、数据操纵和数据控制语句,是一种综合性的数据库语言,可以独立完成数据库生命周期中的全部活动。用户可以直接键入 SQL 命令来操纵数据库,也可将 SQL 语句嵌入高级语言(如 C、Pascal、Java 等)程序中使用。目前流行的各种 RDBMS 一般都支持 SQL 或提供 SQL 接口。而且,SQL 的影响已经超出数据库领域,扩展到了其他领域。

Transact-SQL(以下简称 T-SQL)语言是微软公司为 SQL Server 系统配置的语言,它支持标准 SQL 语言的基本功能,又对其进行了扩展,是一种只能通过 SQL Server 的数据库引擎来分析和运行的"方言"。

## 4.1 SQL 语言的功能与特点

SQL 是 ISO(International Organization for Standardization,国际标准化组织)命名的国际标准数据库语言,用于关系数据库的组织、管理以及其中数据的查询、存取和更新等各种操作。一个 SQL 数据库可看做由基表、存储文件和视图构成的三级模式结构,数据分门别类地存放在多个基表中,并以一个或多个操作系统文件的形式存储在外存储器上。用户通过 SQL 命令来操纵视图或直接操纵基表中的数据。

### 4.1.1 SQL 语言的诞生与发展

20 世纪 70 年代初,E.E.Codd 提出了关系模型。70 年代中期,IBM 公司在研制 SYSTEM R(一种 RDBMS)时研制出一套规范语言 SEQUEL(Structured English QUEry Language),并于 1976 年 11 月在 IBM Journal of R&D 上公布了新版本 SEQUEL/2,1980 年改名为 SQL。

Oracle 公司于 1979 年首先提供商用 SQL,IBM 公司在 DB2 和 SQL/DS 数据库系统中也实现了 SQL。1986 年 10 月,ANSI(American National Standards Institute,美国国家标准学会)采用 SQL 作为关系数据库管理系统的标准语言(ANSI X3.135—1986),后为 ISO 接纳为国际标准。1989 年,美国 ANSI 接纳在 ANSI X3.135—1989 报告中定义的 RDBMS 的 SQL 标准语言,称为 ANSI SQL 89,该标准替代 ANSI X3.135—1986 版本,并为 ISO 和美国联

邦政府所接纳。

目前，流行的 RDBMS(Oracle、IBM DBII、Sybase 等)都支持 SQL 语言，而且一般都以相似的方式支持一些主要的关键词，如 SELECT、UPDATE、DELETE、INSERT、WHERE 等。主要的企业级软件产品一般都依赖 SQL 进行数据管理，它们运行于大型机、PC 以及各种不同的网络平台之上。SQL 既是 Oracle、IBM 和微软三大软件公司的商品数据库产品的核心，也是开放源代码的数据库产品的核心，而且促进了 Linux 的普及和开放源代码运动的发展。总之，SQL 已从一个 IBM 的研究项目跃升为 ISO 命名的国际标准数据库语言，成为重要的计算机技术和强大的市场推手。

各种流行的数据库系统在其实践过程中都对 SQL 规范作了某些修改和扩充，因而不同数据库系统之间的 SQL 往往不能互相通用。例如，T-SQL 和 PL/SQL 就是两种扩展的 SQL 语言，分别适用于 SQL Server 数据库和 Oracle 数据库而不能互换使用。当然，它们都支持标准的 SQL，或者说标准 SQL 是它们的一个子集。

T-SQL 是微软公司为了在 SQL Server 数据库上使用而对标准 SQL 语言进行扩展后形成的 SQL 语言的"方言"。它支持所有标准 SQL 语言的操作，同时增加了变量、运算符、函数、流程控制和注释等程序设计语言的元素。SQL Server 中使用图形界面能够完成的所有功能都可以通过 T-SQL 来实现。使用 T-SQL 操作时，与 SQL Server 通信的所有应用程序都通过向服务器发送 T-SQL 语句来进行而与应用程序的界面无关。任何应用程序，不管它是用什么形式的高级语言编写的，只要其目的是向 SQL Server 发出命令以便获得 SQL Server 的响应，最终都体现为以 T-SQL 语句为表现形式的指令。

### 4.1.2　SQL 语言的功能与特点

SQL 是允许用户工作于高层数据结构上的非过程化语言。SQL 不要求用户指定数据的存储方法，也不需要用户了解具体的数据存储模式，因而，不同的数据库之间甚至底层结构完全不同的数据库系统之间都可以通过相同的 SQL 语言进行数据的输入与管理。SQL 以记录的集合作为操作对象，所有 SQL 语句都接受集合作为输入并输出操作所得到的集合。利用这种集合特性，可将一条 SQL 语句的输出作为另一条 SQL 语句的输入，可以实现 SQL 语句的嵌套，从而增强其功能且使其具有很大的灵活性。

SQL 语言的工作方式如图 4-1 所示。图中的计算机系统中存放了一个数据库。假定这是一个商业数据库，那么，数据库中存储的可能会是物品清单、生产量、销售量或者工资表等数据，由称之为 DBMS 的软件来控制。

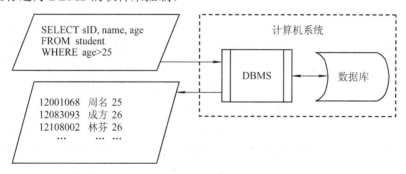

图 4-1　使用 SQL 访问数据库

如果用户需要从数据库中检索数据，可以通过 SQL 语句提出请求，DBMS 处理这个请求并将操作结果返回给用户。从数据库中请求数据并返回结果的过程称为数据库查询。

### 1．SQL 数据库的结构

关系数据库系统支持三级模式结构，而 SQL 语言是通用的关系数据库语言，自然也不例外。在 SQL 语言中，概念模式(逻辑模式、模式)就是"基表"，存储模式(物理模式、内模式)就是"存储文件"，子模式(外模式)就是"视图"(view)，如图 4-2 所示。

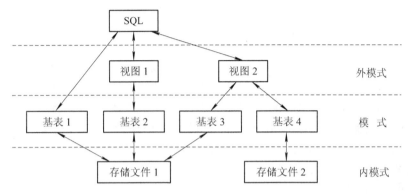

图 4-2　SQL 对数据库的三级模式结构的支持

用户可使用 SQL 语言对基表和视图进行查询或其他操作。基表是实际存储数据的关系，可一个也可多个基表对应一个存储文件。视图是由基表导出的关系(虚表)，数据库中只存放其定义，而所涉及的数据仍在相应基表中。一个基表可带若干个索引，索引也存放在存储文件中。存储文件的逻辑结构组成了关系数据库的内模式，物理结构对用户是透明的。

### 2．SQL 语言的功能

SQL 最初是用于查询的，查询至今仍然是 SQL 的重要功能，这便是以"结构化查询语言"来命名 SQL 的缘由。但 SQL 语言的功能早已超出了查询的范围。使用 SQL 语言可以创建、维护、保护数据库以及其中的表、视图、索引、存储过程等各种对象，并通过这些对象来操纵数据库中的数据。SQL 从功能的角度可分为以下几个方面。

(1) 数据定义语言 DDL(Data Definition Language)：用于定义数据库的逻辑结构，包括定义数据库本身以及定义其中的基表、视图和索引。

(2) 数据操纵语言 DML(Data Manipulation Language)：可以完成数据查询和数据更新两大类操作，其中数据更新又包括插入、删除和修改三种操作。

(3) 数据控制语言 DCL(Data Control Language)：可以控制访问数据库中特定对象的用户，还可以控制用户对数据库的访问类型。对用户访问数据的控制有基表和视图的授权、完整性规则的描述、事务控制语句等。

(4) 嵌入式 SQL 语言的使用规定：规定 SQL 语句在宿主语言的程序中使用的规则。

### 3．SQL 命令的执行方式

SQL 命令有两种不同的执行方式，即交互式 SQL 和嵌入式 SQL。

(1) 交互式 SQL：即直接执行 SQL 命令。一般 DBMS 都提供联机交互工具，使得用户可以直接键入 SQL 命令，由 DBMS 解释执行命令并将结果返回给用户。通过这种方式可以迅速检查数据、验证连接和观察数据库对象。

(2) 嵌入式 SQL：这种方式是将 SQL 语句嵌入高级语言(宿主语言)程序，将 SQL 访问数据库的能力与宿主语言的过程处理能力结合起来，共同完成数据库操作任务。例如，可将 SQL 语句嵌入 C 语言编写的应用程序代码中，在编译代码之前，由预处理器分析 SQL 语句并将它们从 C 代码中分离出来。SQL 代码被转换成能为 RDBMS 理解的一种格式，其余的 C 代码则按照正常的方式进行编译。这种方式一般需要预编译，将嵌入的 SQL 语句转换为宿主语言编译器所能处理的语句。

### 4.1.3　SQL 语句及书写规则

SQL 语言的主要内容由大约 40 条语句构成，每条语句都是 DBMS 的一个特定动作。例如，创建一个新表、检索数据或将一个数据插入数据库中。每条语句都以一个描述该语句的意义的动词开始，如 CREATE、SELECT 或 INSERT 等。语句后跟一条或多条子句，用于指定更多的操作细节。每条子句也都以一个描述该了句的意义的动词开始，如 WHERE、FROM、INTO 或 HAVING 等。例如，语句

> SELECT eID, eName, Pay
>
> FROM Emp
>
> WHERE Pay>=3000
>
> ORDER Pay DESC;

的功能为：在 Emp 表中，找出那些 Pay 字段的值在 3000 以上的记录的 eID、eName 和 Pay 字段的值，其结果按 Pay 字段的值的降序排列。这个语句中包含了四个子句，分别指定了需要找出的所有字段的名字、作为数据来源的基表的名字、结果记录应该匹配的查询条件以及找出来的结果记录集的排序方式，其中动词"SELECT"既引出了指定字段名的子句，又在整体上指定了该语句是一个查询语句。

#### 1. SQL 语句的一般形式

编写 SQL 语句时，在遵守其语法规则的基础上，遵从某些准则以提高语句的可读性，使其易于编辑，是很有好处的。以下是一些常用的准则：

(1) SQL 语句中的字母不必区分大小写，但为了提高 SQL 语句的可读性，每个子句开头的关键字通常采用大写形式。

(2) SQL 语句可写成一行或多行，习惯上每个子句占一行。

(3) 关键字不能在行与行之间分开，并且很少采用缩写形式。

(4) SQL 语句的结束符为分号";"，分号必须放在语句中的最后一个子句后面，但可以不在同一行。

(5) SQL 中的数据项(包括字段、表和视图)分隔符为"，"；其字符串常数的定界符用单引号" ' "表示。

#### 2. SQL 语句格式中的约定符号

为了描述 SQL 语句的语法(一般形式)，需要使用以下符号：

(1) 尖括号"<>"中的内容为实际语义。例如，假定某个语句的一般形式中包含"<表名>"字样，则意味着必须在这个位置上填写一个"表名"。

(2) 方括号"[ ]"中的内容为任选项。例如，假定某个语句的一般形式中包含"[UNIQUE]"字样，则意味着字符串"UNIQUE"可按需要写出或不写。

(3) "[，…]"意思是"等等"，即前面的项可以重复。

(4) 花括号"{}"与竖线"|"表明此处为选择项，在所列出的各项中仅需选择一项。例如，"{ A | B | C | D }"意思是在 A、B、C、D 中取其一。

# 4.2 数据定义

SQL 语言的数据定义功能包括定义数据库模式、定义关系模式(基表或视图)、定义索引和定义视图。其基本语句如表 4-1 所示。

表 4-1  SQL 数据定义语句

| 操作对象 | 操作方式 | | |
| --- | --- | --- | --- |
| | 创建语句 | 删除语句 | 修改语句 |
| 数据库 | CREATE  DATABASE | DROP  DATABASE | ALTER  DATABASE |
| 基表 | CREATE  TABLE | DROP  TABLE | ALTER  TABLE |
| 索引 | CREATE  INDEX | DROP  INDEX | |
| 视图 | CREATE  VIEW | DROP  VIEW | |

基表是独立存在于数据库中的表，一个关系对应一个基表。一个 SQL 数据库中的数据分别存放在多个基表中，每个基表各由一个 SQL 模式定义，所有基表通过外键有机地联系在一起。一个或多个基表对应一个存储文件，存储文件的物理结构对用户而言是透明的，用户不必关心。一个基表可以附带一个或多个索引，索引也存放在存储文件中。

视图是按自身定义从基表中提取数据的"虚表"，而索引是依附于基表的，因此，SQL通常不提供修改视图定义和索引定义的操作。如果已有的视图定义或索引定义不再适用了，只能先删除它们，然后重建新的定义。

下面先介绍定义数据库模式、关系模式和索引的方法。

## 4.2.1  数据库的创建与删除

一个数据库中可以包含多个不同种类的对象(表、视图、存储过程等)，只有创建了数据库本身之后，才能在其中创建这些对象。

在规模较大的数据库系统中，通常是由数据库管理员来创建数据库的。一般地，常用数据库系统往往是集中创建数据库，然后由各个用户访问它。对于个人计算机上的数据库系统来说，用户本身可能就是数据库管理员，自然需要自己来创建数据库了。

创建数据库是一种特权，DBMS 系统安装之后，系统管理员随即获得这个特权，并可通过 GRANT CREATE DATABASE 命令将其授予其他用户。创建数据库的用户称为该数据库的所有者，并获得操纵该数据库的特殊权限。

注：目前流行的 DBMS 一般都遵守 SQL1(即 SQL-89)标准，这个标准说明了描述数据库结构的 SQL 命令，但未说明如何创建数据库。实际上，不同的 DBMS 所采用的方法都

有一些区别。

### 1. 创建数据库

SQL 语言使用 CREATE DATABASE 命令来创建数据库，其一般形式为

    CREATE DATABASE <数据库名>;

SQL 语句以分号";"作为结束符，其中的字母不区分大小写，不要求一个语句必须占用一行(习惯上每个子句占用一行)。

例如，语句

    CREATE DATABASE myDb;

创建了名为"myDb"的数据库。

【例 4-1】 编写一个创建数据库的 T-SQL 语句：在 SQL Server 中创建名为 myDB 的数据库，其中包含一个数据库文件和一个事务日志文件。

通过 T-SQL 创建一个新的数据库时，要为该数据库指定一个名称，而且要为构成数据库的每个文件(保存在外存储器上)指定名称(逻辑名、物理名)、大小和增长量。本例中给出的 T-SQL 语句为

```
CREATE DATABASE myDB
ON PRIMARY (
    NAME = myDB,
    FILENAME = 'D:\SQL\dataFiles\myDB.mdf',
    SIZE = 10MB,
    MAXSIZE = 20MB,
    FILEGROWTH = 5MB )
LOG ON (
    NAME = myDB_Log,
    FILENAME = 'D:\SQL\logFiles\myDB.ldf',
    SIZE = 2MB,
    MAXSIZE = 10MB,
    FILEGROWTH = 10%
);
```

其中，"FILEGROWTH=5MB"意为：如果当前数据文件的容量不够用且未超出规定的最大容量(本例中为 20 MB)，则可按 5 MB 的容量自动增长。在指定增长量时，应该预留较大的余量，从而避免频繁地增长，因为增长是一个高代价的过程。

执行这个语句时，需要创建文件夹 D:\SQL\dataFiles 和 D:\SQL\logFiles。

### 2. 删除数据库

如果一个数据库不再使用了，可以删除它。删除一个或多个数据库的 SQL 命令为 DROP DATABASE，其一般形式为

    DROP DATABASE <数据库名 1> [, <数据库名 2>][, …];

如果在当前 DBMS 系统中删除了某个数据库，则构成该数据库的所有操作系统文件都要被删除。例如，如果在 SQL Server 系统中执行命令：

DROP DATABASE myDB;

则将从当前系统中删除名为"myDB"的数据库，包括存储 myDB 数据库内容的所有数据文件和日志文件。

## 4.2.2　基表及索引的定义与删除

定义一个基表相当于建立一个新的关系模式，即尚未输入数据的关系框架，系统将基表的数据描述存入数据字典中，提供给 DBMS 系统或用户查阅。不再使用的基表可以删除。不完全符合要求的基表也可以修改。

### 1．定义基表

定义基表就是指定表的(关系)名称、表中包含的各个属性的名称、数据类型，以及属性和表的完整性约束条件。SQL 语言用 CREATE TABLE 语句定义基表，其一般形式为

```
CREATE TABLE <表名> (
        <列名 1> <数据类型> [<列级完整性约束条件>]
        <列名 2> <数据类型> [<列级完整性约束条件>]
         …
        <列名 n> <数据类型> [<列级完整性约束条件>]
        [<表级完整性约束条件>]
);
```

【例 4-2】　创建 Course 表，它由课程号、课程名、学分和任课教师四个属性组成，其中课程号不能为空，值是唯一的。

```
CREATE TABLE Course (
        课程号      CHAR(6) NOT NULL UNIQUE PRIMARY KEY,
        课程名      CHAR(10),
        学分        INTEGER,
        任课教师  CHAR(8)
);
```

其中，CHAR(6)表示数据类型是长度为 6 的文本(字符串)，NOT NULL 表示不能取空值，UNIQUE 表示值不能重复(创建无重复值的索引)，PRIMARY KEY 表示设为主键。

【例 4-3】　创建 Student 表，它由学号、姓名、班级号、性别、年龄五个属性组成。其中学号为主键，姓名不能为空。

```
CREATE TABLE Student (
        学号 CHAR(8) PRIMARY KEY,
        姓名  VARCHAR(20) NOT NULL,
        班级号  CHAR(4),
        性别  CHAR(2) CHECK (性别 IN ('男', '女')),
        年龄  INT DEFAULT 18
);
```

其中，VARCHAR(20)表示数据类型是长度不超过 20(可变长度)的文本，性别字段定义中的

CHECK 约束规定了该字段只能取值为"男"或"女",年龄字段定义中的 DEFAULT 约束规定了该字段的默认值为 18。

【例 4-4】 创建 SC 表,它由学号、课程号和成绩三个属性组成,其中属性组(学号,课程号)为主键,学号、课程号为外键。

```
CREATE TABLE SC (
    学号        CHAR(8) NOT NULL,
    课程号      CHAR(6) NOT NULL,
    成绩        SMALLINT,
    PRIMARY KEY(学号, 课程号),
    FOREIGN KEY(学号) REFERNCES Student (学号) ,
    FOREIGN KEY(课程号) REFERNCES Course (课程号)
);
```

可以看出,SC 表的主键为(学号,课程号),且 SC 表与 Student 表通过"学号"字段建立了关联,SC 表与 Course 表通过"课程号"字段建立了关联。

### 2. 修改基表

随着应用环境和应用需求的变化,有时需要修改已建立好的基表,SQL 语言用 ALTER TABLE 命令修改基表,其一般形式为

```
ALTER TABLE <表名>
[ADD <新列名> <数据类型> [<完整性约束>] ]
[DROP <完整性约束> ]
[MODIFY <列名> <数据类型> ] ;
```

该命令可用于设置主键、添加列、删除列、修改列名或数据类型。

【例 4-5】 修改刚创建的"课程"表。

(1) 添加日期型的"学时"属性:

```
ALTER TABLE 课程 ADD 学时 DATE;
```

(2) 将"学分"属性修改为短整型:

```
ALTER TABLE 课程 ALTER 学分 SMALLINT;
```

(3) 删除刚添加的"学时"属性:

```
ALTER TABLE 课程 DROP 学时;
```

### 3. 建立索引

为了加快查询速度,可以在基表上建立一个或多个索引,系统在存取数据时会自动选择合适的索引作为存取路径。

建立索引使用 CREATE INDEX 语句,其一般形式为

```
CREATE [UNIQUE | INDEX  索引名
    ON  基表名(列名[ASC/DESC], 列名[ASC/DESC]…);
```

其中,ASC 表示升序,DESC 表示降序,Unique 表示索引关键字的值不重复。

例如,在刚创建的 SC 表中的"成绩"属性上创建不重复索引的语句为

```
CREATE UNIQUE INDEX GradeCour ON SC(成绩);
```

### 4．DROP 语句

DROP 语句用于删除数据库中现有的表、过程或视图，或者删除表中现有的索引。删除基表的语句的一般形式为

　　DROP TABLE <表名>；

删除索引的语句的一般形式为

　　DROP INDEX <索引名> ON <表名>；

例如，删除基表 Temp 的语句为

　　DROP TABLE Temp；

删除刚创建的 GradeCour 索引的语句为

　　DROP INDEX GradeCour ON 选修；

# 4.3　数　据　查　询

查询是数据库的核心操作。SQL 语言用 SELECT 语句执行查询，其一般形式为

　　SELECT [ALL|DISTINCT] <目标列表达式列表>

　　FROM <基表名或视图名列表>

　　[WHERE <条件表达式>]

　　[GROUP BY <列名 1>[HAVING <条件表达式>]]

　　[ORDER BY <列名 2>[ASC|DESC]]；

其中，SELECT 语句中各部分的功能如下：

- SELECT 子句：指定查询的目标。DISTINCT 意为去掉重复的行。
- FROM 子句：指定查询目标及 WHERE 子句中涉及的所有"关系"名称。
- WHERE 子句：指定查询目标必须满足的条件。
- GROUP BY 子句：指定按其值分组的属性，如果分组后还要按一定条件对这些组进行筛选，则可使用 HAVING 短语指定筛选条件。
- ORDER BY 子句：对查询结果提出排序要求，ASC 和 DESC 分别表示升序和降序。

SELECT 语句的含义是：根据 WHERE 子句中的条件，从 FROM 子句指定的基表或视图中找出满足条件的元组，再按 SELECT 子句指定的目标列，选出元组中的属性值形成结果表。若包含 GROUP 子句，则结果按<列名 1>分组，该列上值相等的元组分为一组，通常会在每组中使用集函数。若有 ORDER 子句，则结果按<列名 2>排成升序或降序。

### 4.3.1　单表查询

假定描述学生情况的 Student 表、描述课程情况的 Course 表的关系模式分别为

　　Student(学号, 姓名, 性别, 年龄, 班级)

　　Course(课程号, 课程名, 学分, 任课教师)

下面将以这两个表为例来说明 SELECT 语句的用法。

**【例 4-6】**　选择表中若干列。

(1) 查询全体学生的记录，即列出 Student 表的全部内容(所有记录中所有字段的值)。

SELECT *

FROM Student;

其中，"*"符号表示所有列名。

(2) 查询全体学生的学号与姓名，即列出所有元组中学号和姓名属性的值。

SELECT 学号, 姓名

FROM Student

【例 4-7】 在 SQL Server 中使用 SQL 语句。

按以下步骤，在 SQL Server 2008 中使用 SELECT 语句查询全体学生的姓名及其出生年份。

(1) 在 SQL Server Management Studio 中，单击 SQL 编辑器工具栏上的"新建查询"按钮，打开 SQL 编辑器窗口。

(2) 输入以下 SQL 语句：

SELECT 姓名, Year(出生年月) as '出生年份：'

FROM 学生;

其中，SELECT 子句中第 2 项不是列名而是一个计算表达式，它调用 Year 函数，从日期型字段值中求出年份，并指定该列的标题为"出生年份"。

(3) 单击标准工具栏上的"！(执行)"按钮，执行该语句并显示结果。

输入的 SQL 语句及该语句的执行结果如图 4-3 所示。

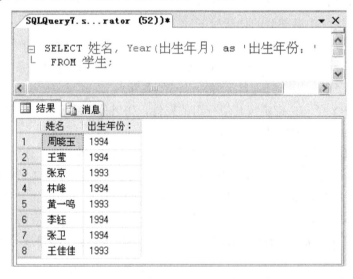

图 4-3　SQL Server 中输入的 SQL 语句及其执行结果

【例 4-8】 选择表中若干元组。

(1) 查询信息 21 班学生的情况(列出 Student 表中所有信息 21 班学生的元组)：

SELECT *

FROM Student

WHERE 班级='信息 21';

(2) 查询信息 21 班选修了课程的女学生的学号：

　　　　SELECT DISTINCT　学号

　　　　FROM SC

　　　　WHERE　班级='信息 21' AND　性别='女';

其中，DISTINCT 限定学号相同的记录只显示一个，AND 是逻辑与运算符。

(3) 查询年龄在 20～23 岁之间的学生的姓名、班级和年龄：

　　　　SELECT　姓名, 班级, 年龄

　　　　FROM Student

　　　　WHERE　年龄　BETWEEN 20 AND 23;

其中，谓词 BETWEEN…AND…用于指定查找范围。

(4) 查询选修了 050012 号课程的学生的学号和成绩，查询结果按成绩降序排列：

　　　　SELECT　学号, 成绩

　　　　FROM SC

　　　　WHERE　课程号='050012'

　　　　ORDER BY　成绩　DESC;

其中，降序排列时最先显示含空值的元组。

(5) 查询信息 21、计数 21、高电压 21 班学生的姓名和性别：

　　　　SELECT　姓名, 性别

　　　　FROM Student

　　　　WHERE　班级　IN('信息 21', '计数 21', '高电压 21');

其中，谓词 IN 用于查找属性值属于指定集合的元组。

(6) 查询所有姓"张"的学生的姓名和性别：

　　　　SELECT　姓名, 性别

　　　　FROM Student

　　　　WHERE　姓名　LIKE '张%';

其中，谓词 LIKE 用于指定一个字符串的框架，以便查找与指定属性的值相匹配的元组(模糊查询)，百分号"%"代表一串字符，下划线"_"代表一个字符。

【例 4-9】　使用集函数。

SQL 语言提供了一些集函数，检索时可用于计算一列中值的总和、平均值、最大值、最小值，以及统计元组个数等。

(1) 查询信息 21 班学生人数：

　　　　SELECT COUNT(*)

　　　　FROM Student

　　　　WHERE　班级='信息 21';

(2) 查询选修了课程的女学生人数：

　　　　SELECT COUNT(DISTINCT　学号)

　　　　FROM SC

　　　　WHERE　性别='女';

(3) 查询选修了 050012 号课程的学生的平均成绩：

```
SELECT AVG(成绩)
FROM SC
WHERE  课程号='050012';
```

【例 4-10】   查询结果分组。

(1) 求各课程号及相应的选课人数：

```
SELECT  课程号, COUNT(学号)
FROM SC
GROUP BY  课程号;
```

(2) 查询选修了三门以上课程的学生的学号：

```
SELECT  学号
FROM SC
GROUP BY  学号
HAVING COUNT(*)>3;
```

WHERE 子句与 HAVING 短语的区别在于作用对象不同，前者用于从基表或视图中选择满足条件的元组，后者用于选择满足条件的组。

## 4.3.2  聚合函数与分组查询

聚合函数是按照一定的规则将多行数据汇总成一行的函数。在对数据进行汇总之前，可以根据特定的字段将数据进行分组(使用 GROUP BY 子句)并分别进行组内汇总，此后，还可以按照再次给定的条件(使用 HAVING 子句)进行筛选。

### 1．聚合函数的使用

SQL 语言提供了一些聚合函数，检索时可用于计算一列中值的总和、平均值、最大值、最小值以及统计记录个数等。这些函数有别于其他函数，一般作用于多条记录之上而且多用于 SELECT 语句的 SELECT 子句、GROUP BY 子句和 HAVING 子句中。

【例 4-11】   在 SQL Server 中使用聚合函数进行查询。

可按以下步骤，在 SQL Server 2008 中使用 SELECT 语句查询全体女学生的人数：

(1) 在 SQL Server Management Studio 中，单击 SQL 编辑器工具栏上的"新建查询"按钮，打开 SQL 编辑器窗口。

(2) 输入以下 SQL 语句：

```
SELECT COUNT(*) AS  女生人数
FROM  学生
WHERE  性别='女';
```

其中，SELECT 子句也可以写成以下两种形式：

```
SELECT COUNT(*)  女生人数
SELECT COUNT(*)
```

前一种形式中省略了关键字 AS，等效于所执行的语句。后一种形式未给第二列命名，显示出来的将是 SQL Server 自动添加的名字。

(3) 单击标准工具栏上的"！(执行)"按钮，执行该语句并显示结果。

输入的 SQL 语句及该语句的执行结果如图 4-4 所示。

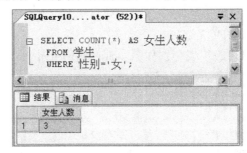

图 4-4　SQL Server 中输入的包含聚合函数的 SQL 语句及其执行结果

【例 4-12】　使用聚合函数。

(1) 查询选修了课程的女学生人数：

　　　SELECT COUNT(DISTINCT 学号)

　　　FROM 选修

　　　WHERE 性别='女';

(2) 查询选修了 050012 号课程的学生的平均成绩：

　　　SELECT AVG(成绩)

　　　FROM 选课

　　　WHERE 课程号='050012';

**2．查询结果分组**

使用 GROUP BY 子句可将查询结果按某一字段或某几个字段的值进行分组。分组可以细化聚合函数的作用对象，使得每一组都可以求得一个函数值；否则的话，只能作用于整个查询结果而得到一个函数值。

如果只想操作分组后的某些组而不是全部组，可以在 HAVING 子句中指定条件，实现对于组的筛选。

【例 4-13】　查询结果分组。

(1) 求各个课程号及相应的选课人数：

　　　SELECT 课程号, COUNT(学号)

　　　FROM 选课

　　　GROUP BY 课程号;

(2) 查询选修了三门以上课程的学生的学号：

　　　SELECT 学号

　　　FROM 选课

　　　GROUP BY 学号　HAVING COUNT(*)>3;

应该注意：WHERE 子句与 HAVING 短语的区别在于作用对象不同。前者用于从基表或视图中选择满足条件的元组，后者用于选择满足条件的组。

### 4.3.3　连接查询

数据查询操作中，往往需要同时从两个或两个以上表中检索相关数据，这就需要使用表的连接运算或者子查询来实现。实现两个表的连接操作的最简单的方法是在 SELECT 语句的 FROM 子句中列举出要连接的表。

**【例 4-14】** 两个表的交叉连接。

假定"学生"表和"班级"表分别如图 4-5(a)和(b)所示。

| 学号 | 姓名 | 班号 | 性别 | 年龄 |
|------|------|------|------|------|
| 12100131 | 张卫 | 1011 | 男 | 18 |
| 12600101 | 王袁 | 2011 | 女 | 18 |
| 12800101 | 李玉 | 2022 | 女 | 19 |
| 12800102 | 林乾 | 2011 | 男 | 18 |
| 12800103 | 方平 | 1011 | 男 | 19 |

(a)

| 班号 | 班名 | 所属学院 |
|------|------|----------|
| 1011 | 计数 21 | 理学院 |
| 2011 | 通信 21 | 电信学院 |
| 2022 | 计算机 22 | 电信学院 |

(b)

图 4-5    "学生"表和"班级"表

如果使用 SELECT 语句：

    SELECT 学生.学号, 学生.姓名, 学生.班号, 班级.班名, 班级.所属学院

    FROM 学生, 班级;

来进行查询，其结果如图 4-6 所示。

可以看出，这种未指定条件的连接称为交叉连接，连接查询的结果是作为数据源的两个表的笛卡儿积，结果集的行数为两个表的行数之积。其中有些行是没有实际意义的。因此，实际的连接查询是通过建立表与表之间的内连接、外连接或者通过 WHERE 子句指定连接条件来实现的。

| 学号 | 姓名 | 班号 | 班名 | 所属学院 |
|------|------|------|------|----------|
| 12100131 | 张卫 | 1011 | 计数 21 | 理学院 |
| 12100131 | 张卫 | 1011 | 通信 21 | 电信学院 |
| 12100131 | 张卫 | 1011 | 计算机 22 | 电信学院 |
| 12600101 | 王袁 | 2011 | 计数 21 | 理学院 |
| 12600101 | 王袁 | 2011 | 通信 21 | 电信学院 |
| 12600101 | 王袁 | 2011 | 计算机 22 | 电信学院 |
| 12800101 | 李玉 | 2022 | 计数 21 | 理学院 |
| 12800101 | 李玉 | 2022 | 通信 21 | 电信学院 |
| 12800101 | 李玉 | 2022 | 计算机 22 | 电信学院 |
| 12800102 | 林乾 | 2011 | 计数 21 | 理学院 |
| 12800102 | 林乾 | 2011 | 通信 21 | 电信学院 |
| 12800102 | 林乾 | 2011 | 计算机 22 | 电信学院 |
| 12800103 | 方平 | 1011 | 计数 21 | 理学院 |
| 12800103 | 方平 | 1011 | 通信 21 | 电信学院 |
| 12800103 | 方平 | 1011 | 计算机 22 | 电信学院 |

图 4-6    没有指定查询条件的查询结果

**1. 使用 WHERE 子句指定连接条件**

可以在 WHERE 子句中指定查询条件，这时 SELECT 语句的一般形式为

　　　SELECT <列名>, …

　　　FROM SC <表名>, …

　　　WHERE　连接条件;

由于连接的多个表中通常存在公共列，故连接条件中以表名作为前缀来指定连接列。分别位于两个或两个以上表中的定义相同但名字不同的列也可用来创建连接条件。

**【例 4-15】**　按条件进行的连接查询。

如果在例 4-14 的 SELECT 语句中添加 WHERE 子句，使其变为

　　　SELECT 学号, 姓名, 学生.班号, 班名, 所属学院

　　　FROM　学生, 班级

　　　WHERE 学生.班号=班级.班号;

其中，"班号"是两个表中共有的字段，故需添加表名作前缀，其他字段都不必指定表名。该语句的执行结果如图 4-7 所示。

| 学号 | 姓名 | 班号 | 班名 | 所属学院 |
|------|------|------|------|---------|
| 12100131 | 张卫 | 1011 | 计数 21 | 理学院 |
| 12600101 | 王袁 | 2011 | 通信 21 | 电信学院 |
| 12800101 | 李玉 | 2022 | 计算机 22 | 电信学院 |
| 12800102 | 林乾 | 2011 | 通信 21 | 电信学院 |
| 12800103 | 方平 | 1011 | 计数 21 | 理学院 |

图 4-7　指定了查询条件后的查询结果

执行这个连接操作的过程是：先找到学生表中第 1 个元组，逐个与"班级"表中所有元组比较，遇到班号相等的元组时，两个元组拼接纳入结果记录集中；再找到"学生"表中第 2 个元组，仍与"班级"表中元组逐个比较，并在学号相等时拼接纳入结果记录集中；重复上述操作，直到"学生"表中全部元组处理完毕为止。

这个 SELECT 语句也可以写成：

　　　SELECT 学号,姓名,C.班号,班名,所属学院

　　　FROM　学生 S, 班级　C

　　　WHERE S.班号=C.班号;

可以看出，FROM 子句中分别为两个表取了两个别名 S 和 C，并在整个语句中用别名代替了相应的表名，当表名较长时，这样可以压缩语句的长度。

WHERE 子句中的查询条件不仅仅是等号，还可以使用其他的比较运算符，包括 >(大于)、>=(大于或等于)、<=(小于或等于)、<(小于)、!>(不大于)、!<(不小于)和 <>(不等于)。当然，查询条件所涉及的两个列的数据类型必须匹配。例如，如果将这里的 SELECT 语句改为

　　　SELECT 学号,姓名,C.班号,班名,所属学院

　　　FROM　学生　S, 班级　C

　　　WHERE S.班号>C.班号;

则查询结果(仅为操作示范, 没有实际意义)如图 4-8 所示。

| 学号 | 姓名 | 班号 | 班名 | 所属学院 |
|------|------|------|------|----------|
| 12600101 | 王袁 | 1011 | 计数 21 | 理学院 |
| 12800101 | 李玉 | 1011 | 计数 21 | 理学院 |
| 12800101 | 李玉 | 2011 | 通信 21 | 电信学院 |
| 12800102 | 林乾 | 1011 | 计数 21 | 理学院 |

图 4-8   使用了大于(>)号的连接查询的结果

【例 4-16】   使用不同名字段构造条件的连接查询。

假定"学生_2"表与学生表内容相同, 区别仅在于字段名"班号"改成了"所属班级"。如果将例 4-15 中的 SELECT 语句改写为

  SELECT 学号, 姓名, 学生_2.所属班级, 班名, 所属学院

  FROM 学生_2, 班级

  WHERE 学生_2.所属班级=班级.班号;

则在执行该语句后, 可以得到与例 4-13 相同的查询结果。可见, 定义相同而名字不同的字段也可用于将两个表连接起来。

### 2. 内连接

内连接是只取两个表中符合条件的行的连接。可以理解为: 先对两个表进行交叉连接, 再从结果集剔除那些不符合条件的行, 从而得到内连接的结果记录集。执行内连接的 SELECT 语句的一般形式为

  SELECT <列名>, …

  FROM SC <左表名> INNER JOIN <右表名>

    ON <左表名>.<主键> <比较运算符> <右表名>.<外键>;

当比较运算符为等号"="时, 称为等值连接, 使用其他运算符为非等值连接。INNER JOIN 关键字表示内连接, 其左、右两侧的两个表分别称为左表和右表。ON 关键字引出连接条件(也称为连接谓词)。

【例 4-17】   两个表的内连接。

如果使用内连接, 则与例 4-14 中指定了查询条件的 SELECT 语句等效的语句为

  SELECT 学号,姓名,班级.班号,班名,所属学院

  FROM 学生 INNER JOIN 班级

    ON 学生.班号=班级.班号;

这个语句也可以写成(为两个表指定了别名):

  SELECT 学号,姓名,C.班号,班名,所属学院

  FROM 学生 S INNER JOIN 班级 C

    ON S.班号=C.班号;

### 3. 外连接

内连接查询的结果记录集中, 只包含那些由两个表中符合连接条件的记录中的指定字段构成的记录。如果希望输出左表或右表中不匹配的记录中的某些字段, 则可使用外连接。

外连接又分为左外连接、右外连接和全外连接。

**【例 4-18】**　两个表的左外连接。

假定在"学生"表中添加了一个名为"周芳德"的学生，但却忘记了填写相应的"班号"，如图 4-9(a)所示。

| 学号 | 姓名 | 班号 | 性别 | 年龄 |
|------|------|------|------|------|
| 12100131 | 张卫 | 1011 | 男 | 18 |
| 12600101 | 王袁 | 2011 | 女 | 18 |
| 12800101 | 李玉 | 2022 | 女 | 19 |
| 12800102 | 林乾 | 2011 | 男 | 18 |
| 12800103 | 方平 | 1011 | 男 | 19 |
| 12800105 | 周芳德 | | 女 | 18 |

| 学号 | 姓名 | 班号 | 班名 | 所属学院 |
|------|------|------|------|----------|
| 12100131 | 张卫 | 1011 | 计数 21 | 理学院 |
| 12600101 | 王袁 | 2011 | 通信 21 | 电信学院 |
| 12800101 | 李玉 | 2022 | 计算机 22 | 电信学院 |
| 12800102 | 林乾 | 2011 | 通信 21 | 电信学院 |
| 12800103 | 方平 | 1011 | 计数 21 | 理学院 |
| 12800105 | 周芳德 | | | |

(a)　　　　　　　　　　　　　　　　(b)

图 4-9　左外连接查询时的左表及查询结果

如果使用例 4-16 中的 SELECT 语句，则将因为不符合内连接的条件而丢弃姓名为"周芳德"的记录。如果将 SELECT 语句改为

　　SELECT 学生.学号, 学生.姓名, 学生.班号, 班级.班名, 班级.所属学院

　　FROM 学生 LEFT OUTER JOIN 班级

　　　　ON 学生.班号 = 班级.班号;

即以实现左外连接的"LEFT OUTER"关键字替换内连接中的"INNER"，则可在执行之后得到如图 4-9(b)所示的查询结果。

右外连接和左外连接意义相同但顺序不同。将实现左外连接的 SELECT 语句中的"LEFT OUTER JOIN"关键字替换为"RIGHT OUTER JOIN"并将左表和右表互相调换，则可得到相同的查询结果。

全外连接是将左表和右表每行都至少输出一次，用关键字"FULL OUTER JOIN"进行连接，可看做左外连接和右外连接的结合。

**4．自连接**

自连接是一种特殊的连接，它将一个表看做逻辑上不相同的两个表，并对其进行连接查询。

**【例 4-19】**　查询每门课程的间接先修课(先修课的先修课)。

在课程表中，只能找到每门课的直接先修课程号，要得到间接先修课程号，必须先找到课程的先修课程号，再找这个先修课的先修课程号，这就要将课程表与其自身连接。为清楚起见，可给课程表取两个别名：C1 和 C2。

　　SELECT C1.课程号, C2.先修课

　　FROM 课程 C1, 课程 C2

　　WHERE C1.先修课=C2.课程号

　　　　AND C2.先修课 is NOT NULL;

其中指定的连接条件是：两个表(一个表使用了两次)中来自同一个域的属性列的值相等，且"先修课"属性列的值不为空。

假定课程表的内容如图4-10(a)所示，则查询结果如图4-10(b)所示。

| 课程号 | 课程名 | 学分 | 先修课 | 任课教师 |
|---|---|---|---|---|
| 090401 | 高等数学 | 12 | | 陈一元 |
| 201009 | 大学计算机 | 4 | | 王君 |
| 010103 | 大学英语 | 4 | | 杨荣 |
| 202003 | 软件基础 | 12 | 050006 | 张静 |
| 050006 | 程序设计 | 5 | 201009 | 温中祥 |
| 090418 | 工程数学 | 6 | 090401 | 李芳 |
| 090151 | 计算方法 | 0 | 090418 | 张强 |

(a)

| 课程号 | 先修课 |
|---|---|
| 202003 | 201009 |
| 090151 | 090401 |

(b)

图4-10　课程表及其自身连接的结果

注：在某些DBMS中，等效的FROM子句为

FROM 课程 AS C1, 课程 AS C2

### 5. 两个以上表的连接

两个以上表的连接可以看做多次进行的两个表之间的连接。例如，语句

SELECT 学生.学号, 姓名, 课程名, 成绩

FROM 学生, 课程, 选课

WHERE 学生.学号=选课.学号

AND 课程.课程号=选课.课程号;

的功能为在"学生"表、"课程"表和"选课"表中执行连接查询。可以理解为：先按"学号"将"学生"表和"选课"表连接起来，找出"学号"、"姓名"和"成绩"字段的值；再按"课程号"将"课程"表和"选课"表连接起来，找出"课程名"字段的值。

## 4.3.4　子查询

有时候，想要执行的查询是在某个查询的结果集中进行的，这就需要将预先执行的那个SELECT语句嵌入当前正在编写的SELECT语句中，通过当前语句中特定字段值与所嵌入的SELECT语句的结果集的比较，得出想要的查询结果。

### 1. 带有IN算符或比较运算符的子查询

子查询的结果往往是一个记录的集合。故在嵌入了子查询的SELECT语句中常用IN算符来构成查询条件。

**【例4-20】**　查询所有与"王袁"同在一个班的学生的"学号"与"姓名"。

本例中，可以先用内嵌的SELECT语句在"学生"表中找出"王袁"所在班的"班号"，然后用当前SELECT语句在同一个表中找出该班所有学生的"学号"和"姓名"。相应的SELECT语句如下，语句执行的结果如图4-11所示。

| 学号 | 姓名 |
|---|---|
| 12600101 | 王袁 |
| 12800102 | 林乾 |

图4-11　嵌套查询的结果

SELECT 学号, 姓名
　　　　FROM 学生
　　　　WHERE 班号 IN (
　　　　　　SELECT 班号
　　　　　　FROM 学生
　　　　　　WHERE 姓名='王袁'
　　　　);

其中，当前 SELECT 语句的 WHERE 子句中嵌入了另一个 SELECT 语句，当前(上层的)查询称为父查询，所嵌入的(下层的)查询称为子查询。这种嵌套查询的一般求解方法是由里向外处理，即每个子查询在上一层查询处理之前求解，子查询的结果用于建立父查询的查找条件。本例中，内嵌的子查询执行后，相当于条件成为(假定王袁是通信 21 学生)：

　　　　班号 IN ('2011')

　　由于子查询的结果集中只有一个值，故可将 IN 算符替换为等号"="。也就是说，嵌套查询中也可以使用"="、">"、">="等比较运算符。

### 2．带有 ANY 或 ALL 的子查询

　　使用比较运算符连接子查询与父查询时，可以同时使用 ANY(其中某个)或 ALL(全部)修饰运算符，从而达到预期的效果。

　　【例 4-21】　查询比通信 21 班所有学生出生年份都靠后的其他班学生的姓名及出生年月。

　　假定"学生_2"表的关系模式为

　　　　学生_2(学号，姓名，班级名，性别，出生年月)

其中，"出生年月"为 datatime 型字段。则实现指定功能的 SELECT 语句为

　　　　SELECT 姓名, 出生年月
　　　　FROM 学生_2
　　　　WHERE YEAR(出生年月)>ALL (
　　　　　　SELECT YEAR(出生年月)
　　　　　　FROM 学生_2
　　　　　　WHERE 班级='通信 21' )
　　　　AND 班级<>'通信 21';

其中，子查询的结果集为"通信 21"班所有学生的出生年月，这些值是从相应记录的"出生年月"字段中取出的年份值。父查询则根据"出生年月>子查询结果集中所有值"以及"非通信 21"班两个条件查找出相应记录，并取出其中的"姓名"和"出生年月"字段的值。

### 3．子查询的多种形式

　　嵌套查询中还可以使用存在量词 EXISTS 以及 NOT EXISTS 来修饰，下面以对比的方法写出使用 EXISTS 的嵌套查询语句以及等效的其他形式的查询语句。

　　【例 4-22】　查询选修了 050512 号课程的学生的学号和姓名。

　　该查询要在两个基表中检索，查询语句有多种写法。

　　第 1 种　连接查询：

```
SELECT  学生.学号, 姓名
FROM  学生, 选课
WHERE  学生.学号=选课.学号
        AND  课程号='050512';
```

第2种　嵌套查询：

```
SELECT  学号, 姓名
FROM  学生
WHERE  学号  IN
    ( SELECT  学号
      FROM  选课
      WHERE  课程号='050512' );
```

第3种　嵌套查询的另一种写法：

```
SELECT  学号, 姓名
FROM  学生
WHERE '050512' IN
    ( SELECT  课程号
      FROM  选课
      WHERE  选课.学号=学生.学号  );
```

这个查询语句中嵌入的子查询称为"相关子查询"，子查询中的查询条件依赖于外层查询中的值，而且子查询的处理不只一次，要反复求值，以供外层查询使用。

第4种　使用存在量词的嵌套查询：

```
SELECT  学号, 姓名
FROM  学生
WHERE EXISTS
    ( SELECT *
      FROM  选课
      WHERE  选课.学号=学生.学号
            AND  课程号='050512' );
```

涉及两个或两个以上数据库基表的查询，可以用连接查询，也可以用嵌套查询，而且可以多层嵌套。一个查询语句中，当查询结果来自一个关系时，嵌套查询是合适的，但当查询的最后结果项来自于多个关系时，则需要用连接查询。许多嵌套查询可以用连接查询来代替，但包含 EXISTS 和 NOT EXISTS 的子查询是不能用连接查询来代替的。

## 4.3.5　集合查询

如果需要执行多个不同的 SELECT 语句，而且希望将它们的结果数据集按照一定的方式连接起来构成一组数据，则可使用集合运算来实现。

SQL 中的集合查询有并、交和差，分别用 UNION、INTERSECT 和 EXCEPT 表示。执行集合运算时，参与运算的查询结果的列数必须相同而且对应列的数据类型必须一致。其

中使用 UNION 执行集合运算的一般形式为

  SELECT <字段名>

  FROM <表名>

  WHERE <条件>

  UNION [ALL]

  SELECT <字段名>

  FROM <表名>

  WHERE <条件>

  [, ...];

其中，字段的定义(UNION 运算的一部分)不必完全相同，但可以通过隐式转换为相互兼容。UNION 指定组合多个结果集并返回为单个结果集。ALL 表示将所有行合并到结果集合中。不指定该项时，联合查询结果集中的重复行只能保留一行。

【例 4-23】 使用 UNION 运算符进行联合查询。

假定"学生"表的关系模式为

  学生(学号，姓名，班级名，性别，出生年月)

则可使用语句：

  SELECT 学号, 姓名, 班级名

  FROM 学生

  WHERE 课程号 = '202003'

  UNION

  SELECT 学号, 姓名, 班级名

  FROM  学生

  WHERE 课程号 = '090151';

在"学生"表中查询选修了 202003 号或者 090151 号课程的学生的学号、姓名和所属班级。

这个语句的执行过程为，先从"学生"表中找出选修了 202003 号课程的学生的学号、姓名和班级名，作为一个数据集(中间表)；再从"学生"表中找出选修了 090151 号课程的学生的学号、姓名和班级名，作为另一个数据集(中间表)；最后对这两个集合进行并运算，从而得到最终的结果数据集。

实际上，这个查询也可以通过语句：

  SELECT 学号, 姓名, 班级名

  FROM  学生

  WHERE 课程号 = '202003' OR 课程号 = '090151';

来实现。但与使用 UNION 运算符的结果相比，结果数据集中多了两条重复记录。因为集合操作会自动去除重复元组，而 OR 运算符则不具备这个功能。当然，可以通过 DISTINCT 关键字去除上面结果的重复记录。在使用 UNION 运算符的 SELECT 语句中，也可以使用 ALL 关键词保留重复元组。也就是说，语句：

  SELECT 学号, 姓名, 班级名

  FROM  学生

WHERE 课程号 = '202003'

UNION ALL

SELECT 学号, 姓名, 班级名

FROM 学生

WHERE 课程号 = '090151';

与使用 OR 运算符的语句的功能相同。

**【例 4-24】** 使用 UNION 运算符实现不同表中的联合查询。

参与并运算的两个集合可以来自同一个表的相同字段, 也可以来自不同表的不同字段, 但是这两个表必须选择同样数量的列, 并且相应的列必须具有相同的数据类型。

假定 "学生_课" 表与 "教师_课" 表的关系模式分别为

学生_课(学号, 生_姓名, 学院, 课程号, 性别)

教师_课(工号, 师_姓名, 学院, 课程号, 性别)

则可以使用语句:

SELECT 生_姓名 AS 姓名, 学院, 课程号

FROM 学生_课

WHERE 课程号='202003' OR 课程号 = '090151'

UNION

SELECT 师_姓名 AS 姓名, 学院, 课程号

FROM 教师_课

WHERE 课程号='202003' OR 课程号 = '090151';

在 "学生_课" 表与 "教师_课" 表中实现联合查询。其中, 前一个 SELECT 语句在 "学生_课" 表中找出选修了 202003 号课程与 090151 号课程的学生的姓名、学院及课程号; 后一个 SELECT 语句在 "教师_课" 表中找出主讲 202003 号课程与 090151 号课程的教师的姓名、学院及课程号; UNION 运算将两个结果数据集组合在一起, 作为联合查询的结果数据集。

注: 某些 DBMS 产品在进行 UNION 运算时, 如果遇到两个 SELECT 语句的对应列的名称不同, 则其结果数据集中的列是没有名字的。也有些 DBMS 产品(如 SQL Server)将 UNION 运算中第一个 SELECT 语句中的列名作为结果集中的列名。

# 4.4 SQL 语言的数据更新

SQL 中的数据更新包括插入数据、修改数据和删除数据, 分别使用 INSERT、UPDATE 和 DELETE 三个语句来实现。

### 1. 插入数据

插入语句通常有两种形式, 一种用于插入单个元组, 另一种用于插入子查询结果。插入单个元组的 INSERT 语句的一般形式为

INSERT

INTO <表名>[<属性列名列表>]

VALUES(<常量列表>);

其中，INTO 子句中指定的多个属性分别按顺序取 VALUES 子句中指定的常量为其值，对于 INTO 子句中未出现的属性列，新记录在列上取空值。如果 INTO 子句未指定列名，则新插入的记录在每列上都要有值。

插入子查询结果的 INSERT 语句的一般形式为

INSERT

INTO <表名>[<属性列名列表>]

子查询;

其中，嵌入的子查询用于生成要插入的批量数据。

【例 4-25】  插入单个元组。

(1) 将一个学生的记录插入 Student 表：

INSERT

INTO Student

VALUES('05600130', '常昶', '男', 1986-10-10, '能动 51');

(2) 在 SC 表中插入一条选课记录：

INSERT

INTO SC(学号, 课程号)

VALUES('05600130', '050512');

新插入的记录在"成绩"列上取空值。

【例 4-26】  求每个班学生的平均年龄，并将结果存入数据库(插入子查询结果)。

先在数据库中建立一个新表，其中一列为班级名，另一列为相应的学生平均年龄。

CREATE TABLE ClassAge

(     班名     Char(10)

均龄   SMALLINT );

然后对 Student 表按班级分组求平均年龄，再将班名和平均年龄存入新表中。

INSERT

INTO ClassAge(班名, 均龄)

SELECT  班级, AVG(年龄)

FROM Student

GROUP BY 班级;

### 2. 修改数据

修改语句的一般形式为

UPDATE <表名>

SET <列名>=<表达式>[, <列名>=<表达式>]...

[WHERE <条件>];

其中，SET 子句给出要修改的属性列及其新值。如果省略 WHERE 子句，则表示要修改表中的所有元组。

【例 4-27】  修改指定属性值或子查询结果元组中的属性值。

(1) 将学号为 05100103 的学生的班级名称改为"电气 52":

UPDATE Student

SET 班级='电气 52'

WHERE 学号='05100103';

(2) 将通信 51 班全体学生的成绩置零:

UPDATE SC

SET 成绩=0

WHERE '通信 51' =

  ( SELECT 班级

   FROM Student

   WHERE Student.学号=SC.学号);

### 3. 删除数据

删除语句的一般形式为

DELETE

FROM <表名>

[WHERE <条件>];

如果省略 WHERE 子句，表示删除表中全部元组，但表的定义仍在字典中。也就是说，DELETE 语句删除的是表中的数据，而不是表的定义。

【例 4-28】 删除元组。

(1) 删除学号为 05100130 的学生记录:

  DELETE

  FROM Student

  WHERE 学号='05100130';

(2) 删除通信 51 班全体学生的选课记录:

  DELETE

  FROM SC

  WHERE '通信 51' =

    ( SELECT 班级

     FROM Student

     WHERE Student.学号=SC.学号);

插入、修改和删除操作只能在一个表中进行，故当操作涉及到两个表时，容易出现数据不一致现象。例如，如果在 Student 表中删除了一个学生的记录，则该生在 SC 表中的选课记录也要相应地删除，这只能通过两条语句进行。

## 4.5 SQL 语言的视图

视图是由存储在数据库中的查询所定义的虚拟表。视图所对应的查询称为视图定义，它规定了如何从一个或几个基表中导出视图。数据库中只存放视图的定义而相应的数据仍然存放在导出视图的基表中。如果基表中的数据有变化，则将该表作为数据源的视图也会随之变化。因而，视图就像一个窗口，透过它可以看到数据库中自己感兴趣的数据。但从用户的角度来看，视图和基表都是关系。用户可像操作基表那样使用 SQL 命令操作视图。

视图是从一个或几个表(或视图)中导出的表。它是一种"虚表"，数据库中只存放其定义，而数据仍存放在作为数据源的基表中，故当基表中数据有所变化时，视图中看到的数据也随之变化。

为什么要定义视图呢？首先，用户在视图中看到的是按自身需求提取的数据，使用方便。其次，当用户有了新的需求时，只须定义相应的视图(增加外模式)而不必修改现有应用程序，这既扩展了应用范围，又提供了一定的逻辑独立性。另外，一般来说，用户看到的数据只是全部数据中的一部分，这也为系统提供了一定的安全保护。

### 1．创建视图

建立视图使用 CREATE VIEW 语句，其一般形式为

    CREATE VIEW <视图名> [<列名 1>[, <列名 2>]…)]
    AS <子查询>
    [WITH CHECK OPTION];

其中，子查询可以是任意复杂的 SELECT 语句，但通常不允许包含 ORDER BY 子句和 DISTINCT 短语。WITH CHECK OPTION 表示在对视图进行更新、插入或删除操作时，所操作的行必须满足视图定义中的谓词条件(子查询中的条件表达式)。

删除视图使用 DROP VIEW 语句，其一般形式为

    DROP VIEW <视图名>;

一个视图被删除后，它的定义就从数据字典中抹去了，但由被删视图导出的其他视图的定义仍留在数据字典中，需要用 DROP VIEW 语句一一删除。否则，当用户使用这些已失效的视图时，就会出错。

【例 4-29】 分别定义基于一个基表、两个基表或视图的视图。

(1) 建立通信 51 班学生的视图，并要求在进行修改和插入操作时该视图只包括通信 51 班学生的数据：

    CREATE VIEW IS51_Stu
    AS SELECT 学号, 姓名, 出生年月
        FROM Student
        WHERE 班级='通信 51'
    WITH CHECK OPTION;

其中，WITH CHECK OPTION 子句的作用是：使对该视图的插入、修改和删除操作都按"班级='通信 51'"的条件进行。

(2) 建立通信 51 班选修了 050512 号课程的学生的视图。

该视图建立在 Student 和 SC 两个表上：

    CREATE VIEW IS51_Cour_Stu(学号, 姓名, 成绩)
    AS SELECT Student.学号, 姓名, 成绩

> FROM Student, SC
>
> WHERE 班级='通信 51' AND
>
> Student.学号=SC.学号 AND
>
> SC.学号='050512' ;

由于视图 IS51_Cour_Stu 的属性列中包含 Student 表和 SC 表的同名列"学号",故须在视图名后明确指定视图的各个属性列名。

(3) 建立通信 51 班选修了 050512 号课程,且成绩在 85 分以上的学生的视图。

该视图建立在 IS51_Cour_Stu 视图上:

> CREATE VIEW IS51_Grade_Stu
>
> AS SELECT 学号, 姓名, 成绩
>
> FROM IS51_Cour_Stu
>
> WHERE Grade>=85;

(4) 建立包括学生的学号及平均成绩的视图:

> CREATE VIEW Stu_AVGGrade(学号, 平均分)
>
> AS SELECT 学号, AVG(成绩)
>
> FROM SC
>
> GROUP BY 学号;

其中,AS 子句中 SELECT 语句的"平均分"列是通过集函数得到的,需要在 CREATE VIEW 子句中明确指定组成该视图的所有列名。Stu_AVGGrade 是按学号分组的视图。

### 2. 视图的操作

视图既是表又不同于基表。对于视图的查询操作可以像基表一样进行,还可在视图之上再定义新的视图以满足复杂查询的需要。但对于视图的更新(插入、修改和删除)操作来说,因为最终要落实到有关基表的更新,这在许多情况下是不可行的,故有较多限制。限制的宽严程度因系统的不同而不同,一般的限制有:

(1) 如果一个视图是使用连接操作从多个基表导出的,则不允许更新。

(2) 如果在导出视图的过程中使用了分组和聚合操作,则不允许更新。

(3) 如果视图是从单个基表使用选择、投影操作导出的,并且包含了基表的主键或某个候选键,则称为"行列子集视图"。这种视图可执行更新操作。

## 实验 4  SQL 语句的使用

### 1. 实验任务与目的

在 SQL Server Management Studio 的查询编辑器中,使用 Transact-SQL 语句进行以下操作:

(1) 创建数据库。

(2) 创建、删除基表或者其中的索引。

(3) 执行数据库中数据的各种查询操作。

(4) 执行数据库中数据的插入、删除或更新操作。

(5) 创建或删除视图。

通过本实验，掌握 SQL Server 查询编辑器的使用方法，掌握通过 Transact-SQL 语句来创建数据库，完成其中的数据定义、数据查询和数据更新任务的一般方法。

**2．预备知识**

(1) 本实验涉及本章中的知识有：

● SQL 语言的功能、特点与执行方式。

● SQL 语言中数据定义(表、索引、约束的创建、删除和更新)语句的语法规则和使用方法。

● SQL 语言中数据查询语句的语法和使用方法。

● SQL 语言中数据更新(插入、删除和修改)语句的语法和使用方法。

● 视图的概念以及 SQL 语言中创建视图的数据定义语句的语法和使用方法。

(2) SQL Server 中批的概念。

一个批是由一条或多条 Transact-SQL 语句组成的语句集，这些语句一起提交并作为一个组来执行。批中的语句作为一个整体编译成一个执行计划。

在查询编辑器中，可以用 GO 命令标志一个批的结束。GO(不是可执行语句)通知查询分析器有多少语句包含在当前批中。两个 GO 之间的语句组成一个字符串交给服务器执行。例如，以下代码中有三个批：

```
USE myDB        /*打开 myDB 数据库*/
GO                          /*第 1 个批末尾*/
CREATE VIEW studentView
AS
SELECT 编号, 姓名
FROM  学生
WHERE 班级= '通信 21'
GO                  /*第 2 个批末尾*/
SELECT *
FROM studentView
GO                  /*第 3 个批末尾*/
```

SQL Server 为一个批生成一个单独的执行计划，故每个批本身都应该是完整的，例如，不能在一个批中引用其他批定义的变量，一个注释也不能从一个批开始而在另一个批中结束。如果批中的语句出现编译错误，则不能生成执行计划，批中的任何一个语句都不会执行。

## 实验 4.1　创建数据库

### 1．创建"进销存"数据库

在 SQL Server 查询编辑器中，输入并执行以下语句创建一个数据库：

```
CREATE DATABASE 进销存
```

```
    ON
        --数据文件名、初始容量、最大容量、递增定量
        ( NAME=进销存_dat, FILENAME='E:\进销存\进销存.mdf',
        SIZE=5MB, MAXSIZE=10MB, FILEGROWTH=1MB )
    LOG ON
        --日志文件名、初始容量、最大容量、递增定量
        ( NAME='Sales_log', FILENAME='E:\进销存\进销存_log.ldf',
        SIZE=5MB, MAXSIZE = 10MB, FILEGROWTH=1MB)
    GO
```

其中，数据库名为"进销存"；相应的数据文件路径名为"E:\进销存\进销存.mdf"；日志文件路径名为"E:\进销存\进销存_log.ldf"。

如果要删除"进销存"数据库，可在 SQL Server 查询编辑器中输入并执行以下语句：

```
    DROP DATABASE 进销存
```

### 2. 创建"进销存"数据库中的表

需要创建五个基表，即"商店"表、"供应商"表、"进货"表、"销售"表和"客户"表，并在创建表的同时对数据库完整性进行定义。在 SQL Server 查询编辑器中输入并执行相应的 CREATE TABLE 语句即可。其中，

(1) 建立"商店"表的结构并进行数据库完整性的定义的语句为

```
    CREATE TABLE 商店(
        店号  char(6) PRIMARY KEY,
        店名  nvarchar(40) NOT NULL,
        电话  char(12)
    );
```

(2) 建立"供应商"表的结构并进行数据库完整性的定义的语句为

```
    CREATE TABLE 供应商(
        供应商号  char(6) PRIMARY KEY,
        供应商名  nvarchar(40) UNIQUE,
        供应类别  nchar(4) CHECK(供应类别  IN ('GY', 'JT', 'SY', 'SZ')),
        交易额  int NOT NULL,
        负责人  nchar(10) NOT NULL,
        出生日期  date,
        性别  bit,
        照片  image
    );
```

(3) 建立"进货"表的结构并进行数据库完整性的定义的语句为

```
    CREATE TABLE 进货(
        供应商号  char(6) NOT NULL,
        店号  nvarchar(40) NOT NULL,
```

进货日期 char(12) NOT NULL,

进货金额 int,

进货年限 smallint,

PRIMARY KEY (供应商号, 店号, 进货日期),

FOREIGN KEY(供应商号) REFERENCE 供应商(供应商号),

FOREIGN KEY(店号) REFERENCE 商店(店号)

);

(4) 建立"进货"表的结构并进行数据库完整性的定义的语句为

CREATE TABLE 销售(

店号 char(6) NOT NULL,

客户号 char(6) NOT NULL,

账号 char(20) NOT NULL,

交易额 float,

交货日 smalldatetime,

币种 nvarchar(20),

货类别 nvarchar(20),

保质期 int,

利润 float,

PRIMARY KEY (店号, 客户号, 账号),

FOREIGN KEY(店号) REFERENCE 商店(店号),

FOREIGN KEY(客户号) REFERENCE 客户(客户号)

);

(5) 请自拟建立"客户"表的结构并进行数据库完整性的定义的语句,并在查询编辑器中编辑、执行它。

### 3. 修改表的结构

(1) 为"商店"表添加"店址"列的语句为

ALTER TABLE 商店

ADD 店址 nvarchar(50);

(2) 将"店址"列的数据类型改为 nvarchar(60)的语句为

ALTER TABLE 银行表

ALTER COLUMN Badd nvarchar(60);

(3) 删除"商店"表中的"店址"列的语句为

ALTER TABLE 银行表

DROP COLUMN Badd;

(4) 删除"销售"表的语句为

DROP TABLE 贷款表;

删除表时要注意,系统会将与被删表相关的所有对象一起删除。如果定义了外键引用关系,则必须先删除外键的引用表,再删除被引用表。

## 实验 4.2　数据查询与数据操纵

### 1．选择表中某些字段

(1) 查询所有"商店"的编号和名称：

  SELECT 店号, 店名

  FROM 商店;

(2) 查询所有"供应商"的编号、交易额和负责人：

  SELECT 供应商号, 交易额, 负责人

  FROM 供应商;

### 2．查询计算字段

从"进货"表中查询"供应商号"、"店号"和"进货年份"：

  SELECT 供应商号, 店号,'年份':YEAR(进货年份)

  FROM 进货;

### 3．查询满足条件的记录

(1) 查询企业"类别"为"食品企业"的所有"供应商名"及其"负责人"：

  SELECT 供应商名, 负责人

  FROM 企业表

  WHERE 类别='食品企业';

(2) 查询 2012 年 8 月 30 日以前交易的"客户号"：

  SELECT DISTINCT 客户号

  FROM 客户表

  WHERE 交易日期<'2012-8-30';

(3) 查询交易额在 1 万元以上(含 1 万元)且"供应类别"为"食品"或"饮料"的"供应商名"和"供应类别"：

  SELECT 供应商名，供应类别

  FROM 供应商

  WHERE (交易额>=10000) AND ((供应类别='食品') OR (供应类别='饮料'));

(4) 查询交易额在 1 万元～3 万元(含 1 万元和 3 万元)之间的"供应商名"、"供应类别"和"交易额"，结果按交易额的降序排列：

  SELECT 供应商名, 供应类别, 交易额

  FROM 供应商

  WHERE 交易额 BETWEEN 1000 AND 3000

  ORDER BY 交易额 DESC;

(5) 查询"供应类别"为"食品"或"饮料"的"供应商名"和"供应类别"：

  SELECT 供应商名, 供应类别

  FROM 供应商

WHERE　供应类别 IN ('食品', '饮料');

(6) 查询负责人中姓"张"的人：

SELECT *

FROM　供应商

WHERE Erep LIKE '张%'；

(7) 查询登记了电话号码的商店的"店号"和"店名"：

SELECT　店号, 店名

FROM　商店

WHERE　电话　IS NOT NULL；

(8) 查询交易额最高的前两名交易记录：

SELECT TOP(2)

FROM　进货表

ORDER BY　交易额　DESC；

(9) 统计每个商店进货时涉及的供应商负责人总数：

SELECT　店号, COUNT(DICTINCT　供应商号) AS　人数

FROM　商店

GROUP BY　店号；

### 4．修改记录

(1) 在"商店"表中插入一条记录：

INSERT INTO　商店(店号, 店名, 电话)

VALUES('A1032', '经二路店', '029-82220869')；

(2) 查询每个商店的总进货额，并将结果存入数据库：

SELECT　店号, SUM(交易额) AS　总额

INTO　库存

FROM　进货

GROUP BY　店号；

## 实验 4.3　连接查询与嵌套查询

### 1．内连接查询

(1) 查询供应商及其交易情况：

SELECT *

FROM　供应商　JOIN　进货　ON　供应商.供应商号=进货.供应商号

(2) 查询某个"供应商"的交易情况，要求列出"负责人"、"交易日期"和"交易额"(三表连接)：

SELECT　负责人, 交易日期, 交易额

FROM　商店　A JOIN　进货　B ON A.店号=B.店号

　　　JOIN　供应商　C ON C.供应商号=B.供应商号

WHERE 店名='东大街二店';

(3) 统计 2011 年 9 月 1 日以后(包括 2011 年 9 月 1 日)每种类别的供应商的总交易额:

SELECT 供应类别, SUM(交易额) AS 总额

FROM 进货 A JOIN 供应商 C ON A.供应商号=C.供应商号

WHERE 交易日期>='2011/9/1'

GROUP BY 供应类别;

(4) 查询与供应商"金花食品"的供应类别相同的"供应商名"和"供应类别":

SELECT B.供应商名, B.供应类别

FROM 进货 A JOIN 供应商 B ON A.供应类别= B.供应类别

WHERE A.供应商名='金花食品' AND B.企业性质!= '金花食品';

### 2．左外或右外连接查询

查询供应商及其交易情况，包括供货及未供货的供应商，列出"供应商号"、"供应商名"、"供应类别"、"店号"、"交易日期"和"交易额"(左外或右外连接)。

使用左外连接的语句为

SELECT LE.供应商号, 供应商名, 供应类别, 店号, 交易日期, 交易额

FROM 供应商 LE LEFT JOIN 进货 L ON LE.供应商号=L.供应商号;

使用右外连接的语句为

SELECT LE. 供应商号, 供应商名, 供应类别, 店号, 交易日期, 交易额

FROM 供应商 L RIGHT JOIN 进货 LE ON LE.供应商号=L.供应商号;

### 3．嵌套查询

(1) 查询与供应商"世纪饮料"的供应类别相同的"供应商名"和"供应类别":

SELECT 供应商名, 供应类别

FROM 供应商

WHERE 供应类别 IN (

SELECT 供应类别

FROM 供应商

WHERE 供应商名='世纪饮料' )

AND 供应类别!= '世纪饮料';

(2) 查询为"东大街一店"供过货的"供应商名":

SELECT 供应商名

FROM 供应商

WHERE 供应商号 IN(

SELECT 供应商号

FROM 进货

WHERE 店号 IN(

SELECT 店号

FROM 商店

WHERE 店名='东大街一店')

);

(3) 将"广发食品"在"东关店"的交易额增加 9000 元：

    UPDATA 进货 SET 交易额=交易额+9000

    WHERE 供应商号 IN(

              SELECT 供应商号

              FROM 供应商

              WHERE 供应商名='广发食品')

        AND 店号 IN(

              SELECT 店号

              FROM 商店

              WHERE 店名='东关店');

这个任务也可以通过多表连接来完成：

    UPDATA 进货 SET 交易额 = 交易额 + 9000

    FROM 商店 B JOIN 进货 L ON B.店号 = L.店号 JOIN 供应商 LE ON LE.供应商号 = L.供应商号

    WHERE (供应商名 = '广发食品') AND (店名 = '东关店');

# 习　题　4

1．SQL 语言具有哪些功能？

2．SQL 语言是如何支持三级模式结构的？

3．举例说明：如何使用 SQL 语言实现关系运算中的选择运算、投影运算和连接运算？

4．假定当前数据库中有两个基表：

    职工(职工号，姓名，工资号，性别，部门，年龄)

    工资(工资号，基本工资，工龄工资，津贴，扣除)

按要求写出 SQL 语句：

(1) 创建"职工"表。

(2) 创建"工资"表。

(3) 在"职工"表中增加两个新职工的记录：

    (8087，杜伟，A303，男，销售部)

    (8088，史丽，B102，女，办公室)

(4) 查询年龄在 30 岁以下的职工的姓名和工资数。

(5) 查询实发工资 8500 元以上的职工姓名及所属部门。

(6) 计算每一部门女职工的平均基本工资。

5．假定当前数据库中有三个基表：

    学生(学号，姓名，年龄，性别，班级)

    课程(课号，课名，教师)

    选课(学号，课号，成绩)

写出执行以下查询操作的 SQL 语句：

(1) 选修了"小波分析"课程的学生的学号和姓名。

(2) 全少选修了"030100"号和"250012"号课程的学生的学号。

(3) 选修了"操作系统"或"数据结构"课程的学生的学号和成绩。

(4) 年龄在 18~20 之间(包含 18 岁和 20 岁)的女生的学号、姓名和年龄。

(5) 选修了"杨袁"老师课程的学生的学号、姓名和成绩。

(6) 所有姓"王"的学生的姓名、年龄和所属班级。

(7) 选修了三门以上课程的学生的姓名、年龄和所属班级。

6. 根据第 5 题中给出的基表,写出执行以下更新操作的 SQL 语句:

(1) 为"学生"表添加"民族"属性,数据类型为"长度不超过 10 的字符串"。

(2) 删除"学生"表中新添加的"民族"属性。

(3) 向成绩表中插入两条记录(内容自拟)。

(4) 将某个学号(自定)的学生的成绩改为 90。

(5) 按学号(自定)删除一个学生的记录。

(6) 在"学生"表的"班级"属性上创建名为 ClassIX 的索引,按班级名升序排列。

7. 为什么要定义视图?视图的设计应该注意什么问题?

8. 视图和基表有什么区别和联系?

9. 根据第 4 题中给出的基表,创建"销售部"职工的视图,并要求进行修改、插入操作时保证该视图只有"销售部"的职工。

10. 已知 R 和 S 两个关系如图 4-12 所示,写出执行以下两条语句后的结果:

| R | A | B | C |
|---|---|---|---|
| | 阿 | 笔 | 察 |
| | 安 | 并 | 采 |
| | 昂 | 斌 | 参 |

| S | C | D | E |
|---|---|---|---|
| | 察 | 大 | 俄 |
| | 采 | 多 | 额 |
| | 参 | 动 | 恩 |

图 4-12　关系 R 和关系 S

(1) 语句一:

```
CREATE VIEW H(A, B, C, D, E)
AS
    SELECT A, B, R.C, D, E
    FROM R, S
    WHERE R.C=S.C;
```

(2) 语句二:

```
SELECT B, D, E
FROM H
WHERE R.C= '采';
```

# 第5章 数据库完整性与安全性

数据库中存放的是诸多用户共享的数据资源，应该准确、完整、高效地提供给需要使用这些数据的用户。然而，数据库中数据的正确性、安全性往往受到某些因素的影响而出现问题。例如：

- 用户输入的某个数据可能是错的；
- 存放在多处的同一个数据可能因为没有完全更新而造成数据不一致；
- 某些重要数据被不该接触的人访问过了；
- 某些数据被人为甚至恶意地篡改或破坏了。

这些问题涉及数据库的完整性或安全性问题。

数据库完整性是指数据的正确性(数据是否合法)、有效性(数据是否属于所定义的有效范围)和相容性(描述同一客观事物的数据应该相同)，其主要目的是防止用户将错误的数据输入数据库或者对库中数据进行错误的更新。数据库完整性由各种各样的完整性约束来保证，数据库完整性约束可以通过 DBMS 或应用程序来实现，基于 DBMS 的完整性约束作为模式的一部分存入数据库。

数据库安全性是指保护数据库，以防止不合法使用所造成的数据泄密、更改或破坏。完整性和安全性是两个不同的概念。前者是为了防止数据库中存在不符合语义的数据，防止错误信息的输入或输出所造成的无效操作和错误结果，而后者是防止对于数据库的恶意破坏或非法存取。当然，完整性和安全性是密切相关的。特别是从系统实现的方法来看，某种机制常常既可用于安全性保护也可用于完整性保证。

## 5.1 数据库完整性的概念

数据库完整性是一种衡量数据库质量的标志，是确保数据库中数据的一致、正确并遵守业务规则的思想，是使无序数据条理化，确保正确的数据存放在正确位置的手段。为了维护数据库完整性，DBMS 必须提供合理的机制来检查数据库中的数据是否满足语义约束所规定的条件。这些附着在数据库中数据之上的语义约束内容称为完整性约束条件，它们作为模式的一部分存入数据库中。例如，在定义"学生"表时，可以设置以下完整性约束条件：

- 学生的学号必须唯一，即"学号"字段的值既不能为空也不能重复。
- 性别只能为男或女，即"性别"字段只能取值为"男"或"女"。
- 学生年龄在14～30之间，即"年龄"字段的取值范围为14～30之间的整数。

● 学生所属班级必须是学校公布的"班级目录"中列出的班级,即"班号"字段的值必须是按学校公布的"班级目录"创建的"班级"表中已有的。

DBMS 应该提供相应的手段来保障必要的数据完整性需求。满足基本的数据完整性需求的数据库具有以下特点:

(1) 数据取值准确无误,即所有数据都属于合适的数据类型且只在规定范围内取值。

(2) 数据与数据之间的关系都是和谐的,例如,同一表中的不同数据之间互为补充;不同表中的相同数据之间互为参照;等等。

### 5.1.1 数据库完整性的几种情况

在使用 INSERT 语句、DELETE 语句或 UPDATE 语句修改数据库中的数据时,往往会影响数据的完整性。例如,学生表中某条记录所填写的"班号"是不存在的。又如,添加了某种商品的订单却没有修改相应的销售量。为了保护数据库中数据的一致性和正确性,RDBMS 通常会提供几种数据完整性约束,用于限制插入数据库中的数据以及对数据所做的修改。关系数据库中的数据库完整性通常涉及以下几种情况。

#### 1. 要求的数据

最简单的数据库完整性要求字段不能为空,即不能取 NULL 值。例如,如果指定了学生表中的"姓名"字段不能为空,则在录入表中的每条记录时,不填写姓名都是 DBMS 所不能接受的。

#### 2. 有效性检查

数据库中每个字段都有一个域(取值范围)。例如,如果定义了"年龄"字段为整型,则当输入的值为 20.9 时,DBMS 是不会接受的。还可以为某个字段指定一个比相应数据类型更小的实际域,例如,可以为整型的"成绩"字段指定取值范围在"0~100"之间,则当输入的成绩值为 150 时,DBMS 是不接受的。

#### 3. 实体完整性

表中主键的值必须是唯一的,也就是说,一条记录中主键的值既不能为空,也不能与其他记录的相同,否则,将无法通过主键来唯一标识表中的记录。可以指定 DBMS 强制执行唯一取值约束。

#### 4. 引用(参照)完整性

关系数据库中,一个表的外键用于连接包含相应字段的另一个表。例如,"学生"表可以通过作为外键的"班号"字段连接到"班号"是主键的"班级"表。可以指定 DBMS 强制执行这种外键/主键约束。例如,如果强制执行"学生"表和"班级"表之间的外键/主键,则可保证"学生"表中每条记录的"班号"值都是"班级"表已经存在的,也可据此查询学生所在班级的情况。

#### 5. 其他数据关系

数据库所描述的现实世界中往往存在某些特殊的限制,也会对数据库中数据的合法性产生影响。例如,学校可以规定每个学生各门课程都要及格才能选修某门课程,并且可以指定 DBMS 强制执行这个约束，使得"选课"表中出现了"学号"的学生都符合这一要求。

### 6. 业务规则

数据库中数据的更新也可能会受到它所描述的行业的业务规则的影响。例如，学校可以规定只有某些班级才能选修某门课程，并且可以指定 DBMS 强制执行这个约束，使得"选课"表中出现了"学号"的学生都属于规定范围内的班级。

### 7. 数据一致性

现实世界中某些事务会引起相应数据库的多次更新。例如，一个学生选修了一门课，则至少需要对数据库进行两次更新：

● 使用 INSERT 语句，在登记所有学生成绩的"学生成绩登记"表中插入一条记录，输入学号、姓名、课程号、课程名、任课教师、成绩等字段的值。

● 使用 UPDATE 语句，在登记所有课程选修情况的"课程选修情况"表中修改这门课的选课人数。

这里的 INSERT 语句和 UPDATE 语句都必须执行才能保证数据库中数据的一致性和正确性。可以指定 DBMS 强制执行这种保证数据一致性的约束。

ANSI/ISO 的 SQL 标准定义了一些基本的数据完整性约束(如主键约束)而未定义诸如业务规则这样多变或较为复杂的约束，但通过 SQL 语句可以实现这种约束。

## 5.1.2　完整性约束条件及完整性控制

为了保证数据库的完整性，DBMS 必须提供相应的机制来保证数据库中的数据是正确的，避免由于不符合语义的错误数据的输入和输出，即"垃圾进垃圾出"所造成的无效或错误操作。检查数据库中数据是否满足规定的条件称为"完整性检查"。数据库中数据应满足的条件称为"完整性约束条件"，有时也称为完整性规则。

### 1. 完整性约束条件

完整性检查是围绕着完整性约束条件进行的，因此完整性约束条件是完整性控制机制的核心。完整性约束条件作用的对象可以是关系、元组和列三种。

● 列约束主要是列的数据类型、取值范围、精度、排序等约束条件。

● 元组约束是元组中各个字段间的联系的约束。

● 关系约束是若干元组之间、关系集合上以及关系之间的联系的约束。

完整性约束条件涉及这三类对象，其状态可以是静态的也可以是动态的。所谓静态约束是指数据库每一确定状态的数据对象所应满足的约束条件。它是反映数据库状态合理性的约束，是最重要的一类完整性约束。

动态约束是指数据库从一种状态转变为另一种状态时，新值和旧值之间应该满足的约束条件。

### 2. DBMS 的完整性控制机制

可将 DBMS 中执行完整性检查的部分称为"完整性子系统"。它的主要功能如下。

(1) 定义功能：完善的完整性控制机制应该允许用户定义各类完整性约束条件。

(2) 检查功能：用于检查用户发出的操作请求是否违背完整性约束条件。一般在向数据库中输入数据或者使用 INSERT、DELETE 或者 UPDATE 语句更新数据库中数据时进行检查，也可以延迟到整个事务(强制成批执行的一系列操作)执行之后再进行完整性检查。例如，银行数据库中包含的"借贷总金额应平衡"的约束就应该是延迟执行的约束。

(3) 违约反应：即监视数据操作的整个过程，如果发现用户的操作请求使得数据违背完整性约束条件，则应采用某些措施来保证数据的完整性。例如，可以拒绝执行操作或者级联执行操作。

### 3. 完整性规则

完整性子系统是根据"完整性规则集"工作的。完整性规则集是由 DBA(数据库管理员)或应用程序员事先向完整性子系统提出的有关数据约束的一组规则。每个完整性规则由三个部分组成：

(1) 什么时候使用规则进行检查，称为规则的"触发条件"。

(2) 要检查什么样的错误，称为"约束条件"。

(3) 如果检查出错误，则应该怎样处理，可在 ELSE 子句中说明。

### 4. RDBMS 中的完整性规则

RDBMS 中的完整性规则可分为三类。

(1) 域完整性规则：用于保障基表中的列输入有效。域完整性主要由用户定义的完整性组成并通过合法性检查来控制。控制域完整性有效的方法有限制数据类型、格式、可能的取值范围，强制修改列值时满足一定的条件等。

(2) 实体完整性规则：用于约束现实世界中的实体是可区分的，即它们具有唯一性标识。这一规则在关系模型中的体现是基表中所有主属性都不能取空值(NULL)。

(3) 引用(参照)完整性规则：用于约束具有引用关系的两个表中的主键和外键的数据要保持一致。在数据库执行引用完整性规则时，保证同一数据在主表(被引用关系)和从表(引用关系)中的一致性，防止这些数据被用户误操作。

实现引用完整性时，需要考虑多种问题，例如，外键是否接受空值；主表中删除某行时，从表中是否有相应的元组；从表中插入行时，主表中是否存在相关的行；修改主键值时，从表中是否有对应的外键值。

## 5.2  DBMS 中的数据完整性

目前流行的 DBMS 一般都支持数据库中数据的完整性控制，也就是说，通过这些 DBMS(如 SQL Server)系统来创建数据库时都可以设置必要的完整性约束条件，作为数据库模式定义的有机组成部分，并由 DBMS 在用户输入或者更新数据时进行相应的完整性检查。

常用的 DBMS 中，往往将数据完整性分为实体完整性、引用完整性和用户定义的完整性三类并提供相应的定义和检查机制。这些完整性约束条件都可以在创建表时定义。对于已经创建好了的表，还可以通过创建表(CREATE TABEL)语句中的完整性约束命名(CONSTRAINT)子句来添加或者修改某些完整性约束条件。

如果遇到违反实体完整性和用户定义的完整性规则的操作，DBMS 一般都采用拒绝执行的方式进行处理；而对于违反引用完整性的操作，DBMS 并不只是简单地拒绝执行，可能还会先接受这个操作，同时附加执行一些其他的操作，从而保证操作之后的数据库中的数据仍然是正确的。

## 5.2.1 实体完整性控制

现实世界中任何一个实体都具有区别于其他实体的特征，而在表现现实世界的数据库中，一个实体往往是用一条记录来描述的，因此，数据库中的所有记录都应该有唯一的标识，这就是实体完整性的含义。

### 1. 实体完整性定义

SQL 语言中，实体完整性定义是通过 CREATE TABLE 语句中的 PRIMARY KEY 关键字来定义的，也可以通过 ALTER TABLE 语句中的 ADD PRIMARY KEY 子句来修改。如果键中只有一个属性，则既可定义为列级约束条件也可定义为表级约束条件；而当键中包含多个属性时，就只能定义为表级约束条件了。

【例 5-1】 在"学生"表与"选课"表中定义主键。

将 Student 表中的 Sno 属性定义为主键。

(1) 列级定义"学生"表中的主键：

```
CREATE TABLE 学生(
        学号  CHAR(10) PRIMARY KEY,
        姓名  CHAR(20) NOT NULL,
        性别  CHAR(2),
        年龄  SMALLINT,
        班级  CHAR(4)
);
```

(2) 表级"学生"表中的主键：

```
CREATE TABLE Student(
        学号  CHAR(10) PRIMARY KEY,
        姓名  CHAR(20) NOT NULL,
        性别  CHAR(2),
        年龄  SMALLINT,
        班级  CHAR(4),
        PRIMARY KEY (学号)
);
```

(3) 将"选课"表中的(学号、课程号)属性组定义为主键：

```
CREATE TABLE Student(
        学号  CHAR(10) NOT NULL,
        课程号  CHAR(6) NOT NULL,
        PRIMARY KEY (学号,课程号)
);
```

【例5-2】 在"学生"表中添加主键约束和唯一值约束。

将学生表中的"学号"设置为主键的语句：

  ALTER TABLE 学生

  ADD CONSTRAINT sID_pk primary key 学号

为"姓名"字段添加唯一值约束的语句：

  ALTER TABLE 学生

  ADD CONSTRAINT sName_uk UNIQUE 姓名

### 2．实体完整性检查和违约处理

在输入或者修改数据时，DBMS 自动按照实体完整性规则进行检查：

● 检查主键值是否唯一，如果不唯一则拒绝数据的输入或者修改。

● 检查主键中包含的各个属性值是否为空(NULL 值)，只要有一个为空就拒绝输入或修改。

DBMS 可以通过全表扫描来检查记录中主键值的唯一性。例如，在插入某条记录时，DBMS 先从外存中读取待查表的内容并装入内存，然后将待插入记录的主键值与表中所有记录的主键值逐个比对，如果发现了主键值相同的记录，则阻止插入操作，如图 5-1 所示。

| 待插入记录 | 键值 i | 属性值 i1 | 属性值 i2 | ⋯ |
|---|---|---|---|---|

| | 键值 1 | 属性值 11 | 属性值 12 | ⋯ |
|---|---|---|---|---|
| | 键值 2 | 属性值 21 | 属性值 22 | ⋯ |
| | 键值 3 | 属性值 31 | 属性值 32 | ⋯ |
| | ⋯ | | | |

图 5-1　全表扫描法检查待插入记录中主键值的唯一性

可以想象，当待查表较大时采用全表扫描法检查主键值唯一性会耗时很长，因而，RDBMS 一般都会通过自动建立某种索引来提高效率。

## 5.2.2　引用完整性的定义

引用完整性是相关联的两个表之间的约束。如果属性组 fK 是关系 R 的外键，它与关系 S 的主键 pK 属性组相对应(R 和 S 不一定是两个不同的关系)，则对于 R 中某个元组，在 fK 上要么为空值，要么取 S 中的主键 pK 的某个值。也就是说，引用关系 R 中的外键只能取被引用关系 S 中的主键值。可见，引用完整性约束是通过两个关系中外键和主键的等值性来保持它们之间联系的一种机制。

### 1．创建表时定义外键约束

SQL 语言中，可在通过 CREATE TABLE 语句定义表时使用 FOREIGN KEY 子句定义外键(指定构成外键的所有列名)，并使用 REFERENCES 子句指定相应主键所在的表。与实体完整性中主键的定义类似，外键的定义也有两种方式：属性级定义和关系级定义。创建表时定义外键约束的一般形式为

```
CREATE TABLE 表名(
    字段名 数据类型 [FOREIGN KEY]
    REFERNCES 被引用表(被引用列)
    [ ON DELETE {CASCADE | NO ACTION}]
    [ ON UPDATE {CASCADE | NO ACTION}]
    [ 字段名 … ]
);
```

其中，CASCADE 表示主从表进行级联操作，NO ACTION 表示回滚主表的操作(默认设置)。可按这种格式定义多个字段为外键。

【例 5-3】　在当前数据库中进行以下数据定义：

● 创建两个主表"学生"表和"课程"表，其中主键分别为"学号"和"课号"。

● 创建从表"选课"表，其中"学号"为对应于"学生"表中主键的外键，"课号"为对应于"课程"表中主键的外键。

● 设置：当主表"学生"表进行更新或删除操作时，从表进行级联操作；当主表"课程"表进行更新或删除操作时，从表采用回滚方式。

(1) 创建主表"学生"表，"学号"为主键：

```
CREATE TABLE 学生(
    学号 CHAR(10) PRIMARY KEY,
    姓名 CHAR(10)
    … );
```

(2) 创建主表"课程"表，"课号"为主键：

```
CREATE TABLE 课程(
    课号 CHAR(6) PRIMARY KEY,
    课名 CHAR(18)
    … );
```

(3) 创建从表"选课"表：

● 设"学号"为外键，与"学生"表中主键对应，在对学生表进行更新或删除操作时，当前表进行级联操作。

● 设"课号"为外键，与"课程"表主键对应，在对课程表进行更新或删除操作时，当前表采用回滚方式。

```
CREATE TABLE 选课(
    学号 CHAR(10) FOREIGN KEY REFERENCES 学生(学号)
                ON DELETE CASCADE
                ON UPDATE CASCADE,
    课号 CHAR(6) FOREIGN KEY REFERENCES 课程(课号)
                ON DELETE NO ACTION
                ON UPDATE NO ACTION,
    分数 INT
);
```

实际上，在"选课"表的定义中，不仅包含了外键的定义，而且显式说明了引用完整性的违约处理方法。

### 2. 通过修改表来定义外键约束

对于已经存在的表，可以通过 ALTER TABLE 语句为其添加外键的定义，并使用 REFERENCES 子句指定被引用表(相应主键所在的表)。为已有表添加外键约束的 ALTER TABLE 语句的一般形式为

> ALTER TABLE 表名
> ADD [CONSTRAINT 约束名]
>     [FOREIGN KEY] (列名[, … ])
>     REFERNCES 被引用表(被引用列[, … ])
>     [ ON DELETE {CASCADE | NO ACTION}]
>     [ ON UPDATE {CASCADE | NO ACTION}];

**【例 5-4】** 假定当前数据库中已有三个表："学生"表、"课程"表和"选课"表。其中前两个表的主键分别为"学号"和"课号"，将其作为主表；后一个表为从表，将其中"学号"定义为外键。

> ALTER TABLE 选课
> ADD CONSTRAINT scFk
>     FOREIGN KEY 学号 REFERENCES 学生(学号);

## 5.2.3 引用完整性的检查和违约处理

引用完整性属于表与表之间的规则。如果两个表之间建立了引用关系，则在一个表中插入、删除或者更新记录时，就必须考虑另一个表中的数据是否匹配并在必要时进行相应的操作。如果只改其一不改其二，就会破坏数据的引用完整性。例如，以下几种操作都可能破坏引用完整性：

- 修改了主表中的主键而从表中的外键未做相应改变。
- 删除了主表中某条记录而从表中相应记录未删除，使得这些记录成为"孤立记录"。
- 在从表中插了某条记录，而主表中找不到主键与从表中外键等值的记录。

可见，在单方面修改主表或从表时，都应该进行相应的检查并进行必要的违约处理。表 5-1 中列出了可能破坏引用完整性的几种情况以及相应的违约处理方法。

表 5-1 可能破坏引用完整性的情况及违约处理方法

| 主表(被引用表) | 从表(引用表) | 违约处理 |
|---|---|---|
| 破坏引用完整性 | 插入元组时，主表中找不到其主键与当前外键等值的记录 | 拒绝 |
| 破坏引用完整性 | 修改外键值时，主表中找不到其主键与新外键值相等的记录 | 拒绝 |
| 删除元组时，从表中存在其外键与当前主键等值的记录 | 破坏引用完整性 | 拒绝/级联删除/设置为空 |
| 修改某个主键值时，从表中存在其外键与老主键值相等的记录 | 破坏引用完整性 | 拒绝/级联删除/设置为空 |

**【例 5-5】**　在被引用关系中删除元组时的问题。

例如，想要删除"学生"表中"学号=2012015122"的元组，而"选课"表中有 5 个元组的"学号=201215122"，则可采用以下几种违约处理方法。

● 级联删除：将"选课"表中所有 5 个"学号=2012015122"的元组一起删除。如果引用表同时又是另一个表的被引用表，则这种删除操作会继续级联进行下去。

● 受限删除：系统将拒绝执行这个删除操作。

● 置空值删除：将"选课"表中所有"学号=2012015122"的元组的"学号"值置为空值。

在服务于"学生选课"任务的数据库中，显然第一种方法和第二种方法都是可以采用的。第三种方法不符合应用环境语义。

**【例 5-6】**　在引用关系中插入元组时的问题。

例如，想在"选课"表中插入(2012015125, 091211, 91)元组，而"学生"表中找不到"学号=2012015125"的学生，则可采用以下几种违约处理方法。

● 受限插入：系统将拒绝向"选课"表中插入(2012015125, 091211, 91)元组。

● 递归插入：系统将首先向"学生"表中插入"学号=2012015125"的元组，然后向"选课"表中插入(2012015125, 091211, 91)元组。

**【例 5-7】**　修改被引用关系中主键的问题。

如想要将"学生"表中"学号=2012015123"的元组中的"学号"改为 2012015128，而"选课"表中有 4 个"学号=2012015123"的元组，则可采用以下几种违约处理方法。

● 级联修改：将"选课"表中 4 个"学号=2012015123"的元组中的"学号"都改为2012015128。如果引用表同时又是另一个表的被引用表，则这种修改操作会继续级联进行下去。

● 受限修改：只有当"选课"表中不存在"学号=2012015123"的元组时，才能将"学生"表中的"学号=2012015123"的元组的"学号"改为2012015128。

● 置空值修改：将"学生"表中"学号=2012015123"的元组的"学号"改为200215128，并将"选课"表中所有"学号=2012015123"的元组的"学号"置为空值。

在服务于"学生选课"任务的数据库中，实际上只有第一种方法是可以采用的。

DBMS 在实现引用完整性时，需要向用户提供：

(1) 定义主键和外码的机制；

(2) 按照自己的应用需求选择处理依赖关系中对应的元组的方法。

一般地，当在引用表或者被引用表上进行操作而违反了引用完整性规则时，系统会选用默认的处理方法(一般为拒绝执行)。如果想让系统采用其他的处理方法，则必须在创建表的时候显式说明。

## 5.2.4　用户定义的完整性

用户自定义的数据完整性约束是根据具体应用中数据必须满足的语义要求来定义的。不同 DBMS 实现用户自定义完整性的方式各不相同。根据对象粒度的不同，可将用户自定义完整性分为两种：属性上的约束条件和元组上的约束条件。在插入元组或修改属性的值时，DBMS 检查属性上的约束条件是否满足，如果不满足则拒绝操作。

### 1. 属性上约束条件的定义

在使用 CREATE TABLE 语句创建表时，可以根据用户需要定义属性上的约束条件，包括以下几种情况：

(1) 列值非空，使用 NOT NULL 关键字。

(2) 列值唯一，使用 UNIQUE 关键字。

(3) 检查列值是否满足一个逻辑表达式，使用 CHECK 短语。

【例 5-8】 属性上约束条件的定义。

(1) 创建选课表，说明学号、课号和成绩不能为空。

```
CREATE TABLE 选课(
        学号  CHAR(10) NOT NULL,
        课号  CHAR(6) NOT NULL,
        成绩  SMALLINT NOT NULL,
        PRIMARY KEY (学号, 课号)
    );
```

由于表级定义了实体完整性，隐含确定了"学号"和"课程号"不能取空值，故在列级不允许取空值的定义就可以不写了。

(2) 创建"班级"表，要求"班级名"列取值唯一，"班号"列为主键。

```
CREATE TABLE 班级(
        班号  CHAR(6),
        班级名  CHAR(10) UNIQUE,
        学院号  CHAR(2),
        PRIMARY KEY (班号)
    );
```

(3) 创建"学生"表，要求"性别"列只允许取值为"男"或"女"。这时需要用 CHECK 短语指定列值应该满足的条件。

```
CREATE TABLE 学生(
        学号  CHAR(10) PRIMARY KEY,
        姓名  CHAR(10) NOT NULL,
        性别  CHAR(2) CHECK(性别  IN ('男', '女')),
        年龄  SMALLINT,
        班号  CHAR(6)
    );
```

### 2. 元组上约束条件的定义

在通过 CREATE TABLE 语句创建表时，可以使用 CHECK 短语定义元组上的约束条件。同属性上的约束条件相比，元组上的约束条件可用于限制不同属性之间的取值。

【例 5-9】 创建学生表时，限制男生的名字中前两个字符不能是"女-"。

```
CREATE TABLE Student (
```

```
        学号  CHAR(10),
        姓名  CHAR(10) NOT NULL,
        性别  CHAR(2),
        年龄  SMALLINT,
        班号  CHAR(6),
        PRIMARY KEY (学号),
        CHECK (性别='女' OR 姓名  NOT LIKE '女-%')
    );
```

其中，CHECK 短语中定义了"姓名"和"性别"两个属性值之间的约束条件。性别为女的元组都能通过该项检查；当性别为男时，名字不以"女-"开头的元组才能通过检查。

## 5.2.5　完整性约束的命名与修改

以上所讲解的完整性约束条件都是在 CREATE TABLE 语句中定义的。SQL99 还在 CREATE TABLE 语句中提供了完整性约束命名子句 CONSTRAINT，用来对完整性约束命名，从而可以灵活地增加、删除完整性约束条件。

### 1. 完整性约束命名子句

SQL99 标准允许在 CREATE TABLE 语句中使用 CONSTRAINT 完整性约束命名子句，用来对完整性约束命名。从而灵活地添加或删除完整性约束条件。CONSTRAINT 约束命名子句的一般形式为

```
    CONSTRAINT <完整性约束条件名>
        [  PRIMARY KEY 短语
        | FOREIGN KEY 短语
        | CHECK 短语  ]
```

【例 5-10】　创建"学生"表，同时指定学号在"20120101"～"20120125"之间，姓名不能为空，年龄小于 30，性别只能是"男"或"女"。

```
    CREATE TABLE 学生(
        学号  CHAR(10) CONSTRAINT cID
            CHECK (学号  BETWEEN '20120101' AND '20120125'),
        姓名  CHAR(10) CONSTRAINT cName NOT NULL,
        年龄  SMALLINT CONSTRAINT cAge CHECK (年龄< 30),
        性别  CHAR(2) CONSTRAINT cSex CHECK (性别  IN ('男',  '女')),
        CONSTRAINT keyStu PRIMARY KEY(学号)
    );
```

其中定义了 5 个约束条件：主键约束 keyStu 以及 cID、cName、cAge 和 cSex 四个列级约束。

【例 5-11】　创建"工资"表，同时设置每个教师的应发工资不低于 3600 元。

```
    CREATE  教工(
        工号  CHAR(6) PRIMARY KEY,
```

```
姓名  CHAR(10),
职业  CHAR(8),
实发  NUMERIC(7,2),
扣除  NUMERIC(7,2),
单位号  CHAR(2),
CONSTRAINT keyEmp FOREIGN KEY(单位号) REFERENCES  单位(单位号),
CONSTRAINT cPay CHECK(实发+扣除>=3600)
);
```

### 2. 修改表中的完整性约束

可以在使用 ALTER TABLE 语句修改表的结构时修改表中的完整性约束。

**【例 5-12】**　修改表结构时修改完整性约束。

(1) 去掉"学生"表中"性别"列的约束:

```
ALTER TABLE
DROP CONSTRAINT cSex;
```

(2) 修改"学生"表中的约束条件,将"学号"改为"20120101"~"20120150","年龄"由小于 30 改为小于 40。

可以先删除原来的约束条件:

```
ALTER TABLE  学生
DROP CONSTRAINT cID;
```

再增加新的约束条件:

```
ALTER TABLE  学生
ADD CONSTRAINT cID CHECK(学号  BETWEEN '20120101' AND '20120150');
```

# 5.3  触  发  器

触发器是强制执行特定操作的语句(或程序),每当发生了施加于触发器所保护的数据之上的修改(插入、删除、更新)操作时,它就会自动执行(触发)。触发器是一种可以确保数据库中数据一致性的重要数据库对象。与 CHECK 约束相比,触发器可以强制实现更为复杂、更为精细的数据完整性约束,可以执行多个操作或级联操作,可以实现多个元组之间的完整性约束,可按其定义动态地、实时地维护相关的数据。触发器至少具有以下优点:

(1) 可在写入数据表之前,强制检验或转换数据。

(2) 在触发程序发生错误时,异常操作的结果会被撤销。

(3) 部分 DBMS 可以针对数据定义语言使用触发程序(称为 DDL 触发器)。

(4) 可依照特定的情况,替换异常操作的命令(INSTEAD OF)。

如果将对于表中数据修改操作看做数据修改事件,那么,触发器就是由数据修改事件触发执行的维护数据的程序。一般来说,数据的修改操作有插入、删除和更新三种,因而触发器也可分为 INSERT、UPDATE 和 DELETE 三种类型。

## 5.3.1　定义触发器

一个触发器由三部分组成：事件、条件和动作。

"事件"是指施加于数据库中数据之上的插入、删除或者更新操作，如果定义触发器时指定的事件发生，则触发器自动开始工作。当触发器被事件激活时，将会测试触发"条件"是否成立，如果条件成立，才会执行相应的"动作"。触发器的动作可以是一系列数据库中数据的操作，也可以是阻止事件发生的动作(撤销事件，如删除刚插入的元组等)，还可以是与触发事件毫无关联的其他操作。

定义触发器的 CREATE TRIGGER 语句的一般形式为

```
CREATE TRIGGER <触发器名> ON {<表名>|<视图名>}
    {FOR | AFTER | INSTEAD OF} <INSERT | DELETE | UPDATE>
AS
    <SQL 语句>;
```

注：不同 DBMS 定义触发器的语句格式有所不同，这里采用 SQL Server 的 DML 格式。DML 触发器是当数据库服务器中发生数据操纵语言(DML)事件时所要执行的操作。

其中几个参数的意义如下：

(1)　"触发器名"在数据库中必须是唯一的。

(2)　"表名"为触发器的目标表(也可以是视图)。

(3)　在 SQL Server 中，可以创建"后触发"和"替代触发"两种方式的触发器。

后触发方式是在触发操作(INSERT、DELETE 或 UPDATA)执行完成且处理过所有约束后激活触发器。如果触发操作违反约束条件，将导致事务回滚，这时就不会执行后触发器了。后触发器用"AFTER"指定，只能用于表而不能用于视图，触发执行后如果发现错误，可以用 ROLLBACK TRANSACTION 语句来回滚本次操作。

注：事务是数据库更新操作的基本单位。一个事务中包含一系列必须完全执行的数据库操作，如果一个事务启动执行后出现问题而使得其中某些操作无法执行，则必须撤销已经执行的那些操作，回复到该事务启动执行之前的状态，称为事务回滚。

替代触发方式是当触发操作发生时，DBMS 停止执行触发操作(引起触发器执行的 SQL 语句)转去执行这个替代触发器。替代触发器用"AFTER"指定，不仅可以定义在表上，也可以定义在视图上，用于扩展视图所支持的更新操作。

(4)　DML 事件可以是 INSERT、DELETE 或 UPDATE 操作中的某一个，也可以是几个事件的组合。一个表或视图的每个修改动作(INSERT、DELETE 或 UPDATE)都可以有一个 INSTEAD OF 触发器，一个表的每个修改动作都可以有多个 AFTER 触发器。

(5)　触发动作的执行体为一段 SQL 语句块，如果该触发执行体执行失败，则激活触发器的事件就会终止，触发器的目标表或触发器可能影响的其他表不会有任何变化(执行事务的回滚操作)。

创建一个触发器时，通常需要指定是否正在引用触发作用之前或之后的列值。SQL Server 为此提供两个具有特殊名称的表来测试触发语句的效果：deleted 表和 inserted 表。它们都是只读的逻辑表(虚表)，其结果总是与该触发器操作的表的结构相同，由系统在内存中创建而不会存储到数据库中。deleted 表中存放的是从触发的表中删除的行的副本。类似地，inserted 表存放的是插入触发器的表中的行的副本。如果触发器操作在 UPDATE 语句上，则 deleted 表中是修改之前的数据，inserted 表中是修改之后的数据。触发器完成工作后，这两张表就会被删除。

应该注意的是：只有表的拥有者即创建表的用户才可为该表创建触发器，而且一个表所能够拥有的触发器数量是有限的。

【例 5-13】 通过触发器完善删除操作。

(1) 保存被删除的数据。

假定数据库中有一个备用的"学生_暂存"表，表的结构与"学生"表相同。为"学生"表创建一个触发器，当删除"学生"表中的记录时，将被删记录保存到"学生_暂存"表中。

```
CREATE TRIGGER saveDelete ON 学生
        AFTER DELETE
AS
        INSERT INTO 学生_暂存
            ( SELECT * FROM deleted);
```

这里定义的 saveDelete 触发器将在 DELETE 操作执行后触发执行，其结果保存在 DBMS 自动创建的 deleted 表中。

(2) 实现级联删除。

删除"学生"表中某个学生的记录之后，自动从"选课"表中删除该生的选课记录。

```
CREATE TRIGGER cascadingDelete ON 学生
        AFTER DELETE
AS
        DELETE FROM 选课
        WHERE 学号  IN
            ( SELECT 学号  FROM deleted);
```

【例 5-14】 在"学生"表上创建一个 INSERT 触发器，实现当在"学生"表中插入一名学生时，自动调整"班级"表中的相应数据(假定"班级"表中有"人数"字段)，从而保持数据一致性。

```
CREATE TRIGGER insStuTrig ON 学生
        FOR INSERT
AS begin
        declare @sClass CHAR(10)
        SELECT @sClass=班名  FROM inserted
        If not exists(SELECT 班名, 人数  FROM  班级  WHERE  班名=@sClass )
            INSERT INTO  班级(班名,人数) VALUES(@sClass, 1)
        else
            UPDATE  班级  SET  人数=人数+1 WHERE  班级名=@sClass
        end;
```

其中，declare 语句定义了存放学生所在班级的@sClass 变量；SELECT 语句找出要插入记录的学生所在的班级；If 语句中作为查找条件的 SELECT 语句检查"班级"表中是否存在该生所在班级的记录：如果不存在，则使用 INSERT 语句将"班名"和"人数(值为 1)"插入班级表；否则，使用 UPDATE 语句将所在班级的人数加 1。

## 5.3.2　触发器的使用

触发器中可以包含复杂的 SQL 语句，主要用于强制服从复杂的业务规则或要求。触发器的应用多种多样。一般来说，可用于以下几个方面：

(1) 在数据写入关系表之前，进行强制约束检查或数据转换，以维护数据完整性。

(2) 用于示警，当触发程序发生错误时，执行结果会被撤销。

(3) 用于满足特定条件时自动执行某项任务。

触发器也有缺点。因为在运行期间，一个触发器错误会导致该触发器的插入、删除或更新语句失败，而且一个触发器的动作可以引发另一个触发器。在最坏的情况下，甚至会导致一个无限的触发器链，形成死锁。因此，定义触发器时要格外谨慎。通常，DBMS 限制这种触发器链的长度，把超过限定长度的触发器链看成错误。随着数据库技术的发展，触发器的很多用途都可由其他新技术替代了。例如，在插入或删除一个员工的数据时，可以利用触发器维护每个部门的薪金总额。然而，目前很多 DBMS 支持物化视图，使得这种维护概要数据的方法更简单，不必使用触发器了。

### 1．触发器的作用

触发器常用于保证数据完整性，并在一定程度上实现数据的完全性。例如，可以使用触发器来进行审计。

【例 5-15】　创建触发器，使得只有数据库的拥有者才能修改"选课"表中的成绩，其他用户对该表的插入、删除或修改操作都要登记。

本例中，需要先创建一个审计表，用于登记用户操作情况，然后分别创建三个触发器，将反映用户操作情况的记录插入审计表。

(1) 创建用于登记用户操作情况的表：

```
CREATE TABLE  操作登记(
        用户号  CHAR(10) NOT NULL,
        操作日期  DATETIME NOT NULL,
        操作种类  CHAR(6) NOT NULL,
        CONSTRAINT tracePK PRIMARY KEY(用户号, 操作日期)
);
```

(2) 创建插入触发器：

```
CREATE TRIGGER insertTrace ON  选课
        FOR INSERT
AS
        IF EXISTS(    SELECT * FROM inserted )
                INSERT INTO  操作登记  VALUES(user, gerdate(),'插入');
```

其中，user 常量为 SQL Server 中当前登录用户的用户标识，gerdate()函数用于获得操作时的日期。

(3) 创建删除触发器:

CREATE TRIGGER deleteTrace ON 选课

    FOR DELETE

AS

    IF EXISTS(   SELECT * FROM deleted

        INSERT INTO 操作登记 VALUES(user, gerdate(),'删除');

(4) 创建更新触发器:

CREATE TRIGGER updateTrace ON 选课

    FOR UPDATE

AS

    IF EXISTS(   SELECT * FROM deleted ) begin

        IF user!= 'dbo'

            ROLLBACK

        ELSE

            INSERT INTO 操作登记 VALUES(user, gerdate(),'插入')

    end;

#### 2. 后触发器的执行

三种后触发器的执行过程如下。

(1) INSERT 触发器的执行过程:先在 INSERT 触发器所属的表上执行 INSERT 语句,同时将该语句中插入的记录送入 inserted 表,然后启动 INSERT 触发器并执行其中的操作。

(2) DELETE 触发器的执行过程:先在 DELETE 触发器所属的表上执行 DELETE 语句,再将该语句中删的记录送入 deleted 表,然后启动 DELETE 触发器并执行其中的操作。

(3) UPDATE 语句可以看做两个步骤:DELETE 操作捕获数据的前像,INSERT 操作捕获数据的后像。当在触发器所属的表上执行 UPDATE 语句时,原记录(前像)送入 deleted 表,而更新的记录(后像)插入 inserted 表。触发器可以检索 deleted 表和 inserted 表来确定是否更新了多条记录以及如何执行触发器动作。

如果相应的 INSERT、DELETE 或 UPDATE 语句违反了约束,那么后触发器不会执行,因为对约束的检查是在后触发器激活之前发生的。所以后触发器不能超越约束。

INSTEAD OF 触发器可以取代激发它的操作来执行。它在 inserted 表和 deleted 表刚刚建立而其他任何操作还没有发生时被执行。因为 INSTEAD OF 触发器在约束之前执行,所以它可以对约束进行一些预处理。

#### 3. 替代型触发器

替代型触发器用于替代激活了它的动作(事件)本身。可以在表和视图上定义替代型触发器,每个表上对于每个触发动作只能定义一个这类触发器。替代型触发器是在 inserted 表和 deleted 表刚建立而其他操作(完整性约束或其他动作)还没有发生之前执行的。

替代型触发器使得一般不支持更新的视图也能得到更新。它截获对于视图的操作,将其重导向底层的表。在替代型触发器中,通过 deleted 表访问待删除的行;在 INSTEAD OF UPDATE 或者 INSTEAD OF INSERT 触发器中,通过 inserted 表访问新添加的行。

【例 5-16】　假定有两个分别存放理学院学生和工学院学生基本信息的表，即"理学生"和"工学生"，其关系模式相同：

　　　　理学生(学号，姓名，性别，学院，生日，电话)

　　　　工学生(学号，姓名，性别，学院，生日，电话)

要求创建由两个表联合查询而得到的视图，再为其创建一个替代型触发器，当在视图上更新某个学生的电话号码时，按其所属学院而分别重导向更新"理学生"表或"工学生"表。

(1) 创建"理学生"表或"工学生"表联合查询而得到的视图：

```
CREATE VIEW studentView
AS
     SELECT * FROM  理学生
     UNION
     SELECT * FROM  工学生;
```

(2) 创建 studentView 视图上的替代型触发器：

```
CREATE TRIGGER stuUpdate
    ON StudentView
    INSTEAD OF UPDATE
AS
    DECLARE @stuDept varchar(15)
    SET @dept=(SELECT  学院  FROM inserted)
    IF @dept='理'  begin
        UPDATE  理学生  SET  理学生.电话=Inserted.电话
        FROM  理学生.JOIN Inserted ON  理学生.学号=Inserted.学号   end
    ELSE IF @dept= '工'  begin
        UPDATE  工学生
        SET  工学生.电话=Inserted.电话
        FROM  工学生 JOIN Inserted ON  工学生.学号=Inserted.学号
end;
```

### 4. 修改触发器

可以对已有的触发器进行修改。修改触发器的 ALTER TRIGGER 语句的一般形式为

```
ALTER TRIGGER  触发器名
    ON {<表名>|<视图名>}
    { FOR | AFTER | INSTEAD OF } [ INSERT, DELETE, UPDATE]
AS
    <SQL 语句>;
```

### 5. 删除触发器

删除触发器的 DROP TRIGGER 语句的一般形式为

```
DROP TRIGGER <触发器名> ON <表名>;
```

待删除的触发器必须已经存在，并且只能由具有相应权限的用户删除。例如，删除"教师"表上的触发器 insertSal 的语句为

DROP TRIGGER insertSal ON Teacher;

### 6. 禁用/启用触发器

禁用或者启用已有触发器的语句的一般形式为

ALTER TABLE <表名>

{ ENABLE | DISABLE } TRIGGER <触发器名>;

其中，ENABLE 选项为启用触发器，DISABLE 选项为禁用触发器。

# 5.4 数据库安全性控制

数据库中存放的一般都是用于企业、行业或个人业务的重要数据资源，自然需要防止非法使用或恶意损毁。而且，一般数据库系统往往集成了多方面的业务数据并提供给许多不同种类的用户共享，从而使得数据库安全问题更为突出。DBMS 安全性控制就是通过种种防范措施来防止因用户越权使用数据库而导致的数据泄密、更改或破坏。

数据库安全保护的目标是确保只有授权用户才能访问数据库而所有未授权人员都不能查看或使用数据库中的数据。数据库系统一般采用用户标识和鉴别、存取控制、视图以及密码存储等技术进行安全控制，防止非授权人员的访问或者用户超越权限的访问。

## 5.4.1 数据库安全的概念

数据库安全涉及数据库技术之外的防盗、防灾、防破坏以及人员分级与审查等各个方面，这些都是保障数据库安全所必不可少的措施。从数据库技术角度上看，数据库系统的安全特性主要是针对其中存储的数据而言的，可将其归结为数据独立性、数据安全性、数据完整性、并发控制和故障恢复等几个方面。这些内容中，有的(如数据完整性)已经讨论过了，有的(如并发控制和故障恢复)将在后面的章节中介绍，这里主要讨论数据库系统级的数据安全性问题。

注：维护数据库安全性就是尽可能防范对于数据库中数据的有意滥用，即越权使用、修改或破坏；维护数据库完整性就是尽可能避免对于数据库的无意滥用，即保障用户使用的数据的正确性和有效性。

### 1. 数据安全性控制方式

数据库安全性控制方式可分为两类：物理处理方式和系统处理方式。

物理处理方式是指针对口令泄漏、窃听通信线路以及盗窃物理存储设备等行为，采取数据加密、强化警戒等措施，达到保护数据库中数据的目的。

系统处理方式是指数据库系统的处理方式。数据库系统往往需要设置多种不同层次、不同方式的安全措施来保证自身的安全：当某个用户试图访问数据库时，数据库系统会根据他输入的用户标志进行用户身份验证，并在确认为合法用户后准许他进入计算机系统；当合法用户进入系统后，数据库系统还要对他进行权限控制，即从技术上限制他只能在所

得授权范围内进行数据访问；为了进一步防范对于数据的非法查询和使用，还可以对数据库中的数据进行加密；为了确保数据库的安全，还要对数据库进行实时或定时备份，以保证数据在遭受灾难性损毁后能够恢复。

**2. 安全性级别**

一般来说，数据库保护的不同安全级别以及相应的安全措施如下。

(1) 环境级：对计算机机房和设备加以保护，防止物理破坏。

(2) 用户级：对数据库系统工作人员加强劳动纪律和职业道德教育，并授予不同职员不同的数据库访问权限。

(3) 操作系统级：防止未经授权用户从操作系统层入手访问数据库。

(4) 网络级：目前，常用的数据库系统都允许用户通过网络访问，因此，网络软件内部的安全性对于数据库的安全是很重要的。

(5) 数据库系统级：数据库根据预先定义好的用户权限进行存取控制，检验用户的身份是否合法以及访问的是否许可范围内的数据。

**3. 数据库访问的权限问题**

数据库中的数据要为所有相关用户所共享，但绝大多数用户往往只需要使用且只能使用与自己业务相关联的一部分数据，因而，DBMS 需要通过相应的技术手段来控制不同用户访问不同范围内的数据。例如，假定有一个名为"选修课管理"的数据库系统，其主要用户包括教务员、教师和学生三类人员。学生需要选课或查看成绩；教师需要查看课表、选课学生名单并登记学生成绩；教务员需要录入课表、查看或修改选课学生名单、查看或更新学生成绩。在这个数据库系统中，应该为教务员、教师和学生分别设置不同的权限，使得不同种类的用户能够访问他们需要的数据并限制他们的越权访问。

非法或者越权使用数据库中数据的行为往往是有意的，例如：

(1) 某个人可能会自编一段合法的程序，绕过 DBMS 及其授权机制，通过操作系统直接存取、修改或备份数据库中的数据。

(2) 合法用户可能会在进入数据库系统后执行非授权操作，甚至可能会编写应用程序来执行越权的数据访问操作。

(3) 某个用户可能会通过多次合法查询数据库中的数据而从中推导出一些保密数据。例如，如果选修课管理数据库不允许一个学生查询另一个学生的成绩，但却允许查询任意一组人的平均成绩，而某个学生想查询"张京"的成绩，他可以先查询包括张京在内的一组学生的平均成绩，再用自己替换张京并再次查询这一组的平均成绩，然后推算出张京的成绩。

可见，数据库中的数据共享应该是在 DBMS 统一的严格的控制之下进行的，即只允许有合法使用权限的用户访问允许他存取的数据。数据库系统的安全保护措施是否有效是数据库系统主要的性能指标之一。

## 5.4.2　数据库安全控制的方法

数据库系统中一般采用用户标识和鉴别、存取控制、视图机制、审计方法以及密码存储等技术进行安全控制。

### 1．用户标识与鉴别

用户标识和鉴别是 DBMS 提供的最外层保护措施。用户每次登录数据库时，都要输入用户标识，DBMS 进行核对并给予合法用户进入系统最外层的权限。用户标识和鉴别的方法很多，常用的方法如下。

(1) 身份认证：用户的身份(也称为用户标识、用户账号、用户 ID)由用户名来唯一标识。用户名由系统管理员为用户定义并记录在计算机系统或 DBMS 中，一般不允许用户自行修改。身份认证是指系统将输入的用户名与合法用户名对照，鉴别是否为合法用户。如果通过了鉴别，则可进行下一步核实；否则拒绝使用系统。

(2) 口令认证：用户的口令是合法用户自定义并可按需要变更的密码。口令记录在数据库中，可以看做用户私有的钥匙。口令认证是对于用户的进一步核实。一般地，用户按系统的提示输入口令，输入正确口令后才能进入系统。为保密起见，用户输入的口令内容在屏幕上用特定字符("*"或"●"等)替代。

(3) 随机数运算认证：随机数认证实际上是非固定口令的认证，鉴别时，系统提供一个随机数，由用户按照预先约定的计算过程或计算函数进行计算并将结果输入系统，再由系统判定是否合法用户。例如，可以约定算法为"口令 = 随机数平方的后三位"，则当系统提供的随机数为 96 时，用户应该输入的口令是 216。

### 2．存取控制(授权机制)

对于通过了用户标识鉴别的用户，还要由 DBMS 进一步识别和鉴定以确定该用户是否具有数据库的使用权，从而防止非法用户对数据库进行存取操作。DBMS 的存取控制机制用于确保具有数据库使用权限的用户访问数据库并进行权限范围内的操作，同时使得未授权用户无法接近数据。

(1) 存取机制的构成。存取控制机制主要包括两部分。

一是定义用户权限，用户权限是指允许用户施加于数据对象上的操作种类。用户权限由具有授权资格的用户使用 DBMS 提供的 DCL(数据控制语言)来定义(描述授权决定)。其中包括将哪些数据对象的哪些操作权限授予哪些用户这样的授权描述，计算机分析授权描述，并将编译后的授权描述存放在数据字典中。从而完成对于用户权限的定义和登记。

二是进行权限检查，每当用户发出存取数据库的操作请求时，DBMS 查找数据字典并进行合法权限检查。如果用户的操作请求并未超出其数据操作权限，则准予执行；否则拒绝执行该操作。

(2) 存取机制的类别。当前网络版的 DBMS 一般都支持自主存取控制,有些大型 DBMS 还支持强制存取控制(MAC)。在自主存取控制方法中，用户对于不同的数据对象可以有不同的存取权限，不同的用户对同一数据对象的存取权限也可各不相同，一个用户还可以将自己拥有的存取权限转授给其他用户。

在强制存取控制方法中，每个数据对象被标以一定的密级；每个用户也被授予某一级别的许可证。对于任意一个对象，只有具有合法许可证的用户才可以存取。

显然，自主存取控制比较灵活，强制存取控制比较严格。

### 3．视图机制

进行存取权限控制时，还可以通过定义用户的外模式来提供一定的安全保护功能。也就是说，可以为不同的用户定义不同的视图，通过视图机制屏蔽需要保密的数据，使得那些无权访问的用户无法接触这些数据。另外，还可以将视图机制与授权机制结合起来，即在视图上进一步定义存取权限，将对于数据对象的访问限制在更为安全的范围之内。

视图机制使得系统具有一定程度的数据安全性、数据的逻辑独立性和操作简便等优点。但视图机制的安全保护功能不够精细，往往远不能满足应用系统的实际需求。实际上，视图机制更主要的功能在于提供数据独立性。

### 4．审计方法

审计功能是一种预防监测手段，它可自动记录用户在数据库上的所有操作并放入审计日志中，一旦出现非法存取数据的情况，DBA 可以利用审计跟踪的信息，重现导致数据库现有状况的一系列事件，找出非法存取数据的人、时间和内容等。

任何系统的安全保护措施都不大可能是无懈可击的，蓄意盗窃、破坏数据的人常会想方设法打破控制，因此，审计功能在维护数据安全、打击犯罪方面是非常有效的。但审计通常会花费较多的时间和空间，因此 DBA 要根据实际应用对于安全性的需求，灵活打开或关闭审计功能。

### 5．数据加密

对于高度敏感性数据，如财务数据、军事数据以及国家机密等，除采取以上安全性措施外，还应该进行数据加密。

数据加密是防止数据在存储和传输过程中失密的有效手段。加密的基本思想是：根据一定的算法，将原始数据(称为明文)变换为不可直接识别的格式(称为密文)，从而使得不明白解密算法的人无法获得数据的内容。加密方法主要有两种：一是替换方法，即使用密钥将明文中的每一个字符转换为密文中的字符；二是置换方法，仅将明文的字符按不同的顺序重新排列。单独使用某一种方法都是不够安全的，但将这两种方法结合起来就能达到相当高的安全程度。

### 6．统计数据库的安全

有时候只允许某些人访问数据库中的统计数据而不能访问个别数据，因此有些专门管理统计数据的数据库系统(如人口统计数据库)，其中包含大量数据记录，其目的是向用户提供各种统计汇总信息而不是提供单个记录的信息。这种数据库系统存在特殊的安全问题：有些人能够找到隐蔽的信息通道，使得通过合法的查询能够得到不合法的信息。

【例 5-17】　通过合法查询推导出不合法信息的情况及其预防措施。

(1) 允许查询"程序员的平均工资？"而不允许查询"高级程序员王英的工资？"，但可以通过下面合法的查询推导出不合法的信息：

● 本公司共有多少个高级女程序员？

● 本公司高级女程序员的工资总额是多少？

如果第一个查询的结果是 1，那么第二个查询的结果就是这个程序员的工资。为了堵塞这种漏洞，可以制定规则：

**规则 1**　任何查询至少要涉及 N(N 足够大)条以上的记录。

(2) 用户"李铁"发出下面两个合法查询：

- 用户"李铁"和其他 N 个程序员的工资总额是多少?
- 用户"张群"和其他 N 个程序员的工资总额是多少?

如果第一个查询的结果是 X,第二个查询的结果是 Y,则用户李铁便可根据自己的工资数 Z 推算出用户张群的工资为 Y−(X−Z)。发生这个问题的原因是两个查询之间有很多重复的数据项。为了堵塞这种漏洞,可以制定规则:

**规则 2**   任意两个查询的相交数据项不能超过 M 个。

(3) 可以证明:在上述两条规定下,如果想获知用户"张群"的工资额,李铁至少需要进行 1+(N−2)/M 次查询。为了堵塞这种漏洞,可以制定规则:

**规则 3**   任一用户的查询次数不能超过 1+(N−2)/M。

当然,这个规则也是可以突破的,如果两个用户合作查询,则可使其失效。

### 5.4.3   SQL 语言的自主存取控制方法

SQL 标准对自主存取控制提供了支持,其中 DCL 提供了 GRANT 语句用于给用户授权,REVOKE 语句用于收权。

#### 1. 关系中的用户权限

用户权限主要包括两个要素:数据对象和操作类型。定义用户的存取权限称为授权,通过授权规定用户可以对哪些数据进行什么样的操作。表 5-2 列出了不同类型的数据对象的操作权限。

**表 5-2   数据对象类型和操作权限**

| 数据对象 | 操作权限 |
|---|---|
| 表、视图、列(TABLE) | SELECT, INSERT, UPDATE, DELETE, ALL PRIVILEGE |
| 基表(TABLE) | ALTER, INDEX |
| 数据库(DATABASE) | CREATETAB |
| 表空间(TABLESPACE) | USE |
| 系统 | CREATEDBC |

可以看出,对于基表、视图以及表中的列,其操作权限有查询、插入、更新、删除及其总和(ALL PRIVILEGE)。对于基表有修改其模式和建立索引的操作权限。 对于数据库有建立基表的权限,拥有这种权限的用户可以创建基表并成为表的所有者,从而拥有对该基表的全部操作权限。 对于表空间有使用数据库空间存储基表的权限。系统权限(CREATEDBC)即建立新数据库的权限。

#### 2. SQL 的授权语句

授权语句用于将指定数据对象的指定权限授予指定的用户,其一般形式为

    GRANT  权限 1[, 权限 2, …]
    [ON  对象类型  对象名称]
    TO  用户 1[, 用户 2, …]
    [WITH GRANT OPTION];

其中, WITH GRANT OPTION 选项的作用是允许获得指定权限的用户把权限再授予其他用户。

【例 5-18】 为用户授予操作表的权限。

(1) 授予用户 user1 权限：修改"学生"表中的"姓名"列、查询表。

  GRANT UPDATE(姓名), SELECT

  ON TABLE 学生

  TO user1;

(2) 授予用户 user1 和用户 user2 权限：对"学生"表、"课程"表和"选课"表进行查询、修改、插入和删除等。

  GRANT ALL PRIVILIGES

  ON TABLE 学生, 课程, 选课

  TO user1, user2;

(3) 把对"课程"表的查询权限授予所有用户。

  GRANT SELECT

  ON TABLE 课程

  TO PUBLIC;

(4) 把在数据库"教学"中建立表的权限授予用户 user2。

  GRANT CREATETAB

  ON DATABASE 教学

  TO user2;

(5) 把对"学生"表的查询权限授予用户 user3，并给用户 user3 有再授予的权限。

  GRANT SELECT

  ON TABLE 学生

  TO user3

  WITH GRANT OPTION;

(6) 用户 user3 把查询"学生"表的权限授予用户 user4。

  GRANT SELECT

  ON TABLE 学生

  TO user4;

【例 5-19】 为用户授予操作视图的权限。

(1) 建立"计算机 22"学生的视图：

  CREATE VIEW studentCS22

  AS

   SELECT *

   FROM 学生

   WHERE 班级='计算机 22';

(2) 在视图上定义存取权限："林萍"只能查看"计算机 22"学生的数据。

  GRANT SELECT

  ON studentCS22

  TO 林萍;

### 3. SQL 的收权语句

收权语句用于将指定用户的指定权限收回，其一般形式为

  REVOKE 权限 1[，权限 2…]

  [ON 对象类型对象名]

  FROM 用户 1[，用户 2…];

【例 5-20】 将用户的操作权限收回。

(1) 把用户 user1 修改学生姓名的权限收回。

  REVOKE UPDATE(姓名)

  ON TABLE 学生

  FROM user1;

(2) 把用户 user3 查询"学生"表的权限收回。

  REVOKE SELECT

  ON TABLE 学生

  FROM user3;

前面的操作中，曾授予 user3 用户可将获得的权限再授予的权限，而后 user3 用户将对"学生"表的查询权限又授予了 user4 用户，因此，在收回 user3 用户的查询权限时，系统自动地收回 user4 用户对"学生"表的查询权限。应该注意的是，系统只收回由 user3 用户授予 user4 用户的那些权限，而 user4 用户仍然具有从其他用户那里获得的权限。

# 5.5 SQL Server 安全机制

作为 SQL Server 数据库的用户，需要了解 SQL Server 的安全机制以及如何用之于安全设置，以保证"合法"用户的正常访问并阻止"非法"访问。SQL Server 中的身份验证、授权和验证机制可以保护数据免受未经授权的泄漏和篡改。SQL Server 安全机制可分为三个等级，相应地，用户访问 SQL Server 数据库中的数据时，需要经过三个层次的验证，如图 5-2 所示。

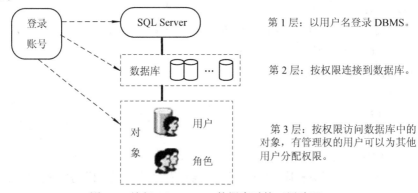

图 5-2 访问 SQL Server 数据库时的三层验证

(1) 服务器级别的安全机制：主要通过登录账户(登录名)进行控制。要想访问一个数据库服务器，必须拥有一个登录账户。登录账户可以是 Windows 账户或组，也可以是 SQL

Server 的登录账户。登录账户可以属于相应的服务器角色(可理解为权限的组合)。也就是说，用户需要通过一个登录名(含密码)登录到 SQL Server，或者通过登录一个 Windows 账号而映射到 SQL Server。

(2) 数据库级别的安全机制：主要通过用户账户(用户名)进行控制。访问 SQL Server 服务器上的某个数据库时，必须拥有该数据库的一个用户账户。用户账户是通过登录账户进行映射的，可以属于固定的数据库角色或自定义的数据库角色。允许一个用户与多个数据库相连，实现的方法是在用户账户中绑定多个登录账户。

(3) 数据对象级别的安全机制：通过设置数据对象的访问权限进行控制。例如，可以指定用户有权使用哪些表和视图、运行哪些存储过程等。为此需要授予每个数据库中映射到用户账户相应的访问权限，从而控制用户在授权范围内执行数据库操作。

对于绝大多数非 DBA、非程序员用户来说，需要了解的是如何打开自用的 SQL Server 数据库以及如何访问其中的数据对象。下面以访问 SQL Server 数据库 dbCourses 为例，说明 SQL Server 数据库的安全机制。

**注**：一般地，客户操作系统的安全管理是操作系统管理员的任务。SQL Server 不允许用户建立服务器级的角色。为减少管理开销，对象级上应尽量赋予数据库用户较多的权限，然后具体针对某些敏感数据实施访问限制即可。

## 5.5.1 SQL Server 安全体系结构

一个规模较大的 SQL Server 数据库系统往往是一个多层次实体的集合。其中包含多个数据库服务器，每个服务器中存储了多个数据库，每个数据库中又包含表、视图与存储过程等多种对象。这里的每个实体都是需要保护的对象。每个 SQL Server 可保护对象都具有可授予主体(个人、组或授予访问 SQL Server 权限的进程)的关联权限。SQL Server 安全框架通过身份验证和授权来管理对可保护实体的访问：

(1) 身份验证是指通过提交服务器评估的凭据以登录到主体请求访问的 SQL Server 的过程。身份验证可以确定接受身份验证的用户或进程的标识。

(2) 授权是指确定主体(如某个数据库用户)可以访问哪些可保护资源以及允许对这些资源执行哪些操作的过程。

### 1. SQL Server 数据库的安全主体

主体是可以请求系统资源的个体或组合过程，可以代表特定的用户、可由多个用户使用的角色或应用程序。例如，名为"teaDbo"的数据库用户是一种主体，可以按照自己的权限在数据库中执行操作或使用相应的数据。

SQL Server 数据库系统有多种不同的主体，不同主体之间的关系是典型的层次关系：

(1) Windows 级：包括 Windows 组、Windows 域登录名和 Windows 本地登录名，通过 Windows 操作系统进行安全验证。

(2) SQL Server 级：包括 SQL Server 登录名和固定服务器角色，通过 SQL Server 进行安全验证。

(3) 数据库级：包括数据库用户、固定数据库角色和应用程序角色，在数据库内部，数据库角色(包含用户或其他角色的组)和用户都被授予使用数据库对象的权限。最好的做法是设置可被授予的角色，将数据库用户纳入角色中。

### 2．SQL Server 数据库的安全对象

安全对象是那些需要控制访问和赋予主体权限的数据库对象。SQL Server 分为三个范围，每个范围内受保护的对象都有区别。

(1) 服务器范围：服务器范围的安全对象包括登录账号、HTTP(万维网协议)端点、事件通知以及数据库。这些都是存在于单个数据库之外的服务器级别的对象，其访问控制基于服务器端。

(2) 数据库范围：数据库范围的安全对象包括模式、用户、角色以及 CLR(微软.NET 框架的公共语言运行库)程序集，存在于特定数据库内部，但不包含在某个模式之中。

(3) 模式范围：该组包括那些存在于数据库模式内部的对象(如表、视图或存储过程)。一个 SQL Server 模式大致对应于 SQL Server 中的一组对象的拥有者(如 dbo)。

### 3．SQL Server 数据库的安全级别

SQL Server 安全机制大体上包括以下几个等级。

(1) 网络上的访问。网络上的主机可以通过 Internet 访问 SQL Server 服务器所在的网络，需要由网络环境提供安全防护。例如，Windows 网络管理员负责建立用户组，设置账号并注册，同时决定不同的用户对不同系统资源的访问级别。用户只有拥有了一个有效的 Windows 登录账号才能对网络系统资源进行访问。

(2) 网络内的访问。与 SQL Server 服务器同在一个网络内的主机通过登录来连接 SQL Server 服务器。这首先要求对 SQL Server 的登录方式、登录名等进行配置，用户在登录时需要提供正确的登录名和密码。

(3) 数据库级别的安全性主要通过数据库用户进行控制。SQL Server 的特定数据库都有自己的用户和角色，该数据库只能由它自己的用户或角色访问，其他用户无权接触其中的数据。数据库系统可以通过创建和管理特定数据库的用户和角色来保证不被非法用户访问。每个想要访问数据库的人(或应用程序等)都必须拥有一个该数据库的用户身份。数据库用户是通过登录名进行映射的，登录名可属于固定的数据库角色或自定义数据库角色。

(4) 数据库对象的安全性是通过设置数据库对象的访问权限进行控制的。SQL Server 可以对权限进行管理，并且可以保证合法用户即使进入了数据库也不能进行超越权限的数据存取操作。数据库对象的安全性是 SQL Server 安全机制的最后一个等级。数据库对象的访问权限定义了数据库用户对数据库对象的引用以及数据操作语句的权限。这可以通过定义对象和语句的许可权限来实现。在创建数据库对象时，SQL Server 自动将数据库对象的拥有权赋予它的所有者。

## 5.5.2　SQL Server 身份验证模式

SQL Server 中，用户通过登录账号(登录名)登录到 SQL Server 服务器。用户输入合法的登录名与密码便可通过 SQL Server 服务器的验证(还不具备访问数据库及其中对象的资格)。SQL Server 提供了两种对用户进行身份验证的模式：Windows 验证模式以及 Windows 和 SQL Server 混合验证模式。其中，Windows 身份验证模式是默认模式。

**1．两种身份验证模式**

Windows 身份验证模式使用操作系统的身份验证机制来验证用户身份，只要用户能够通过 Windows 用户身份验证，即可连接到 SQL Server 服务器上，在其他操作系统中无法使用。

注：SQL Server 是在 Windows 平台上运行的，因此，有些 Windows 系统管理员也兼有 SQL Server 数据库的 DBA 身份。这里的 Windows 账号其实是他们在装机时指定的自己登录到 Windows 系统的账号。

混合身份验证模式使得用户可以使用 Windows 身份验证或 SQL Server 身份验证与 SQL Server 服务器连接。这种模式分辨用户账号在 Windows 操作系统中是否可信，对于可信的连接用户系统直接采用 Windows 身份验证模式，否则，SQL Server 会通过账户的存在性和密码的匹配性自行进行验证。SQL Server 身份验证模式是输入与 Windows 操作系统无关的登录名和密码来登录数据库服务器的，通过这种模式进行身份验证时，设置密码对于确保系统的安全性至关重要。

SQL Server 的身份验证过程如图 5-3 所示。

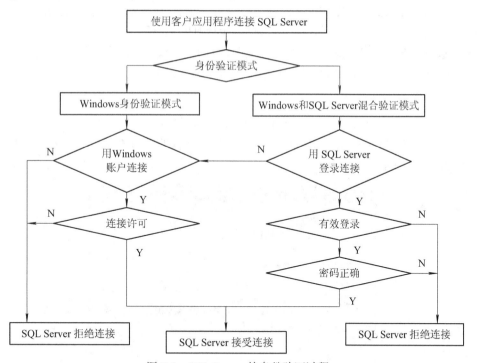

图 5-3　SQL Server 的身份验证过程

**2．设置身份验证模式**

可以在 SQL Server 中设置身份验证模式，操作步骤如下：

(1) 打开 SQL Server Management Studio 窗口，并使用 Windows 或者 SQL Server 身份验证建立连接。

(2) 在对象资源管理器中，右击当前服务器结点，选择快捷菜单中的"属性"命令，打开服务器属性对话框，如图 5-4 所示。

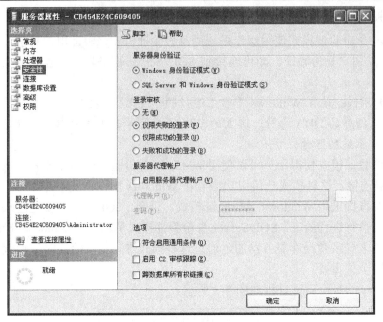

图 5-4　设置 SQL Server 身份验证模式

(3) 选择"选择页"列表中的"安全性"项，并在"服务器身份验证"栏中进行设置。设置或更改了身份验证模式之后，需要重启服务器才能生效。

### 3. 选择身份验证模式

可以在启动 SQL Server 时选择身份验证模式，方法是：打开 SQL Server Management Studio 窗口之前，在显示出的"连接到服务器"对话框的"身份验证"下拉列表框中进行选择，如图 5-5 所示。

图 5-5　选择 SQL Server 身份验证模式

### 4. 创建 Windows 系统的用户

【例 5-21】　在 Windows 中创建名为"yaoTea"的 Windows 用户。

(1) 选择"开始"→"设置"→"控制面板"菜单项，打开"控制面板"窗口。

(2) 双击"管理工具"→"计算机管理"图标，打开"计算机管理"窗口。

(3) 单击"本地用户和组"结点，右击"用户"图标，选择快捷菜单中的"新用户"命令，弹出"新用户"对话框。

(4) 在"用户名"文本框中输入"yaoTea"，"全名"中输入"yaoTea"，"密码"与"确认密码"中输入"YTPassword"，取消"用户下次登录时须更改密码"项的选择，勾选"密码永不过期"项，如图 5-6(a)所示。

(5) 单击"创建"按钮，并关闭"新用户"对话框，则在"用户管理"窗口出现刚设置的账户，如图 5-6(b)所示。

(a)　　　　　　　　　　　　　　　　　　(b)

图 5-6　创建 Windows 用户的窗口与对话框

### 5．创建 Windows 验证模式的登录账户

【例 5-22】　在 SQL Server 中创建"yaoTea"登录名。

(1) 在 SQL Server Management Studio 窗口的"对象资源管理器"中，右击"安全性"→"登录名"结点并选择快捷菜单中的"新建登录名"命令，打开"登录名-新建"对话框。

(2) 单击"搜索"按钮，打开"选择用户或组"对话框，如图 5-7(a)所示；单击其中的"高级"按钮，打开"选择用户或组"的高级对话框；单击其中的"立即查找"按钮，则"选择用户或组"高级对话框下部将显示 Windows 操作系统用户的列表，如图 5-7(b)所示。

(a)　　　　　　　　　　　　　　　　　　(b)

图 5-7　新建登录名时选择用户或组的对话框

(3) 选中前面创建的"yaoTea"用户，然后单击"确定"按钮，回到"选择用户或组"对话框，则"输入要选择的对象名称"列表中出现刚才选中的 Windows 系统用户"yaoTea"，如图 5-7(a)所示。

(4) 单击"确定"按钮，回到"登录名-新建"对话框，如图 5-8 所示。

图 5-8　新建了登录名的窗口

(5) 选择默认数据库为 dbCourses，单击确定按钮，即完成 Windows 系统的"yaoTea"用户在 SQL Server 中的登录名注册任务。

### 5.5.3　SQL Server 数据库账户

SQL Server 中有两种账户：一种是登录服务器的登录账户(登录名)，另一种是使用数据库的用户账户(用户名)。登录账户只能让用户登录到 SQL Server 中，如果想要访问特定的数据库，还需要有用户账户。一个登录账户需要与一个或多个数据库用户相关联，才能访问相应的数据库。例如，系统登录账户 sa 自动与每个数据库用户 dbo 相关联，故 sa 登录 SQL Server 服务器后可以访问每个数据库。

#### 1. 登录名与用户名的映射关系

用户账户是特定数据库的访问标识。SQL Server 数据库中对象的权限由用户账户控制。用户账户是在特定的数据库内创建的并在创建时关联一个登录名，创建后的用户账户还需要分配相应的访问数据库对象的权限。也就是说，数据库用户必须是登录用户。登录用户只有成为数据库用户(或数据库角色)后才能访问数据库并且只能按自有的权限访问相应的数据库对象。用户账号与具体的数据库有关。例如，dbCourses 数据库中的用户账号 yaoTea 不同于 dbStaff 数据库中的用户账号 yaoTea。

在 SQL Server 中，有一个特殊的数据库用户 Guest，任何已经登录到 SQL Server 2008

服务器的账户,都可以访问有 Guest 用户的数据库。当一个没有映射到数据库用户的登录账户试图登录数据库时,SQL Server 将尝试用 Guest 用户进行连接。可以通过为 Guest 用户授予 CONNECT 权限来启用 Guest 用户。应该注意的是,启用 Guest 用户可能会带来安全隐患。

### 2. 创建数据库用户

创建新的数据库用户有两种方法:一种是为已有的登录账户设置数据库用户的身份;另一种是使用 SQL Server 的图形用户界面(SQL Server Management Studio 窗口)或 SQL 语言的 CREATE USER 语句单独创建数据库用户,并与一个已有的登录账户相关联。

【例 5-23】 指定登录账户"yaoTea"为"dbNorthwind"数据库的用户账户。

(1) 在 SQL Server Management Studio 窗口的对象资源管理器中,依次展开"服务器"→"数据库"→"dbNorthwind"→"安全性"→"登录名"结点,右击 yaoTea 结点并选择快捷菜单中的"属性"命令,打开"登录属性"对话框。

(2) 单击该对话框中的"用户映射"结点,并在"映射到此登录名的用户"列表中勾选"dbNorthwind"项,如图 5-9 所示。

图 5-9 为登录名设置数据库用户的对话框

(3) 单击"确定"按钮,返回 SQL Server Management Studio 窗口。

【例 5-24】 在 SQL Server Management Studio 窗口中创建"教学"数据库的用户账户。

(1) 在对象资源管理器中,依次展开"服务器"→"数据库"→"dbNorthwind"→"安全性"结点,右击"用户"结点并选择快捷菜单中的"新建用户"命令,打开"数据库用户-新建"对话框。

(2) 在"用户名"文本框中输入要创建的用户账户"yaoTea"。

(3) 单击"登录名"文本框中的 ... 按钮,打开"选择登录名"窗口,再单击"浏览"

数据库系统——基础、设计及应用

按钮，打开"查找对象"对话框，勾选"yaoTea"复选框，如图 5-10(a)所示。

(4) 单击"确定"按钮，返回"选择登录名"窗口。此时，该窗口的"输入要选择的对象名称"栏中出现选择性输入的"yaoTea"登录名，如图 5-10(b)所示。单击"确定"按钮，返回"数据库用户–新建"窗口。

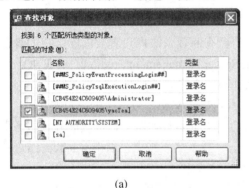
(a)

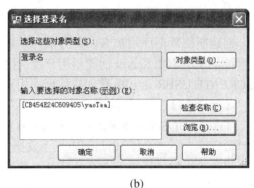
(b)

图 5-10　选择性输入登录名的对话框

(5) 用同样的方式，选择"默认架构"为"dbo"，这时的"数据库用户–新建"窗口如图 5-11 所示。

图 5-11　新建数据库用户的对话框

注：SQL Server 的架构是包含表、视图、函数、存储过程等的容器，是一个命名空间。它位于数据库内部，是形成单个命名空间的数据库对象的集合。其中每个元素的名称都是唯一的。例如，为了避免名称冲突，同一架构中不能有两个同名的表，两个表只有在位于不同的架构时才能同名。

(6) 单击"确定"按钮，关闭"数据库用户–新建"窗口。

为了验证是否创建成功，可以展开用户结点查看。

**3. 查看或删除数据库用户**

查看数据库用户的方法是：在对象资源管理器中，展开该数据库结点下属的"安全性"结点，右击"用户"结点并选择快捷菜单中的"属性"命令，打开"数据库用户"结点，如图 5-12 所示。其中显示了该数据库用户的相关信息。

删除数据库用户的方法是：在对象资源管理器中，展开该数据库下属的"安全性"结点，右击"用户"结点并选择快捷菜单中的"删除"命令。

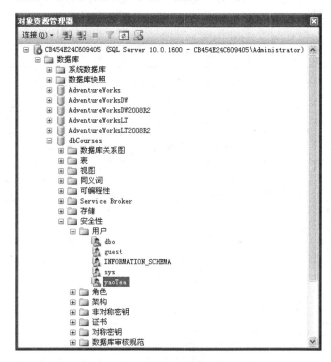

图 5-12　查看数据库用户

## 5.5.4　SQL Server 权限管理

当用户登录到数据库时，需要具备相应的权限才能操作数据库中的数据。例如，如果用户需要访问 dbCourses 数据库中的"学生"表，那么必须先获得查询该表的权限；如果要修改这个表中的数据，还要获得修改它的权限。

对象权限的管理可以通过两种方法实现：一种是通过对象来管理它的用户及操作权限，如将某个对象的操作权限赋予一个或多个数据库用户；另一种是通过用户来管理对应的数据库对象及操作权限，如为某个用户(或角色)赋予操作一个或多个对象的权限。

**1. 权限的种类**

SQL Server 使用权限来增强系统的安全性，通常权限可以分为三种类型：对象权限、语句权限和隐含权限。

(1) 对象权限：用于控制用户对数据库对象(表、视图、存储过程等)执行某些操作的权限。对象权限是针对数据库对象设置的，它由数据库对象所有者授予、禁止或撤销。对象权限的种类及其适用的数据库对象在表 5-3 中列出。

表5-3　对象权限适用的对象和语句

| 权限 | Transact-SQL 语句 | 适用于 |
|------|------------------|--------|
| 查询 | SELECT | 表、视图、表和视图中的列 |
| 插入 | INSERT | 表、视图 |
| 删除 | DELETE | 表、视图 |
| 修改 | UPDATE | 表、视图、表中的列 |
| 调用过程 | EXECUTE | 存储过程 |
| 修改结构 | ALTER | 表、视图 |
| 声明引用完整性 | REFERENCE | 表、表中的列 |

(2) 语句权限：用于控制创建数据库或者数据库中对象的权限。语句权限用于语句本身，它的授予对象一般为数据库用户或数据库角色，只能由 sa 或 dbo 授予、禁止或撤销。语句权限适用的 Transact-SQL 语句和功能如表5-4所示。

表5-4　语句权限适用的语句和权限说明

| Transact-SQL 语句 | 权限说明 |
|-------------------|----------|
| CREATE DATABASE | 创建数据库，只能由 sa 授予 SQL 服务器用户或角色 |
| CREATE TABLE | 创建表 |
| CREATE VIEW | 创建视图 |
| CREATE DEFAULT | 创建默认值 |
| CREATE PROCEDURE | 创建存储过程 |
| CREATE RULE | 创建规则 |
| BACKUP DATABASE | 备份数据库 |
| BACKUP LOG | 备份日志文件 |

(3) 隐含权限：指系统预定义而不需要授权就有的权限，将数据库用户加入角色后，系统自动将角色的权限传递给成员。固定服务器角色成员、固定数据库角色成员以及数据库所有者(dbo)和数据库对象所有者(dboo)所拥有的权限都是这样获得的。例如，sysadmin固定服务器角色成员可以在服务器范围内做任何操作，dbo 可以对数据库做任何操作，dboo可以对其拥有的数据库对象做任何操作，对他不需要明确地赋予权限。

**2. 向导方式授予数据库用户对象权限**

授予、禁止或撤销某个用户对象权限时，可以通过以下两种方式来实现。

(1) 编写并执行 SQL 语句来实现(参见 5.4.3 节)。

● GRANT 语句：授权给数据库用户(或角色)。

● REVOKE 语句：撤销为数据库用户(或角色)授予的权限。

● DENY 语句：拒绝执行操作的权限，并阻止数据库用户(或角色)继承权限，该语句优先于其他授予的权限。

(2) 通过 SQL Server 图形用户界面中的向导来实现。

【例 5-25】　在 SQL Server Management Studio 窗口中，为 yaoTea 用户授予 dbCourses数据库中"上课"表的修改权限。

(1) 在对象资源管理器中，依次展开"服务器"→"数据库"→"dbCourses"→"安全性"→"用户"结点，右击 yaoTea 结点并选择快捷菜单中的"属性"命令，打开"数据库用户"窗口。

(2) 切换到"安全对象"页，单击"搜索"按钮，打开"添加对象"对话框(如图 5-13(a)所示)；选择"特定对象"单选项，单击"确定"按钮，打开"选择对象"对话框。

(3) 单击"对象类型"按钮，打开"选择对象类型"对话框，勾选其中的"表"复选框(如图 5-13(b)所示)；单击"确定"按钮，返回"选择对象"对话框。这时，对话框的"选择这些对象类型"栏中显示"表"。

(4) 单击"浏览"按钮，打开"查找对象"对话框，勾选"上课"复选框(如图 5-13(c)所示)；单击"确定"按钮，返回"选择对象"对话框。这时，对话框的"输入要选择的对象名称"栏中显示"dbo.上课"表名，如图 5-13(d)所示。

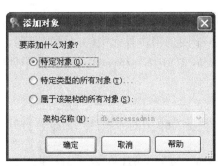

(a)

(b)

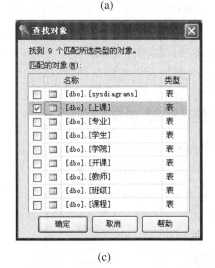

(c)

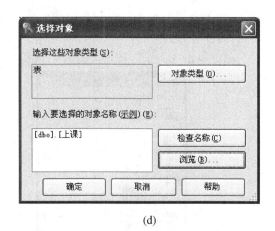

(d)

图 5-13 授予数据库用户权限时的对话框

(5) 单击"确定"按钮，返回"数据库用户"窗口，如图 5-14 所示。

(6) 单击"确定"按钮，关闭"数据库用户"窗口。

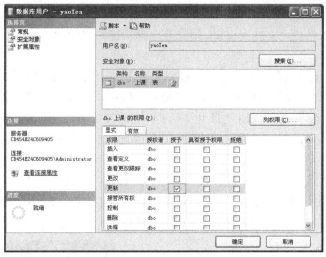

图 5-14　查看数据库用户权限

### 3. 向导方式授予数据库用户语句权限

如果想要一次授予、撤销或禁止多个用户(或角色)对于某个数据库语句的权限，则可编写并执行 SQL 语句来实现，也可通过 SQL Server 图形用户界面中的向导来实现。

【例 5-26】　在 SQL Server Management Studio 窗口中，为 yaoTea 用户授予创建表和创建过程的权限。

(1) 在对象资源管理器中，依次展开"服务器"→"数据库"→"dbCourses"→"安全性"→"用户"结点，右击 yaoTea 结点并选择快捷菜单中的"属性"命令，打开"数据库用户"窗口。

(2) 切换到"安全对象"页，单击"搜索"按钮，打开"添加对象"对话框；选择"特定对象"单选项，单击"确定"按钮，打开"选择对象"对话框；单击"对象类型"按钮，打开"选择对象类型"对话框。

(3) 勾选"对象类型"列表中的"数据库"复选项，如图 5-15(a)所示；单击"确定"按钮，返回"选择对象"对话框，可看到"选择这些数据对象类型"列表中已出现"数据库"项；单击"浏览"按钮，打开"查找对象"对话框。

(a)　　　　　　　　　　(b)

图 5-15　选择对象类型对话框

(4) 勾选"匹配的对象"列表中的"dbCourses"复选项，如图 5-15(b)所示；单击"确定"按钮，返回"选择对象"对话框，可看到"输入要选择对象名称"列表中已出现"dbCourses"项；单击"确定"按钮，返回"数据库用户"窗口。

　　(5) 在"dbCourses"的权限列表中选择"创建表"和"创建过程"权限，如图 5-16所示。

图 5-16　授予了语句权限的数据库用户窗口

　　(6) 单击"确定"按钮，退出"数据库用户"窗口。

### 5.5.5　SQL Server 数据库角色

　　SQL Server 中，可将某些用户设置成一个角色(类似于 Windows 操作系统中的组)，这些用户称为该角色的成员。当对某个角色进行权限设置时，其中的成员自动继承它的权限。数据库管理员将操作数据库的权限赋予角色，再将角色赋予数据库用户或登录账户，使得数据库用户或登录账户拥有相应的权限。这样，只要对角色进行权限管理就可以实现对属于该角色的所有成员的权限管理，从而减少工作量。

　　SQL Server 为服务器预定义了固定服务器角色，用户不能修改、删除或者创建新的服务器角色，因而，固定服务器角色等同于服务器角色。

　　SQL Server 在数据库级别预定义了固定数据库角色。用户可以修改固定数据库角色，也可以创建自定义数据库角色，然后分配权限给新建的用户自定义角色。

#### 1. 服务器角色

　　一台计算机可以承担多个 SQL Server 服务器的管理任务。服务器级角色(也称为固定服务器角色)是对服务器级用户即登录账户而设置的，这种角色在登录账号登录时授予它当前服务器范围内的权限，可以在服务器上进行相应的管理操作，完全独立于某个具体的数据库。可以向服务器级角色中添加 SQL Server 登录名、Windows 账户和 Windows 组。服务器角色的每个成员都可以向其所属角色添加其他登录名。SQL Server 中的服务器级角色及其能够执行的操作如表 5-5 所示。

表 5-5　服 务 器 角 色

| 服务器角色 | 说　　明 |
|---|---|
| sysadmin | 其成员有权在服务器上执行任何任务。默认情况下，Windows BUILTINV Administrators 组(本地管理员组)的所有成员都是 sysadmin 固定服务器角色的成员 |
| serveradmin | 其成员可更改服务器范围的配置选项和关闭服务器 |
| securityadmin | 其成员可管理登录名及其属性。他们可以授予、禁止或撤销服务器级别的权限；可以授予、禁止或撤销数据库级别的权限，还可以重置 SQL Server 登录名的密码 |
| processadmin | 其成员可终止在 SQL Server 实例中运行的进程 |
| setupadmin | 其成员可添加和删除链接服务器 |
| bulkadmin | 其成员可运行 BULK INSERT 语句，从文本中导入数据到 SQL Server 数据库中 |
| diskadmin | 用于管理磁盘文件 |
| dbcreator | 其成员可以创建、更改、删除和还原任何数据库 |

【例 5-27】　在 SQL Server Management Studio 窗口中，将 yaoTea 用户指派给 sysadmin 角色。

(1) 在对象资源管理器中，展开"服务器"→"数据库"→"安全性"→"数据库角色"结点，双击 sysadmin 结点，打开"服务器角色属性"窗口。

(2) 单击"添加"按钮，打开"选择登录名"对话框；单击"对象类型"按钮，打开"查找对象"对话框。

(3) 勾选"匹配的对象"列表中的 yaoTea 复选项，如图 5-17(a)所示；单击"确定"按钮，返回"选择登录名"对话框。可看到"输入要选择的对象名称"列表中已出现 yaoTea 项，如图 5-17(b)所示。

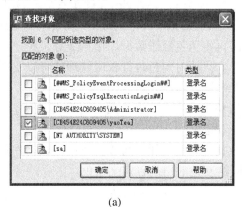 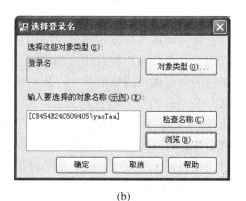

(a)　　　　　　　　　　　　　　　　(b)

图 5-17　授予了语句权限的数据库用户窗口

(4) 单击"确定"按钮，返回"服务器角色属性"窗口。可看到"角色成员"列表中已出现 yaoTea 项，如图 5-18 所示。

(5) 单击"确定"按钮，关闭"服务器角色属性"窗口。

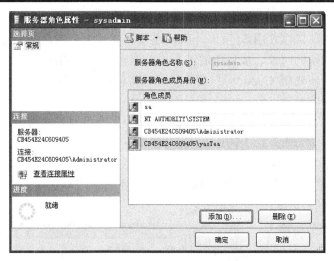

图 5-18 添加了登录名的服务器角色属性窗口

### 2．固定数据库角色

一个服务器上可以创建多个数据库。数据库角色对应于单个数据库。数据库角色分为固定数据库角色和用户自定义的数据库角色。为便于管理数据库中的权限，SQL Server 预定义了一些固定数据库角色，它们的名称及其能够执行的操作如表 5-6 所示。

表 5-6 固定数据库角色

| 数据库级角色 | 说 明 |
| --- | --- |
| Db_owner | 其成员可执行数据库的所有配置和维护活动，还可以删除数据库 |
| Db_securityadmin | 其成员可以修改角色成员身份和管理权限。向此角色中添加主体可能会导致意外的权限升级 |
| Db_accessadmin | 其可为 Windows 登录名、Windows 组和 SQL Server 登录名添加或删除数据库访问权限 |
| Db_backupoperator | 其成员可以备份数据库 |
| Db_ddladmin | 其成员可在数据库中运行任何数据定义语言(DDL)命令 |
| Db_datawriter | 其成员可在所有用户表中添加、删除或更改数据 |
| Db_datareader | 其成员可从所有用户表中读取所有数据 |
| Db_denydatawriter | 其成员不能添加、修改或删除数据库内用户表中的任何数据 |
| Db_denydatareader | 其成员不能读取数据库内用户表中的任何数据 |

固定数据库角色是在数据库级别定义的，并且存在于每个数据库中。可以向数据库级角色中添加任何数据库账户和其他 SQL Server 角色。固定数据库角色的每个成员都可向同一个角色添加其他登录名。

### 3．应用程序角色

应用程序角色是一个数据库主体，它使应用程序能够用自身类似于用户的特权来运行。使用应用程序角色可以只允许通过特定应用程序连接的用户访问特定数据。与数据库角色不同的是，应用程序角色默认情况下不包含任何成员而且是不活动的。应用程序角色使用两种身份验证模式，可以使用 sp_setapprole 系统存储过程来激活(需要密码)。因为应用程序角色是数据库级别的对象，故只能通过其他数据库中授予 Guest 用户的权限来访问这些数据库。可见，任何禁用 Guest 用户的数据库对其他数据库中的应用程序角色都是不可访问的。

使用 SQL Server Management Studio 创建应用程序角色时，可按以下步骤操作：

(1) 在对象资源管理器窗口中展开"服务器"→"数据库"→"当前数据库名"→"安全性"结点，如图 5-19(a)所示。

(2) 右击"角色"结点并选择快捷菜单中的"新建应用程序角色"命令，打开"应用程序角色-新建"窗口，如图 5-19(b)所示。

(a)　　　　　　　　　　　　　　　　　(b)

图 5-19　新建应用程序角色的窗口

(3) 输入新角色的名称、密码，选择性输入架构、默认架构等，然后单击"确定"按钮，关闭"应用程序角色-新建"窗口。

### 4．用户自定义数据库角色

有时候，固定数据库角色不能满足要求。例如，有些用户只需要数据库的"选择和更新"权限而所有固定数据库角色都不能提供这组权限，这就需要用户自定义数据库新角色。

创建用户自定义数据库角色后，要先给该角色指派相应的权限，然后将用户添加到角色中，使得这个用户具有这个新角色的所有权限。这不同于 SQL Server 预定义的固定数据库角色(直接添加用户而不指派权限)。

使用 SQL Server Management Studio 创建用户自定义角色时，可按以下步骤操作：

(1) 在对象资源管理器窗口中展开"服务器"→"数据库"→"当前数据库名"→"安全性"结点。

(2) 右击"角色"结点并选择快捷菜单中的"新建数据库角色"命令，打开"数据库角色-新建"窗口，如图 5-20 所示。

图 5-20 新建数据库角色窗口

(3) 输入角色的名称，选择性输入所有者、架构，添加此角色的成员，然后单击"确定"按钮，关闭"数据库角色-新建"窗口。

## 实验 5 数据库完整性与安全性

### 1. 实验任务与目的

(1) 在当前数据库中，使用 SQL Server Management Studio 图形用户界面完成以下任务：

① 创建 CHECK，实现域完整性控制。加深对于域完整性概念的理解，掌握其实施的一般方法。

② 为表添加一个标识列，实现实体完整性控制。加深对于实体完整性概念的理解，掌握其实施的一般方法。

③ 通过外键在两个表之间建立关联，实现引用完整性控制。加深对于引用完整性概念的理解，掌握其实施的一般方法。

(2) 在当前数据库中，创建、执行然后删除触发器。认识触发器的作用及与约束的区别，验证约束与触发器的不同作用期，掌握其创建及使用的一般方法。

(3) 在当前数据库中完成以下任务：

① 比较 Windows 和 SQL Server 身份验证的方式，了解 SQL Server 的身份验证方法。

② 设置登录账户，掌握合法登录账户的设置方法。

③ 设置数据库用户，掌握数据库用户的设置方法。

④ 设置数据库角色，掌握数据库角色的设置方法。

⑤ 设置数据库用户权限，掌握用户权限的管理方法。

**2．预备知识**

(1) 本实验涉及本章中的知识有：

● 数据库完整性的概念、分类以及重要意义。

● 实体完整性的概念以及实体完整性控制的一般方法。

● 引用完整性的概念以及引用完整性控制的一般方法。

● 用户自定义完整性的概念以及用户自定义完整性控制的一般方法。

● 触发器的概念、作用、一般形式和使用方法。

● 数据库安全性的概念以及安全性控制的一般方法。

(2) SQL Server 中的域完整性。SQL Server 中，根据数据完整性措施所作用的数据库对象和范围，可将数据完整性分为 4 种：实体完整性、域完整性、引用完整性和用户定义完整性。

域完整性又称为列完整性，是指列数据输入的有效性，要求表中指定列的数据具有正确的数据类型、格式和有效的数据范围。域完整性也是一种"用户自定义的完整性"，但又与"业务规则"等因数据来源而变化的特殊约束不同，是数据库本身必须具备的且可与实体完整性(主键约束)和引用完整性(建立表间联系)并列的一类约束。实现域完整性的方法如下：

● 限制类型：通过指定数据类型实现。

● 限制格式：通过 CHECK 约束和规则实现。

● 限制可能的取值范围：通过 FORREIGN KEY 约束、CHECK 约束、DEFAULT 定义、NOT NULL 定义和规则(RULE)等来实现。

CHECK 约束通过显示输入到列中的值来实现域完整性；DEFAULT 定义后，如果列中尚无输入值，则填充默认值来实现域完整性；通过定义列为 NOT NULL 限制输入的值不能为空也可以实现域完整性。

(3) SQL 中的授权。数据库安全性管理涉及对用户的管理，对数据库对象操作权限的管理，对登录数据库权限的管理等方面。SQL Server 为维护数据库系统的安全性提供了完善的管理机制以及简单而丰富的操作手段。实际应用中，可根据系统对安全性的不同需求采用合适的方式来完成数据库系统安全体系的设计。大体上，SQL 中的权限包括以下几种情况。

● 数据库对象操作的权限：包括使用 DELETE、INSERT、SELECT 和 UPDATE 语句等访问数据库中数据的权限。

● 修改数据库模式的权限：例如，创建新的关系的授权，在一个关系中添加或删除属性的授权，删除一个关系的授权等。SQL 标准定义了基本的数据库模式授权机制，即只有该模式的所有者才能执行对模式的修改。这样，诸如创建或删除关系、添加或删除索引以及添加或删除关系中的属性等修改模式操作都只能由模式的所有者执行。

● 声明外键的权限：因为外键约束限制了被引用关系的删除和更新操作，可能会为某些用户带来不便。

● 执行权限：该权限将执行一个函数或过程的权限授予用户。

● 使用权限：该权限将使用一个指定域的权限授予用户。

● 最大的授权形式：属于 DBA(数据库管理员)，他们可以授权给新用户、重建数据库等。这种授权方式类似于操作系统中的超级用户。

● 权限的传递：获得了某种形式授权的用户可将此权限传递其他用户，但应保证这种授权可在未来某个时刻收回。

# 实验 5.1　实施数据完整性

### 1. 创建要操作的表

按以下步骤生成两个表："学生_2"和"上课_2"。

(1) 在 SQL Server Management Studio 中，展开 dbCourses 数据库结点，再展开其中的"表"结点。

(2) 单击工具栏上的"新建查询"按钮，打开查询编辑器，在其中输入并执行：

　　SELECT *

　　INTO 学生_2

　　FROM dbo.学生；

该语句执行后，复制"学生"表，得到内容完全相同的"学生_2"表。

(3) 右击当前服务器结点，选择快捷菜单中的"断开连接"命令，关闭当前数据库并断开与其服务器的连接。

(4) 单击工具栏上的"连接"下拉式按钮，选择快捷菜单中的"数据库引擎"命令，打开"连接到服务器"对话框，再单击"连接"按钮，重新连接 dbCourses 数据库所属服务器。

(5) 在"对象资源管理器"中重新展开 dbCourses 结点及其下属的"表"结点，便可看到复制而成的"学生_2"表。

按同样的方法复制"上课"表，可得到内容完全相同的"上课_2"表。

### 2. 创建 CHECK 约束，实现域完整性

在表"学生_2"中创建 CHECK 约束，规定"宿舍"列的格式。

(1) 右击"学生_2"表结点，选择快捷菜单中的"设计"命令，打开相应的"表设计器"窗口。

(2) 选择"宿舍"属性列，右击并选择"CHECK 约束"命令，打开"CHECK 约束"对话框。

(3) 编辑如图 5-21 所示的 CHECK 约束表达式，然后关闭"CHECK 约束"对话框。

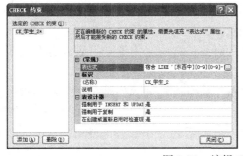
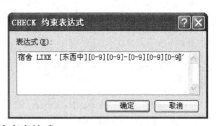

图 5-21　编辑 CHECK 约束表达式

（4）将"上课_2"表切换到编辑状态，准备输入数据。

（5）在表中分别插入两行新记录，其中一行的"宿舍"格式为指定的格式，另一行的为非法格式。

（6）当插入第一行时，系统成功地插入了新数据行且无信息返回；而在插入第二行时，系统提示错误信息，拒绝接受非法格式的数据，从而保证了域完整性。

（7）单击"确定"按钮，取消插入，并关闭表的数据记录窗口。

### 3．实现实体完整性

在表"上课_2"中添加一个标识列，实现实体完整性。

（1）右击"上课_2"表结点，选择快捷菜单中的"设计"命令，打开相应的"表设计器"窗口。

（2）为该表添加一个标识列，其名为 ID，种子值为 1，递增量也为 1，如图 5-22 所示。

图 5-22　添加标识列

（3）单击工具栏上的保存按钮，完成标识列的添加，然后关闭查询设计窗口。

（4）选中"上课_2"表并打开该表的数据记录窗口。可以看到，系统自动为每行的标识列填充了值，并从 1 开始，依次递增，这样，表中每个数据行都可以由标识列唯一标识，实现了实体完整性。

（5）关闭表的数据记录窗口。

（6）打开"学生_2"表的设计器窗口并将其"学号"字段设置为主键。

### 4．实现引用完整性

为"学生_2"和"上课_2"两个表建立关联，实现引用完整性。

（1）在对象资源管理器窗口中，展开"表"对象，选中"上课_2"表并打开该表的编辑器窗口。

（2）右击该窗口，选择快捷菜单中的"关系"命令，打开"外键关系"对话框，如图 5-23(a)所示。

（3）单击"添加"按钮，在左窗格中添加一个关系名，并单击"表和列规范"行右侧的 … 按钮，打开"表和列"对话框。

（4）按如图 5-23(b)所示编辑两个表之间的关系，再单击"确定"按钮，关闭"表和列"

对话框，返回"外键关系"对话框。

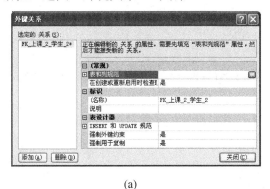

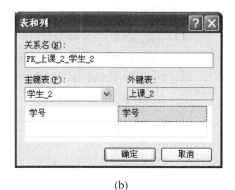

(a)          (b)

图 5-23 编辑两个表的关系

(5) 单击"确定"按钮，关闭"外键关系"对话框。这样，就为"学生_2"和"上课_2"两个表建立了基于"学号"列的关系。

### 5. 测试引用完整性

(1) 在"上课_2"表中添加一行，"学号"是"学生_2"表中不存在的学号，观察 SQL Server 的反应。

(2) 在"学生_2"表中添加一行，"学号"为新的值；随后在"上课_2"表中添加两行，"学号"为新添加的值；最后删除"学生_2"表中刚添加的一行，观察两个表中数据的变化。

## 实验 5.2 创建并使用触发器

为"上课_2"表创建一个基于 UPDATE 操作和 DELETE 操作的触发器，在修改该表中分数或者删除了分数记录时，触发器激活，执行其中代码并显示相关操作信息。

### 1. 创建触发器

(1) 在 SQL Server Management Studio 中，展开 dbCourses 数据库结点。

(2) 单击工具栏上的"新建查询"按钮，打开查询编辑窗口，在其中输入 CREATE TRIGGER 语句并保存它，创建触发器。

```
--创建触发器
CREATE TRIGGER updateTri ON 上课_2
FOR UPDATE，DELETE
AS
--检测：成绩列表更新了？
IF UPDATE(成绩) BEGIN
    --显示学号、课程号、分数原值及新值
    SELECT INSERTED.课程号, DELETED.分数 AS 原分数, INSERTED.分数 AS 原分数
    FROM DELETED, INSERTED
```

WHERE DELETED.学号=INSERTED.学号　　END

--检测：更新还是删除？

ELSE IF COLUMNS_UPDATED( )=0　　BEGIN

　　--显示被删学号、课程号和分数

　　SELECT 被删学号=DELETED.学号, DELETED.课程号, DELETED.分数 AS 原分数

　　FROM DELETED　　END

ELSE

　　--返回提示信息

　　PRINT　'更新了非成绩列！';

### 2．触发触发器

(1) 在查询编辑窗口中输入 UPDATE 语句，修改分数列，激发触发器：

　　UPDATE 上课_2

　　SET 分数=分数+5

　　WHERE 课程号='030100';

(2) 在查询编辑窗口中输入 UPDATE 语句，修改其他列，激发触发器：

　　UPDATE 上课_2

　　SET 课程号='031100'

　　WHERE 课程号='031100';

(3) 在查询编辑窗口中输入 DELETE，删除成绩记录，激发触发器：

　　DELETE 上课_2

　　WHERE 课程号='250010';

### 3．比较约束与触发器的不同作用期

(1) 在查询编辑窗口中输入并执行 ALTER TABLE 语句，为"上课_2"表添加约束，使得"分数在 0～100 之间"：

　　ALTER TABLE 上课_2

　　ADD CONSTRAINT CK_分数 CHECK(分数>=0 AND 分数<=100);

(2) 在查询编辑窗口中输入并执行 UPDATE 语句，观察结果：

　　UPDATE 上课_2

　　SET 成绩=109

　　WHERE 课程号='250102';

(3) 在查询编辑窗口中输入并执行 UPDATE 语句，观察结果：

　　UPDATE 上课_2

　　SET 分数=89

　　WHERE 课程号='250102';

可以看出，约束优先于触发器起作用。

### 4．删除新创建的触发器

在查询编辑窗口中输入并执行 DROP TRIGGER，删除刚创建的触发器：

　　DROP TRIGGER updateTri

## 实验 5.3 实现数据库安全管理

**1. 在 SQL Server 中选择和设置身份验证模式**

(1) 在 SQL Server Management Studio 中，右击希望设置身份验证模式的服务器结点，选择快捷菜单中的"属性"命令，打开"服务器属性"窗口。

(2) 切换到"安全性"页，在"服务器身份验证"栏中选择下列身份验证模式：

● Windows 身份验证模式

● SQL Server 和 Windows 身份验证模式

(3) 单击"确定"按钮，完成身份验证模式的选择和设置。

**2. 创建登录账户**

(1) 展开"对象资源管理器"窗口中的同一个服务器组，展开"数据库"→"安全性"结点。

(2) 右击"安全性"结点，选择快捷菜单中的"新建登录名"命令，打开"登录名-新建"窗口。

(3) 在"常规"页中进行如下设置：

● 在"登录名"文本框中输入一个 SQL Server 登录账户名。

● 选择一种登录模式。

● 选择"默认数据库"为 dbCourses。

(4) 在其他两个页中选择允许登录账户访问的数据库和分配给登录账户的数据库角色。

(5) 单击"确定"按钮，完成登录模式的创建。

**3. 新建数据库用户**

(1) 展开"对象资源管理器"窗口中的同一个服务器组，并展开"数据库"→"dbCourses"结点。

(2) 右击"安全性"结点，选择快捷菜单中的"新建"→"用户"命令，打开"数据库用户-新建"窗口。

(3) 在其中设置一个数据库用户名(如"WangJY")，绑定一个登录名(如"sa")，并指定其拥有的框架及所属的角色，然后关闭该窗口。

**4. 创建数据库角色**

(1) 展开"对象资源管理器"窗口中的同一个服务器组，并展开"数据库"→"dbCourses"→"安全性"结点。

(2) 右击"角色"结点，选择快捷菜单中的"新建"→"新建数据库角色"命令，打开"数据库角色-新建"窗口。

(3) 在其中进行以下操作。

● 输入名称：输入新建数据库角色的名称。

● 选择此角色拥有的架构：如"dbo"。

● 添加用户：单击"添加"按钮向角色中添加用户。

单击"确定"按钮，完成数据库角色的创建。

**5．设置数据库角色的权限**

(1) 展开"对象资源管理器"窗口中的同一个服务器组，并展开"数据库"→"dbCourses"→"表"结点。

(2) 右击某个表结点，选择快捷菜单中的"属性"命令，打开"表属性"对话框。

(3) 在其中进行以下操作。

● 在"用户或角色"列表中添加(选择性输入)数据库用户与角色。

● 在"权限"列表中设置每个用户的权限：赋予其"授予"、"具有授予"或者"拒绝"的权限。

单击"确定"按钮，完成对象权限的设置。

# 习 题 5

1．什么是数据库完整性？它与数据库安全性有什么区别？

2．满足基本的数据完整性需求的数据库具有什么特点？

3．举例说明：什么是实体完整性？如何实现实体完整性？

4．举例说明：哪些操作会破坏引用完整性？如何进行相应的违约处理？

5．写一个定义"雇员"表的 SQL 语句，该表的关系模式为

雇员(工号，姓名，部门号，性别，基本工资，住址，电话)

要求如下：

(1) "工号"为主键。

(2) "部门号"为外键。它是"部门"表的主键。

(3) "性别"只能取"w"或"m"两个值。

(4) "基本工资"在 1800～8000 之间取值，默认值为 2000。

(5) "电话"按"029-82××××××"或"130×××××××××"的形式取值。

6．为什么要使用触发器？触发器有什么缺点？

7．什么是 DBMS 的安全保护？数据库安全控制的一般方法有哪些？

8．举例说明统计数据库的安全问题。

9．在 SQL 中，表级的操作权限有哪些？

10．写出完成下列权限操作的 SQL 语句：

(1) 将在数据库 myDB 中创建表的权限授予用户 U1。

(2) 将在表 books 中增加、删除和修改的权限授予用户 U12，并允许其将拥有的权限再授予其他用户。

(3) 将对表 books 的查询、增加的权限授予用户 U3。

(4) 以 user2 身份登录后，将对表 books 的删除记录权限授予 user3。

(5) 以 sa 身份重新登录，将授予 user2 的权限全部收回。

11. 简述 SQL Server 数据库的安全级别。

12. 常用的数据加密方法有哪些？

13. SQL Server 中的用户账户和登录账户有什么区别和联系？

14. 什么是角色？服务器角色和数据库角色有什么不同？用户可以创建哪种角色？

15. 角色和用户有什么关系？当一个用户被添加到某一角色中后，其权限发生了怎样的变化？

# 第6章 数据库应用程序

构造数据库系统时，为了提高整体性能、提供实用且高效的用户界面，往往需要使用某种程序设计语言(如 C++、Basic、Java 等)以及支持其编辑和运行的软件环境(如 Visual C++、Visual Basic、JBuilder 等)来开发数据库应用程序。在这种程序中，使用 SQL 语言来定义、查询或操纵数据库中的数据，并使用某种高级语言来处理数据和形成用户界面。

程序设计语言中使用 SQL 的方式有多种，可以在高级语言程序中嵌入 SQL 语句，将其预编译并与程序一起形成可执行代码；可以通过高级语言程序中的变量在程序执行时送出 SQL 语句；还可以使用某种数据库访问接口连接数据库，通过高级语言程序访问并处理数据库中的数据。另外，多种 DBMS 本身就有一定的程序设计能力，而且可以通过存储过程机制扩展 SQL 语句的数据库定义和操纵功能。

## 6.1 程序设计方法

常用的 DBMS 一般都有类似于 SQL Server Management Studio 的交互式用户界面，可用之直接输入 SQL 命令，DBMS 运行命令并通过这种界面输出结果。但实际应用中的数据处理需求千变万化，仅靠 SQL 语言以及 DBMS 本身的功能往往不足以应付。因此，实际的数据库系统一般都需要使用某种程序设计语言以及支持特定语言的软件开发环境来编写应用程序。

数据库应用程序是通过 DBMS 访问数据库中的数据并向用户提供数据服务的程序。简单地说，它们是允许用户插入、删除、修改并报告数据库中数据的程序。这种程序是由程序员使用通用或专用的程序设计语言，如 C 语言、DBMS 自含的语言以及各种面向用户的数据库应用程序开发工具(如 Power Builder、Visual C++)等，按照用户的需求编写的。

### 1. 嵌入式 SQL

SQL 语言的主要功能是定义和操纵数据库中的数据，它并不是通用的程序设计语言。因此，当一个程序既要访问数据库又要处理数据时，可将 SQL 语句嵌入用某种通用的程序设计语言(如 C++、Basic)编写的程序中，由 SQL 语句负责数据库中数据的定义、查询和操纵，由高级语言语句负责控制程序流程和处理数据，这种使用 SQL 语言的方式称为嵌入式 SQL。如果某种语言编写的程序中包含 SQL 语句，则称之为宿主语言，其中的 SQL 语句称为数据子语言。

将 SQL 语言的数据库访问功能和宿主语言的流程控制功能相结合的程序中，包含两种不同计算模型的语句，一种是描述性的面向集合的操作语句 SQL，一种是过程性的高级语言语句，因此，它们之间必须互相通信才能协调工作。一般地，嵌入的 SQL 语句要用一个特殊前缀(如字符串 EXEC SQL)来标识，预编译器先扫描源程序代码，找出 SQL 语句，然后将它们抽出来提交给 DBMS 执行。

### 2. 数据库引擎

不同种类数据库的数据格式及内部实现机制各不相同，在通过高级语言以及软件开发工具(如 Visual Basic、Java 和 Visual C++)编写程序来访问数据库时，必须通过某种中介程序连接到数据库，这种开发工具与数据库之间的中介程序称为数据库引擎。数据库引擎将 SQL 语句转化为对数据库中数据的操作，例如，如果输入了一个 SELECT 语句，数据库引擎便将其转化为数据库中数据的查询操作。

可将数据库引擎看做实现数据库调用的函数库，它为应用程序访问数据库提供了接口，可称之为 API(Application Programming Interface，应用编程接口)。这类函数库包括连接数据库的函数和执行 SQL 语句的函数等。在这类函数中，实际执行的 SQL 命令都是以函数的参数形式包含在函数调用中的。目前较为流行的数据库接口有 ODBC、ADO 和 JDBC 等。其中 ODBC(Open DataBase Connectivity，开放数据库互连)是微软开发的一种应用较广的数据库引擎。

### 3. RDBMS 自有的数据库编程功能

多数商业 RDBMS 都具备一定的数据库编程功能。例如，Microsoft Access 中嵌入了与 Visual Basic 兼容的 VBA(Visual Basic Application)，可以很方便地连接 Access 数据库并构建功能强且用户界面友好的数据库应用程序。又如，Microsoft SQL Server 运行的 T-SQL 语言扩充了标准 SQL 语言的功能，引入触发器、存储过程等数据库对象以及通用程序设计语言中的条件、循环结构等复杂控制结构来增强程序设计功能。

### 4. 数据库应用程序的一般结构

数据库系统中的应用程序涉及两部分内容，一部分是使用 DBMS 以及其他工具创建的数据库，其中包含表、视图和存储过程等各种对象；另一部分是使用程序设计语言以及软件开发环境构建的应用程序，这种程序通过特定的数据库引擎连接数据库并通过某种方式来访问和处理数据库中的数据。最基本的数据库应用程序的一般结构如图 6-1 所示(未表示网络构型的概念结构)。

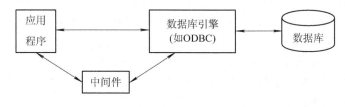

图 6-1　数据库应用程序的一般结构

### 5. C/S 模式与 B/S 模式

一般地，DBMS(如 Microsoft Access)和数据库应用程序可以驻留或运行在同一台计算机上，两者甚至可以结合在同一个程序中，以前使用的大多数数据库系统都是这样设计的。

但是随着数据库技术的发展，数据库系统经常采用 C/S(Client/Server，客户/服务器)模式。C/S 数据库将所有数据和 DBMS 都放在服务器上，应用程序运行在一个或多个客户机(用户工作站)上，并且通过网络与运行在其他计算机(服务器)上的一个或多个 DBMS 通信。 客户机通过标准 SQL 语句等方式来访问服务器上存储的数据库中的数据。由于这种结构将数据和对数据的管理都统一放在了服务器上，保证了数据的安全性和完整性，同时也可以充分利用服务器高性能的特点。

随着数据库应用的拓展，三层结构的数据库系统也不断发展，逐步取代了某些领域中客户/服务器结构的数据库。这种结构的数据库中，客户和数据库服务器之间增加了一个应用服务器，于是，原先必须在客户上实现的复杂业务逻辑，全部集中到中间件上，完成了客户端的"减肥"，甚至客户端软件只需要安装普通的浏览器即可。在这种模式下，是中间件通过数据库引擎来访问数据库。

由于因特网的发展和普及，为了能够随时随地地操纵和共享信息，又产生了 B/S (Browser/Server，浏览器/服务器)模式。B/S 模式按功能至少可分为三层，即客户层、应用层(中间层)和数据层。客户层主要指通用浏览器，可以在连接到互联网的各种计算机上运行。数据层指的是运行数据库的服务器。应用层位于应用程序服务器上，运行数据库应用程序。应用程序服务器和数据库服务器一般都是同一家网络公司的设备，有时这两个服务器可能合二为一，运行在一台计算机上，但原理上仍是三层。各层之间存在数据交换，客户层一般不能直接访问数据层，如图 6-2 所示。

图 6-2　浏览器/服务器模式

## 6.2　嵌入式与动态 SQL

SQL 既是自含式语言又是嵌入式语言。作为自含式语言，SQL 能够独立地用于联机交互的使用方式，输入一条 SQL 命令即可操作数据库中的数据并立即看到命令执行的结果。当作为嵌入式语言使用时，可将 SQL 语句方便地嵌入诸如某种高级语言源程序中，利用这些高级语言的算法表达和流程控制能力以及 SQL 语言的数据库操纵能力，可以快速地建立数据库应用程序。这时，用户不能直接观察到各条 SQL 语句的输出，其结果必须通过变量或过程参数返回。

嵌入式 SQL 语句或者其中的参数在编译程序时就是已知的，称为静态 SQL。有时候，SQL 语句或者其中的参数在编译程序时无法确定而只能在运行时生成，称为动态 SQL。动态 SQL 更加灵活且功能更强。

注：Microsoft SQL Server 2000 中仍然支持用于 C 语言的嵌入式 SQL API，但在 SQL Server 以后的版本中，不再包含在使用此 API 的应用程序上进行编程工作所需要的文件。在 SQL Server 的下一版本中，仍然支持用于 C 语言的嵌入式 SQL 编写的现有应用程序的连接，但在以后的版本中也将不再提供这种支持。

### 6.2.1　嵌入式 SQL 的使用

嵌入式 SQL 是一种将 SQL 语句直接写入用 C 语言、COBOL 语言或者 Power Builder 等编写的源程序中的方法。借此方法，可使得应用程序拥有访问数据库中数据以及处理数据的能力。在 SQL86 中(SQL 标准)定义了对于 COBOL、FORTRAN 以及 PL/1 等语言的嵌入式 SQL 规范。在 SQL89 规范中定义了对于 C 语言的嵌入式 SQL 规范。有些大型数据库产品(如 Oracle、DB2)提供了对于嵌入式 SQL 的支持。

下面以 SQL 嵌入 C 语言为例，说明实现的一般方法。

#### 1. 嵌入式 SQL 的工作方式

为了使用嵌入式 SQL，数据库厂商需要在 DBMS 之外提供一些工具，并在技术上解决以下问题：

(1) 宿主语言的编译器一般不接受和处理 SQL 语句，故嵌入式程序中应有区分 SQL 语句和宿主语言语句的标记。

(2) 如何在宿主语言的应用程序与 DBMS 之间传递信息。

(3) 一条 SQL 语句原则上可产生或处理一组记录，而宿主语言一次只能处理一条记录，必须协调这两种不同的处理方式，将数据库中数据的查询结果逐次赋值给宿主语言程序中的变量以便处理。

(4) 进行必要的数据类型转换(数据库与宿主语言中的数据类型可能会有差异)。

为了解决这些问题，数据库厂商往往提供一个嵌入式 SQL 的预编译器，将包含嵌入式 SQL 语句的宿主语言(如 C 语言)源码转换成纯宿主语言的代码。这样一来，源码即可使用宿主语言对应的编译器进行编译。通常情况下，经过嵌入式 SQL 预编译之后，原有的嵌入式 SQL 会被转换成一系列函数调用。因此，数据库厂商还需要提供相应的函数库以确保链接器能够将代码中的函数调用与对应的实现链接起来，如图 6-3 所示。

图 6-3　嵌入了 SQL 的 C 语言程序的工作流程

#### 2. 嵌入式 SQL 的一般形式

在嵌入式 SQL 中，为了区分 SQL 语句与宿主语言语句，所有 SQL 语句都必须加前缀 EXEC SQL。SQL 语句的结束标志则随宿主语言的不同而不同，例如，在 C 和 PL/1 中以分号(;)结束，在 COBOL 中以 END-EXEC 结束。这样，以 C 或 PL/1 作为主语言的嵌入式 SQL 语句的一般形式为

　　　　EXEC SQL <SQL 语句>;

其中，EXEC SQL 本身不区分大小写，在 EXEC SQL 和分号之间只能包含有效的 SQL 语句而不能包含宿主语言语句。例如，删除 Stu 表的嵌入式 SQL 语句为

EXEC SQL DROP TABLE Stu;

嵌入式 SQL 语句可按照功能分为说明性语句与可执行语句两种，可执行 SQL 语句又可分为数据定义、数据控制和数据操纵三种。在宿主语言程序中，所有允许出现说明性语句的地方都可以出现说明性 SQL 语句，所有允许出现可执行语句的地方都可以出现可执行 SQL 语句。

### 3. 嵌入式 SQL 与宿主语言之间的信息传递

DBMS 和宿主语言程序之间的数据传递方式主要包括：

(1) 宿主语言向 SQL 语句提供参数，主要通过主变量实现。主变量就是宿主语言程序中的变量。通过主变量，不仅宿主语言可以向 SQL 语句提供参数，SQL 语句也可对主变量赋值或设置状态信息返回给应用程序，使应用程序得到 SQL 语句的结果和状态。

(2) 向宿主语言传递 SQL 语句的执行状态信息，使宿主语言能够据此控制程序流程，主要通过 SQL 通信区实现。SQL 通信区是一个系统定义的主变量，用于应用程序和 DBMS 通信，只需在嵌入的可执行 SQL 语句前加上 INCLUDE 语句即可使用，其格式为

    EXEC SQL INCLUDE SOLCA

(3) 将 SQL 语句的数据库查询结果交给宿主语言做进一步处理，主要通过主变量和游标实现。游标是系统为用户开设的一个数据缓冲区，用于存放 SQL 语句的执行结果。每个游标都有一个名字。用户可以用 SQL 语句逐个从游标中获取记录并赋予主变量，由宿主语言做进一步处理。

【例 6-1】 查询数据库并逐个输出结果集中的记录。

假定当前数据库中有一个表，其关系模式为

    Courses(courseID, courseName, credit, classHour)

通过嵌入式 SQL 语句查询其中三个字段并通过 C 程序逐个输出所有记录的程序如下：

```
/*定义 SQL 通信区*/
EXEC SQL INCLUDE SQLCA;
/*说明主变量*/
 EXEC SQL BEGIN DECLARE SECTION;
     CHAR cID(8);
     CHAR cName(20);
     INT cHour;
EXEC SQL END DECLARE SECTION;
main(){
    /*定义游标*/
    EXEC SQL DECLARE C1 CURSOR FOR
    /*查询 Courses 表中三个字段*/
    SELECT courseID, courseName, classHour FROM Courses;
     /*打开游标*/
    EXEC SQL OPEN C1;
    /*循环输出查询结果集中所有记录*/
```

```
for(;;) {
    /*当前数据放入主变量并推进游标指针*/
    EXEC SQL FETCH C1 INTO :cID, :cName, :cHour;
    /*判断 SQL 通信区状态——不成功则退出循环*/
    if (sqlca.sqlcode <> SUCCESS)
            break;
    printf("Course ID: %s, Class Hour: %d", :cID, :cHour);
    printf("course Name: %s", :cName);
}
/*关闭游标*/
EXEC SQL CLOSE C1;
}
```

说明:

(1) SQL 通信区 SQLCA 是一个全局变量,只需在嵌入的可执行语句之前加上 INCLUDE 即可使用。SQLCA.SQLCODE 是 SQLCA 的一个分量,属于整数类型,用于 DBMS 向应用程序报告 SQL 的执行情况。每执行一条 SQL 语句,就返回一个 SQLCODE 代码。

(2) SQL 语句引用主变量时,变量前加冒号":"以区别于数据库对象名(列名、表名、视图名等),而宿主语言中引用主变量时不必加。

(3) 程序中的 DECLARE 语句为一条 SELECT 语句定义了游标 C1,SELECT 语句的结果集是一个新的关系,当 C1 向前推进(FETCH)时,可以逐个指向新关系的每条记录。

## 6.2.2 动态 SQL 的概念

嵌入式 SQL 语句的结构是固定的,也就是说,其中引用的表和列以及主变量的个数与数据类型在预编译时就已经确定了,只有主变量的值是在程序运行过程中动态输入的,故称为静态 SQL 语句。但在很多情况下,SQL 语句或其中的参数不能在编译时确定而只能在运行时生成,尤其是 CREARE 和 DROP 这样的 DDL(数据定义语言)语句,不可能以嵌入式 SQL 语句来使用。这就只能使用动态 SQL 语句了。

动态 SQL 语句允许应用程序向数据库发送任何查询,而且可以像发送查询一样地向数据库发送 DDL 命令。使用动态 SQL 语句的一般方式:不在程序源代码中嵌入 SQL 语句,而是在程序运行时以文本形式构建 SQL 语句,并将 SQL 语句文本传递给 DBMS 去执行。常用的有 SQL 语句主变量、动态参数和动态游标三种动态 SQL 形式。

【例 6-2】 使用 SQL 语句主变量。

这里的程序主变量包含的是 SQL 语句的内容而不是原来保存数据的输入或者输出的主变量,称为 SQL 语句主变量。它可以在程序执行期间设定不同的 SQL 语句并立即执行。

```
EXEC SQL BEGIN DECLARE SECTION;        /*定义 SQL 语句主变量*/
const char *stmt = "CREATE TABLE mytest(...);";
EXEC SQL END DECLARE SECTION;
EXEC SQL EXECUTE IMMEDIATE :stmt;        /*执行 SQL 语句*/
```

其中使用了 EXECUTE IMMEDIATE 命令执行 SQL 语句，这是最简单的方法。

【例 6-3】 使用动态参数。

动态参数是 SQL 语句中的可变元素，定义时用符号"?"代替，表示其值在 SQL 程序执行时提供。使用 PREPARE 语句接收含有参数的 SQL 语句主变量，并将该语句送入 DBMS。DBMS 编译该语句并生成执行计划。使用 EXECUTE 语句执行准备好的 SQL 语句。DBMS 将 SQL 语句中分析出的动态参数和主变量绑定作为该语句的输入或输出参数。

```
EXEC SQL BEGIN DECLARE SECTION;
    char *stmt[]= "INSERT INTO mytest VALUES(?, ?); "
    char *c_aa[20];
    char *c_bb[30];
EXEC SQL END DECLARE SECTION;
EXEC SQL PREPARE p_stat FROM :stmt;
WHILE(SQLCODE==0) {
    Strcpy(c_aa, "Ban");
    Strcpy(c_bb, "Chang");
    EXEC SQL EXECUTE p_stat USING :c_aa, :c_bb;
}
```

其中，PREPARE 语句将主变量 stmt 的值传递给 p_stat 变量；EXECUTE 语句请求 DBMS 执行 PREPARE 语句准备好的 SQL 语句。当要执行的动态语句中包含一个或多个参数标志时，在 EXECUTE 语句中必须为每个参数提供值。

这是执行任意 SQL 语句的一种比较好的方法，即准备语句一次并执行准备好的语句任意多次。如果不再需要已准备好的语句，就应该释放它：

```
EXEC SQL DEALLOCATE PREPARE <语句名称>;
```

【例 6-4】 使用动态游标。

静态游标在定义时即确定了完整的 SELECT 语句，而动态游标定义时不包括 SELECT 语句。

```
EXEC SQL BEGIN DECLARE SECTION;
    char *c_select= "SELECT aa FROM mytest WHERE bb=?)";
    char *c_bb[]= "Huang";
    char *c_aa[20];
EXEC SQL END DECLARE SECTION;
EXEC SQL END DECLARE c2 CORSOR FOR select_stmt;
EXEC SQL PREPARE select_stmt FROM :c_select;
EXEC SQL OPEN c2 USING :c_bb;
EXEC SQL FETCH c2 INTO :c_aa;
EXEC SQL CLOSE c2;
EXEC SQL DEALLOCATE c2;
```

其中，定义动态游标的 DECLARE CURSOR 语句中未包含 SELECT 语句，而是定义了

PREPARE 中使用的语句名,用 PREPARE 语句指定与查询相关的语句名称。当该语句中包含了参数时,在 OPEN 语句中必须指定提供参数值的主变量。动态 DECLARE CURSOR 语句是 SQL 预编译程序中的一个命令,而不是可执行语句。

# 6.3　存　储　过　程

存储过程是一组可以完成特定功能的 SQL 语句集,编译后存储在数据库中,用户通过存储过程的名称并在必要时给出参数(如果该存储过程带有参数)来执行它。存储过程中允许使用变量和参数,也可以包含逻辑控制语句(选择结构、循环结构等)。

数据库中有许多操作,如修改数据库结构和执行用户定义事务等,都可以使用存储过程来完成。存储过程和触发器都是 SQL 语句和流程控制语句的集合。就本质而言,触发器也是一种存储过程。存储过程在运算时生成执行方式,所以,以后对其再运行时执行速度就很快。

不同 DBMS 支持存储过程的方式有所不同,下面以 SQL Server 为例加以说明。

## 6.3.1　存储过程的特点

存储过程中主要包含一组 SQL 语句。它预先编译好并存储于数据库中,可被前台应用程序多次调用。数据库中的存储过程与 C 或其他高级语言程序中的过程类似,可以:

- 接受输入参数并以输出参数的形式将多个值返回至调用过程或批处理。
- 包含执行数据库操作(包括调用其他过程)的编程语句。
- 向调用过程或批处理返回值,以表明成功或失败以及失败的原因。

可以使用 Transact-SQL EXECUTE 语句来运行存储过程。存储过程与函数的不同之处在于存储过程不返回取代其名称的值,也不能直接在表达式中使用。

使用存储过程既方便了软件开发,又减少了解释执行 SQL 语句时句法分析和查询优化的时间,提高了效率。在 C/S 结构中,应用程序(客户端)只需向服务器发出一个调用存储过程的请求,服务器上即可执行一批 SQL 命令,中间结果不必返回客户端,大大降低了网络流量和服务器的开销。一般而言,存储过程具有以下优点。

### 1. 加快执行速度

默认情况下,首次执行存储过程时将预编译该过程。创建一个执行计划并将其存放在系统表中,以备重复执行。此后,查询处理器每次执行时都不必再创建计划,因而节省了处理存储过程的时间。如果存储过程中的多个 SQL 语句采用批处理的方式来执行,则因每个 SQL 语句每次运行时都需要预编译和优化,因而速度较慢。

如果存储过程中引用的表或数据有较大的变化,则预编译的计划可能会使得该过程的执行速度减慢。这种情况下,重新编译过程并创建新的执行计划便可提高其性能。

如果客户端应用程序调用存储过程只是为了在数据层中进行数据库操作,则更新存储过程便可完成对于数据库的任何更新。这样,数据层和应用程序层是互相独立的,应用程序层不必了解数据库布局、关系或进程的更改情况。

### 2．允许标准组件式编程

任何重复的数据库操作的代码都可以在存储过程中进行封装。存储过程一旦创建后便可交予具有相应权限的任何用户或应用程序多次调用，省去了重复编写其中代码(主要是SQL语句)的麻烦，而且减少了代码不一致的可能性。数据库专业人员可在不影响应用程序源代码的情况下随时修改存储过程，进一步提高了程序代码的可重用性甚至可移植性。例如，如果将经常需要跟随企业规则变化的某些运算放入存储过程，则当企业规则变化时，只需修改存储过程而不必改变应用程序，大大减少了工作量。

### 3．减少服务器/客户端网络流量

一个存储过程中包含的所有SQL语句封装在一起作为一个批处理执行，当客户机调用这个存储过程时，网络中传送的仅为对执行过程的调用而非多条SQL语句，可以显著地减少服务器和客户端之间的网络流量。如果没有存储过程提供的代码封装，则每个单独的代码行都不得不在网络上传送。

### 4．增强安全性

可将存储过程作为一种安全机制，由系统管理员设定某些用户对于某个存储过程的使用权限，从而避免非授权者的非法数据访问。

例如，可以不授予用户访问某些数据库对象的权限，而只允许他们在客户端程序中通过存储过程来访问这些对象。这样做至少有三个优点：第一，可对存储过程进行加密，限制某些用户的访问。第二，可在存储过程中控制访问的内容和方式，进一步限制用户的行为。第三，通过网络调用存储过程时，只有执行存储过程的调用是可见的，使得恶意用户无法看到表和其他数据库对象的名称，或者嵌入自己的SQL语句，或者搜索关键数据。总之，利用存储过程不但可以有效地保护数据库对象，而且可以消除单独的对象级别授予权限的要求，简化了安全层。

另外，使用存储过程参数有助于避免SQL注入攻击。由于用户输入的内容只能作为相应参数的值而不能用作可执行代码，因此，攻击者难于将命令插入过程内的SQL语句中，从而降低了对于安全性的威胁。

注：在C/S和B/S结构的软件开发中，SQL语言是前台应用程序和后台数据库服务器之间的主要编程接口。使用SQL程序时，有两种存储和执行程序的方法可以采用：一是在前台存储程序，并创建向后台服务器发送命令、进行处理且返回结果的应用程序；二是将程序存储在数据库中作为存储过程，在前台创建执行存储过程、进行处理且返回结果的应用程序。

## 6.3.2　创建存储过程

使用CREATE PROCEDURE语句创建存储过程，其一般形式为

    CREATE PROCEDURE <存储过程名> [(<参数 1，参数 2，…>) ]

        AS

            <SQL 语句>；

其中，参数的一般形式为

@参数名 <数据类型> [=<初值>] [ OUTPUT ] ]

"参数名"前需有一个"@"符号，每个存储过程的参数仅为该存储过程内部使用，其数据类型可以是 image 等 DBMS 所支持的数据类型；"初值"为创建存储过程时设置的一个默认值；OUTPUT 指定该参数为输出参数。

创建了存储过程后，可使用下面的 SQL 语句运行存储过程：

　　　　EXEC <存储过程名> [参数值]；

存储过程执行后都会返回一个整数值。如果执行成功，则返回 0，否则返回 −1～−99 之间的随机数。

如果要删除一个已经创建好的存储过程，可使用下面的 SQL 语句实现：

　　　　DROP PROCEDURE <存储过程名 1, 存储过程名 2, … >；

如果要修改一个已经创建好的存储过程的内容，可使用下面的 SQL 语句实现：

　　　　ALTER PROCEDURE <存储过程名>

　　　　AS

　　　　　　<要修改的 SQL 语句>；

**【例 6-5】**　在 SQL Server 中创建查询学生成绩的存储过程。

假定"选课"表中包含了"学号"字段，"学生"表中包含了"学号"和"姓名"字段，需要在 SQL Server 中创建名为"sp_成绩查询"的存储过程，用于检索指定学号的学生所选课程的分数。

(1) 检索班号为"22901001"的学生的学号、姓名和所选课程的分数。

启动 SQL Server，打开 SQL Server Menagement Studio 窗口，在对象资源管理器中展开包含"选课"表和"学生"表的数据库。

右击该数据库结点，选择快捷菜单中的"新建查询"命令，打开"新建查询"对话框，在其中输入以下 SQL 语句：

　　　　CREATE PROCEDURE sp_成绩查询

　　　　AS

　　　　　　SELECT 选课.学号, 姓名, 分数

　　　　　　FROM 学生, 上课

　　　　　　WHERE 学生.学号=选课.学号　AND　选课.学号="22901001"；

如果单击"执行"按钮，则在成功执行后，"学号"为"22901001"的学生所选各门课的成绩便会显示出来。

(2) 为了动态地查询不同学生的成绩，可以设置一个参数@sID，用于在"sp_成绩查询"存储过程中传递学号，以便存储过程根据传递过来的学号进行成绩查询。完成这个任务的过程为

　　　　CREATE PROCEDURE sp_成绩查询(@sID CHAR(10))

　　　　AS

　　　　　　SELECT 上课.学号, 姓名, 分数

　　　　　　FROM 学生, 上课

　　　　　　WHERE 学生.学号=上课.学号　AND　上课.学号=@sID；

如果单击"执行"按钮，则在成功执行后，即可创建该存储过程。如果需要检索"学号"为"22903060"的学生所选各门课的成绩，则可以使用下面的 SQL 语句：

```
EXEC sp_成绩查询 '22903060'
```

【例6-6】 在 SQL Server 中创建存储过程：输入一个学生的学号，统计该生的平均分并返回姓名和平均分。

假定"选课"表中包含了"学号"字段，"学生"表中包含了"学号"和"姓名"字段，需要在 SQL Server 中创建名为"averegePro"的存储过程，用于查询指定学号的学生所选课程的平均分数。

这个存储过程涉及三个参数：一个接收学号的输入参数，两个返回姓名和平均分的输出参数。这里先用一个查询找出指定学号的学生姓名，并放入相应的输出参数中：

```
SELECT @sName=姓名
FROM  学生
WHERE  学号=@sID
```

然后用另一个查询按输入参数找出该学生的平均分，放入输出参数中：

```
SELECT @avg=AVG(分数)
FROM  选课
WHERE  学号=@sID
GROUP BY 学号
```

按照这种思路编写的存储过程为

```
CREATE PROCEDURE averegePro(
    @sID char(10), @sName varchar(20) OUTPUT, @avg numeric(5,1) OUTPUT )
AS
BEGIN
    --查找学生姓名并放入输出参数@sName 中
    SELECT @sName=姓名
    FROM  学生
    WHERE  学号=@sID
    --查询学生各门课程的平均分并放入输出参数@avg 中
    SELECT @avg=AVG(分数)
    FROM  选课
    WHERE  学号=@sID
    GROUP BY 学号
END
```

其中，BEGIN…END 定义了一个 Transact-SQL 语句块，其中包含的语句按顺序逐个执行。以"--"开头的行为注释行，是 SQL Server 中注释的一种形式。

### 6.3.3 系统存储过程

在 DBMS 中，除用户自定义的存储过程之外，还有系统存储过程。系统存储过程是系统创建的，为系统管理员管理 DBMS 提供支持。许多 DBMS 的管理性或信息性活动都可以通过它们来完成。例如，sp_rename 就是一个系统存储过程，其功能是为表重命名。因此，执行了语句：

  EXEC sp_rename 'stu', 'student';

之后，"stu"表改名为"student"。又如，通过为列重命名的系统存储过程 sp_rename，可将 Stu 表中的 name 列重命名为 stuName

  EXEC sp_rename 'stu.name', 'stuName', 'column';

此后，还可以再用系统存储过程 sp_help 查看 stu 表中的列名以及数据类型和约束。

  exec sp_help 'stu';

  可将系统存储过程理解为具有维护数据库系统本身或者某些系统特定功能的存储过程。例如，附加数据库文件的系统存储过程，查看帮助信息的系统存储过程等。这些存储过程中可能会有重要的，甚至生产厂商赖以生存的核心算法或数据，一般是不允许用户修改的。

  SQL Server 中的系统存储过程是随附的。物理意义上，系统存储过程存储在源数据库中并且带有 sp_前缀。逻辑意义上，系统存储过程出现在每个系统定义数据库和用户定义数据库的 sys 架构中。另外，msdb 数据库还在 dbo 架构中包含用于计划警报和作业的系统存储过程。因为系统存储过程以前缀 sp_开头，故当命名用户定义存储过程时尽量不要用此前缀。

  创建新数据库时，可以在其中自动创建某些系统存储过程。可将 GRANT、DENY 和 REVOKE 权限应用于系统存储过程。SQL Server 中还有一些用作各种维护活动与外部程序之间接口的系统存储过程，它们以 xp_作为前缀，称为扩展的用户定义存储过程。它们是 SQL Server 可以动态加载和运行的 DLL(动态链接库)。通过这些存储过程，可以使用 C 之类的编程语言创建外部例程。

  注：SQL Server 2008 以后的新版本中将去掉扩展存储过程。新的开发工作中不宜使用这种功能，正在使用该功能的应用程序也最好能修改过来。

  SQL Server 中某些系统存储过程只能由系统管理员使用，还有一些通过授权可以为其他用户使用。一些常用的系统存储过程如表 6-1 所示。

表 6-1　常用的系统存储过程

| 系统存储过程 | 说　　明 |
| --- | --- |
| sp_databases | 列出服务器上的所有数据库 |
| sp_server_info | 列出服务器信息，如字符集、版本和排列顺序 |
| sp_stored_procedures | 列出当前环境中的所有存储过程 |
| sp_tables | 列出当前环境中所有可以查询的对象 |
| sp_start_job | 立即启动自动化任务 |
| sp_stop_job | 停止正在执行的自动化任务 |
| sp_password | 添加或修改登录账户的密码 |
| sp_configure | 显示(不带选项)或更改(带选项)当前服务器的全局配置设置 |
| sp_help | 返回表的列名、数据类型、约束类型等 |

| 系统存储过程 | 说　　明 |
|---|---|
| sp_helptext | 显示规则、默认值、未加密的存储过程、用户定义的函数、触发器或视图的实际文本 |
| sp_helpfile | 查看当前数据库信息 |
| sp_dboption | 显示或更改数据库选项 |
| sp_detach_db | 分离数据库 |
| sp_attach_db | 附加数据库 |
| sp_addumpdevice | 添加设备 |
| sp_dropdevice | 删除设备 |
| sp_pkeys | 查看主键 |
| sp_fkeys | 查看外键 |
| sp_helpdb | 查看指定数据库相关文件信息 |
| sp_addtype | 自建数据类型 |
| sp_droptype | 删除自建数据类型 |
| sp_rename | 重新命名数据库 |
| sp_executesql | 执行 SQL 语句 |
| sp_addlogin | 添加登录 |
| sp_droplogin | 删除登录 |
| sp_grantdbaccess | 把用户映射到登录，即添加一个数据库安全账户并授予访问权限 |
| sp_revokedbaccess | 撤销用户的数据访问权，即从数据库中删除一个安全账户 |
| sp_addrole | 添加角色 |
| sp_addrolemember | 向角色中添加成员，使其成为数据库角色的成员 |
| sp_addsrvrolemember | 修改登录使其成为固定服务器角色的成员 |
| sp_grantlogin | 允许使用组账户或系统用户使用 Windows 身份验证连接到 SQL |
| sp_defaultdb | 修改一个登录的默认数据库 |
| sp_helpindex | 查看表的索引 |
| sp_cursoropen | 定义与游标和游标选项相关的 SQL 语句，然后生成游标 |
| sp_cursorfetch | 从游标中提取一行或多行 |
| sp_cursorclose | 关闭并释放游标 |
| sp_cursoroption | 设置各种游标选项 |
| sp_cursor | 请求定位更新 |
| sp_cursorprepare | 把与游标有关的 T-SQL 语句或批处理编译成执行计划，但并不创建游标 |
| sp_cursorexecute | 从由 sp_cursorprepare 创建的执行计划中创建并填充游标 |
| sp_cursorunprepare | 废弃由 sp_cursorprepare 生成的执行计划 |
| sp_settriggerorder | 指定第一个或最后一个激发的、与表关联的 AFTER 触发器。在第一个和最后一个触发器之间激发的 AFTER 触发器将按未定义的顺序执行 |

# 6.4　数据库接口

使用 Visual Basic、Delphi、Java 和 Visual C++等程序设计工具开发数据库应用程序时，首先要使用某种"数据库接口"连接到数据库。目前较为流行的数据库接口有 ODBC、ADO 和 JDBC 等。其中 ODBC(Open DataBase Connectivity，开放数据库互连)是微软公司开放服务结构中有关数据库的一个组成部分，它建立了一组规范，并提供了一组对数据库访问的标准 API(应用程序编程接口)。这些 API 利用 SQL 来完成大部分任务。基于 ODBC 的应用程序可以不依赖于 DBMS，而由相当于某种 DBMS 的 ODBC 驱动程序来进行所有的数据库操作。也就是说，不论是 SQL Server、Access、Oracle，还是 IBM DBII 数据库，都可以通过 ODBC API 进行访问。由此可见，ODBC 的最大优点是能以统一的方式处理所有的数据库。

只要安装了 Visual C++ 软件，就会自动安装微软公司提供的许多 DBMS 的 ODBC 驱动程序，其中包括 Access、DBase、Visual FoxPro、Oracle、Paradox、SQL Server 等。实际上大多数数据库管理系统都有 ODBC 驱动程序。

在应用程序访问数据库之前，先要用 ODBC 管理器注册一个数据源。数据源是数据库的存储位置以及数据库类型等连接信息的总和，在使用之前必须通过 ODBC 管理器进行登录。ODBC 管理器负责安装驱动程序、连接到指定的数据库、管理数据源，并帮助用户跟踪 ODBC 的函数调用。例如，在 Visual C++ 中，通过 ODBC 连接到数据库 Northwind.mdb，便可通过 SQL 和 C++ 代码编写程序来存取和操纵这个数据库中的数据了。

注：数据源实际上是一种数据连接的抽象，其名称即登录时赋予的可在应用程序中使用的"连接"的名称。至于该数据源连接的是哪个数据库，则由数据库文件名指出。

【例 6-7】　配置数据源，连接到 SQL Server 数据库 dbCourses。

本例中，按以下步骤配置名为"dbCourses"的数据源，连接到 dbCourses 数据库。

(1) 打开 ODBC 数据源管理器。

① 打开 Windows 操作系统的"控制面板"窗口；

② 双击其中的"管理工具"图标，打开"管理工具"窗口，选择其中的"ODBC"图标，打开"ODBC 数据源管理器"。

该对话框显示的当前页是"用户 DSN"。对系统级数据库来说，使用"系统 DSN"页；对文件级数据源(它不是严格意义上的数据库)来说，使用"文件 DSN"页。还有一个数据库的默认选项，可用于从 Visual C++ 内部创建数据库。

(2) 创建新数据源。切换到"用户 DSN"页，单击"添加"按钮，打开"创建新数据源"对话框，可在其中选择所要安装的数据源的驱动程序。如果选择的数据源不同，则接下去的配置步骤也会有所不同。

① 选择其中的"SQL Server"项，如图 6-4(a)所示。单击"完成"按钮，打开"创建到 SQL Server 的新数据源"对话框。

② 在"名称"框中输入一个字符串，这里输入"dbCourses"；在"服务器"框中输入服务器名，这里输入"CB454E24C609405"，如图 6-4(b)所示。单击"下一步"按钮，打开

设置身份验证模式的对话框。

③ 本例中，选择默认的系统级身份验证，如图 6-4(c)所示。单击"下一步"按钮，打开更改默认数据库的对话框。

④ 本例中，选择默认数据库 dbCourses，如图 6-4(d)所示。单击"下一步"按钮，打开用于指定 SQL Server 消息语言等的对话框，如图 6-4(e)所示。

(a)

(b)

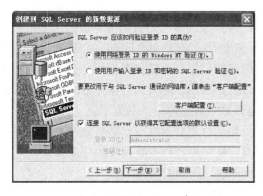

(c)

(d)

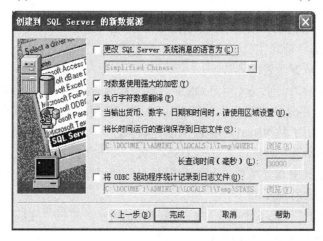

(e)

图 6-4  创建新数据源的对话框

⑤ 单击"完成"按钮，打开测试数据源对话框，如图 6-5(a)所示。

(a)　　　　　　　　　　　　　　　　　(b)

图 6-5　ODBC 数据源管理器

(3) 测试数据源，结束创建数据源工作。单击"测试数据源"按钮，当测试成功并显示相应的信息之后，单击"确定"按钮，结束创建数据源的工作。

这时，ODBC 数据源管理器的"用户 DSN"页中将显示刚创建的数据源，如图 6-5(b)所示。

在创建 ODBC 数据源时，要注意以下两点：

(1) ODBC 数据源按照所访问的数据库的不同而分为不同的种类：

● 访问本地数据库时，在"用户 DSN"页上创建一项；

● 访问远程数据库时，在"系统 DSN"页上创建一项。

任何情况下，都不能在"用户 DSN"和"系统 DSN"页上创建同名的项。但是容易出现的问题是，在访问远程数据库时，从 Web 服务器获得了怪异和矛盾的错误消息。如果出现了这种情况，首先应该查看一下 ODBC 数据源设置得是否正确。

(2) 检查"ODBC 数据源管理器"对话框的"关于"页，可以确定正在使用的 ODBC 驱动程序的最新版本。该页包含了各种 ODBC DLL 的版本号、生产厂商的名称以及出现在系统文件夹中的文件名。

# 6.5　MFC 的 ODBC 类

在 Visual C++中进行数据库应用程序设计时，可以直接使用 ODBC API 来连接数据库。这些函数按其功能可分为以下几种：

● 数据源连接函数，用于设置或获取有关信息。

● 准备或提交执行 SQL 查询语句的函数及获取数据的函数。

● 终止函数和异常处理函数。

这些函数的顺序也表示了进行数据库操作的一般顺序。

**注**：应用程序本身不直接与数据库接触，其主要任务是处理并调用 ODBC 函数，发送对数据库的 SQL 请求并取得结果。

由于 ODBC API 函数比较复杂，直接用于程序设计较为困难，因而，最好使用 MFC 类库中的 ODBC 类来连接数据库。该类对 ODBC API 进行了封装，提供简化的调用接口，需要包含 afxdb.h 头文件。MFC 类库中的 ODBC 类主要包括 CDatabase 类、CRecordset 类、CRecordView 类、CDBException 类等。其中，最重要的是数据库类 CDatabase 和记录集类 CRecoredset。这两个类既有联系又有区别，在应用程序中可以分别使用，也可以同时使用，每个类还可以同时存在多个对象。CDatabase 的每个对象代表了一个数据源的连接，CRecordset 的每个对象代表了从一个数据表中按预定的查询条件获得的记录的集合，一般来说，前者适于对数据源下的某个数据表格进行整体操作，后者适于对所选的记录集合进行处理。

### 6.5.1　连接数据源的 CDatabase 类

CDatabase 类的主要功能是建立与数据源的连接。建立连接的方法是：先构造一个 CDatabase 类的对象，再调用 CDatabase 类的 Open 或 OpenEx 成员函数连接数据库。

(1) 使用 Open 函数连接数据源。Open 函数的声明为

```
virtual BOOL Open(LPCTSTR lpszDSN,
        BOOL bExclusive = FALSE,
        BOOL bReadOnly = FALSE,
        LPCTSTR lpszConnect = "ODBC;",
        BOOL bUseCursorLib = TRUE
);
        throw( CDBException, CMemoryException );
```

其中各参数的意义如下：

● lpszDSN 参数，指定数据源名。

还有两种指定数据源名的方法：一种是设置 lpszDSN 为 NULL，在 lpszConnect 参数中指定数据源名；另一种是设置 lpszDSN 为 NULL，而且 lpszConnect 中不提供数据源名，程序运行后显示一个数据源对话框，由用户在其中选择一个数据源。

● bExclusive 参数，说明是否独占数据源。如果它的值为 FALSE，则数据源是共享的。

● bReadOnly 参数，说明对数据源的连接是否是只读的。

● lpszConnect 参数，指定一个连接字符串。连接字符串以"ODBC;"字符串为前缀，其中可包含数据源名称、数据源上的用户 ID、用户认证字符串(数据源需要的密码)以及其他信息。

● bUseCursorLib 参数，说明是否装载光标库(快照需要光标库而动态数据集不需要)。如果连接成功，则该函数返回 TRUE。当返回的值为 FALSE 时，表示用户在数据源对话框中按了 Cancel 按钮。如果函数内部出现了错误，则会产生一个异常。

例如，如果通过代码：

CDatabase m_db;

创建了一个 **CDatabase** 类的对象，则可通过代码：

　　　　m_db.Open("MyDS");

连接到名为"MyDS"的数据源上。也可通过代码：

　　　　m_db.Open(NULL,FALSE,FALSE,"ODBC;DSN=MyDS; UID=ABC;PWD=1234");

连接到数据源 MyDS，并指定用户账号为"ABC"，口令为"1234"，还可通过代码：

　　　　m_db.Open(NULL);

弹出一个数据源对话框，由用户在其中选择一个数据源。

　　（2）使用 OpenEx 成员函数建立连接。OpenEx 成员函数的声明为

　　　　virtual bool OpenEx(LPCTSTR lpszConnect, DWORD dwOptions=0);

其中，lpszConnect 参数指定了一个连接字符串，可包括数据源名、用户账号(ID)和口令等信息。例如，"DSN=MyDS; UID=ABC; PWD=123" 就是一个连接字符串。

　　（3）脱离数据源。如果要切断与某个数据源的连接，可以调用 Close 函数。脱离了数据源之后，还可以再次调用 Open 函数来建立一个新的连接。调用 IsOpen 可判断当前是否有一个连接。调用 GetConnect 可返回当前的连接字符串。这几个函数的声明如下：

　　　　virtual void Close( );

　　　　BOOL IsOpen( ) const;　　　　　　//返回 TRUE 则表明当前有一个连接

　　　　CONST CString& GetConnect( ) const;

　　　实际上，CDatabase 类的析构函数会调用 Close，所以，删除 CDatabase 类的对象即可切断与数据源的连接。

## 6.5.2　表示记录集的 CRecordset 类

　　CRecordset 类代表从数据源选择的一组记录，在程序中，可选择数据源中的某个表作为一个记录集，也可通过对表的查询得到记录集，还可将同一数据源中多个表的若干列合并到一个记录集中。通过该类可对记录集中的记录进行滚动、修改、增加和删除等操作。

　　在记录集中滚动时，需要有一个标志来指明滚动后的位置(当前位置)。ODBC 驱动程序通过一个光标来跟踪记录集的当前记录，可将光标理解为跟踪记录集位置的一种机制。当光标滚动到某个记录时，便获得该记录的数据。

　　在构造一个 CRecordset 类的派生类的对象时，需要调用 Open 成员函数来查询数据源中的记录。Open 函数的声明为

　　　　virtual BOOL Open(UINT nOpenType = AFX_DB_USE_DEFAULT_TYPE,

　　　　　　LPCTSTR lpszSQL = NULL,

　　　　　　DWORD dwOptions = none

　　　　);

　　　　throw(CDBException, CMemoryException);

该函数使用指定的 SQL 语句查询数据源中的记录并按指定的类型和选项建立记录集。参数 nOpenType 说明了记录集的类型，如果驱动程序不支持这种类型，则将产生一个异常。

CRecordset 类的声明为

  CRecordset( CDatabase* pDatabase = NULL );

其中，pDatabase 参数指向一个 CDatabase 类的对象，用于获取数据源。如果 pDatabase 为 NULL，则会在 Open 函数中自动构建一个 CDatabase 对象。如果 CDatabase 对象还未与数据源连接，则在 Open 函数中建立连接。

(1) 连接字符串。在 Open 函数中，可能会调用 CRecordset 类的成员函数 GetDefaultConnect，该函数可以返回默认的连接字符串，其声明为

  virtual CString GetDefaultConnect( );

必要时，Open 函数会调用该函数来获取连接字符串，从而建立与数据源的连接。一般来说，需要在 CRecordset 类的派生类中覆盖该函数，并在新版的函数中提供连接字符串。

(2) 打开记录集的方式。可采用以下几种方式打开记录集。

● Snapshot(快照)：是查询的静态快照，一次下载查询得到的所有记录，支持双向游标。这种方式适合于在用户请求信息时使用，不适用于数据编辑操作。这种方式的缺点为，下载后便成为静态的数据集，不能再对此后其他用户在数据库上的更新操作做出反映，而且，下载期间网络的负担可能很重，需要等待，从而降低了呼叫性能。但这种方式也有优点，即记录下载之后，基本上就不再需要网络了，从而为其他请求释放了带宽。且因所有查询到的记录都在用户自己的机器上，还会得到更佳的应用程序性能。

● Dynaset(动态集)：查询得到的记录随时从服务器上下载，与数据库中的数据同步，支持双向游标。这种方式的优点是，可以立即看到记录，也可以看到其他用户对数据库所做的更改。且因动态集在记录被更新后便会上载到服务器上，其他用户也会看到当前用户所做的更改。显然，这种方法要求实时访问服务器，减小了网络总吞吐量，但降低了应用程序的性能。因此，这种方式适合于需要长时间编辑数据的用户，也是大型数据库的最佳选择。

● forwordOnly：与快照类似，但只支持向前游标。

(3) 使用 SQL 语句。Open 函数中的 lpszSQL 参数是一个 SQL 的 SELECT 语句，或是一个表名。该函数用它来进行查询，如果 lpszSQL 参数为 NULL，则 Open 函数调用 GetDefaultSQL 函数来获取缺省的 SQL 语句。

该函数的声明为

  virtual CString GetDefaultSQL( );

下面是返回字符串的几个例子：

  "Section"          //选择 Section 表中的所有记录→记录集

  "Section, Course"       //合并 Section 表和 Course 表中各列→记录集

  "SELECT * FROM Section ORDER BY CourseID ASC"

  //将 Section 表中的所有记录按 CourseID 的升序排序，然后建立记录集

一般来说，需要在 CRecordset 类的派生类中覆盖该函数并在新版的函数中提供 SQL 语句或表名。

(4) 记录集的操作方式设置。Open 函数中的 dwOptions 参数是一些选项的组合，用于设置记录集的操作方式，如表 6-2 所示。如果创建记录集成功，则该函数返回 TRUE。

表 6-2　创建记录集时的常用选项

| 选　项 | 含　义 |
|---|---|
| CRecordset::none | 无选项(默认) |
| CRecordset::appendOnly | 不允许修改和删除记录，但可添加记录 |
| CRecordset::readOnly | 记录集是只读的 |
| CRecordset::skipDeletedRecords | 有些数据库(如 FoxPro)在删除记录时并不真正删除，而是做个删除标记，滚动时将跳过这些被删除的记录 |

(5) Open 函数的性能。使用 Open 函数时，通过合理地安排 SQL 语句和表名，可以十分灵活地执行对于所连接的数据源的各种查询操作。例如，可以选取记录中的某些字段，将多个表中的一些字段合并在一起，或对记录进行过滤和排序等。

通过调用 CRecordset 的滚动函数，如 MoveFirst、MoveNext、MovePrev、MoveLast 等，可改变"当前"记录的位置。IsBOF、IsEOF 用于判别是否移动到记录集的头或尾。

## 6.5.3　操纵数据的 3 个类

MFC 还提供了操纵数据库中数据所需的其他类，如以窗体(表单)视图表现记录集的 CRecordView 类、支持数据交换的 CFieldExchange 类以及当数据库操作出错时表示异常的 CDBException 类，都是经常用到的类。

### 1. CRecordView 类

CRecordView 类提供了将一个窗体(表单)视图与某个记录集连接在一起的功能，利用对话框数据交换机制(DDX)在记录集与窗体视图的控件之间传输数据。该类支持对记录的浏览和更新，在撤销时会自动关闭与之相联系的记录集。

该类是 CFormView(窗体视图)类的派生类。用户可以通过窗体视图来显示当前记录，通过记录视图，可以修改、添加和删除数据。一般来说，用户需要创建一个 CRecordView 类的派生类，并在其对应的对话框模板中添加必要的控件。

### 2. CFieldExchange 类

CFieldExchange 类支持记录字段数据交换(DFX)，即记录集字段与相应的实际数据库表中的字段之间的数据交换。如果要对自定义数据类型编写数据交换例程或批量取记录，可以直接调用此类。

### 3. CDBException 类

CDBException 类表示 ODBC 类产生的异常。这个类内含有两个公用数据成员，可用于确定异常原因或者显示描述异常的消息。如果出现了数据库操作错误，则将产生 CDBException 异常；如果出现了其他类型的错误，则将产生 CMemoryException 异常。在处理异常时，可以调用 CException::ReportError 函数提示异常情况，也可以通过 CDBException 的成员变量处理错误，例如，如果产生了 CDBException 异常，则可根据成员变量 m_nRetCode 中包含的 ODBC 返回代码（SQL_RETURN）来判断造成异常的原因并进行相应的处理。

# 6.6　数据库应用程序

数据库应用程序是数据库系统的重要组成部分，用户通过这种程序来存取、使用或更新数据库中的数据。在这种程序中，需要使用某种"接口(如 ODBC)"来建立与指定数据库的连接，并使用 SQL 语句或其他方法来访问和操纵数据库中的数据。

数据库应用程序的开发工具很多，PowerBuilder、Delphi、VB 等都是很好的快速开发数据库应用程序的工具。单从开发效率和难度上看，利用 C++ 及诸如 Visual C++ 这样的支撑环境开发数据库应用程序时，需要理解较多的概念，掌握较难的程序设计方法，编写较多的代码，可能不是最佳选择。但正因为如此，C++ 及 Visual C++ 给予了程序员更多的施展空间。相对而言，C++ 开发出来的程序运行效率要高一些，适合于实时性要求严格的项目。

一般来说，数据库应用程序应该具备以下功能：

(1) 连接数据库。创建 CDatabase 类的对象，并通过 CDatabase 类的 Open 函数或 OpenEx 函数连接数据库。

(2) 执行 SQL 语句。对于要返回结果集的查询操作，可以通过 CRecordset 类的 Open 函数实现；对于不返回结果集的其他 SQL 语句可以通过 CDatabase 类的 ExecuteSQL 函数实现。通过 ExecuteSQL 不仅能查询记录，还能创建新表、删除表、创建索引、修改记录、删除记录和插入记录。ExecuteSQL 的声明为

　　　　void ExecuteSQL(LPCTSTR lpszSQL)

其中，lpszSQL 表示要执行的 SQL 语句。

(3) 断开与数据库的连接。通过 CDatabase 类的 Close 函数断开与数据库的连接。

下面举例说明在程序中连接数据库的方法。

【例 6-8】　编写程序，连接 SQL Server 数据库 dbCourses，打开其中的"学生"表并显示该表中的第一条记录。

本例中，先要创建一个连接到 SQL Server 数据库 dbCourses 的 ODBC 数据源(见 6.4 节)。然后按以下步骤创建一个 Visual C++ 控制台应用程序。

(1) 在 VC++ 2008 中创建一个名为"db9"的"Win32 控制台应用程序"，并在应用程序向导弹出的"应用程序设置"对话框中选择"空项目"。

(2) 选择"项目"菜单的"属性"选项，打开"db9 属性页"对话框，在"配置属性"的"常规"栏中选择"在共享 DLL 中使用 MFC"及"使用多字节字符集"，如图 6-6 所示。

图 6-6　设置应用程序的配置属性

(3) 在"解决方案管理器"中，右键单击"源程序"项，选择快捷菜单中的"C++(.cpp)"文件，如图 6-7 所示。

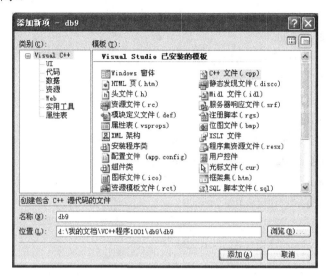

图 6-7　添加 C++ 源代码文件

(4) 添加访问数据库的 C++ 代码。这里添加的是连接 dbCourses 数据源并通过它操纵 dbCourses 数据库所必需的最少的代码。

```cpp
#include <afxdb.h>
#include <iostream>
using namespace std;
int _tmain(int argc, _TCHAR* argv[]){
CDatabase database;
database.OpenEx("DSN=dbCourses"); //连接数据源
CRecordset recset(&database);
recset.Open(CRecordset::forwardOnly,"select * from 学生"); //打开查询结果集
CString sID, sName;
recset.GetFieldValue("学号", sID);        //取一个字段
recset.GetFieldValue("姓名", sName);      //取另一个字段
cout<<sID<<"\t"<<sName <<endl;        //输出取出的两个字段
database.Close();                  //关闭数据库
return 0;
   }
```

(5) 运行程序。将 dbCourses 数据库存放到设置 dbCourses 数据源时指定的盘和文件夹之后，就可以运行程序了。程序运行后，输出窗口上显示"学生"表中第一条记录的"学号"和"姓名"字段。

(6) 修改程序。这里将修改例 6-8 程序中的代码，在进行连接操作(执行 Database 类的 OpenEx 函数)之后显示相应的提示信息；连接成功之后，输出 dbCourses 数据源所连接的 dbCourses 数据库中所有记录中的指定字段，并使所输出的同一个字段左对齐。

```
#include <iostream>
#include <afxdb.h>
#include <iomanip>
using namespace std;
int _tmain(int argc, _TCHAR* argv[])
{       CDatabase database;
try {
        int bStatus;
        //与数据源 NorthWindDB 建立连接
        bStatus=database.OpenEx("DSN=dbCourses");
        if(bStatus)
                cout<<"连接成功！"<<endl;
        else
                cout<<"连接失败！"<<endl;
}
catch(CMemoryException *pEx) {       //异常处理
        pEx->ReportError();          //输出错误信息
}
catch(CDBException * pDBEx) {         //异常处理
        pDBEx->ReportError();        //输出错误信息
}
CRecordset recset(&database);
        //打开查询结果集——执行 SELECT 语句
recset.Open(CRecordset::forwardOnly, "select * from 学生");
if(recset.IsEOF())   //查询结果集为空
                cout<<"未找到任何记录！"<<endl;
        CString pName, pPrice;
while(!recset.IsEOF()) {        //循环一次输出结果集中一条记录
        recset.GetFieldValue("学号", sID);
        recset.GetFieldValue("姓名", sName);
        cout.setf(ios_base::left);
        cout<<setw(20)<<pName<<pPrice;
        recset.MoveNext();
        cout<<endl;
}
database.Close();
return 0;
}
```

程序再次运行后，显示"学生"表中所有记录的"学生"和"姓名"字段的值。

## 实验 6　数据库应用程序

### 1．实验任务与目的

(1) 创建带输入参数的存储过程以及嵌套调用的存储过程，执行存储过程，然后删除新创建的存储过程。通过存储过程的创建与执行，了解其功能与特点，掌握其定义的一般形式以及使用方法。

(2) 创建连接 SQL Server 数据库的数据源，理解数据库接口(ODBC 等)的概念及功能。

(3) 编写 VC++程序，通过新创建的数据源访问 SQL Server 数据库；了解编写数据库应用程序的一般方法。

### 2．预备知识

(1) 本实验主要涉及本章中以下知识：

● 数据库应用程序的功能与一般结构。

● 存储过程的概念、一般形式以及使用方法。

● 数据库接口以及 ODBC 驱动程序的概念、功能以及使用方法。

● MFC 中用于数据库应用程序的 ODBC 类的功能与使用方法。

(2) Transact-SQL 语言允许使用两种变量：一种是用户自定义的局部变量，必须以"@"开头且需要先声明后使用，声明的一般形式为

　　　　DECLARE @变量名　变量类型[,@变量名　变量类型]

局部变量不能使用"变量=变量值"的格式赋初值，而必须使用 SELECT 或 SET 语句设定：

　　　　SELECT @局部变量=变量值

或

　　　　SET @局部变量=变量值

另一种是系统提供的全局变量，前面要有两个标记符"@@"。不能定义与全局变量同名的局部变量。

(3) SQL Server 2008 中存储过程的调试。

假定要编写的存储过程如下：

```
use dbCourses
go
create procedure myProc(@y int=0 output)
as
    declare @a int, @x int
    set @a=10
    if(@x>=0)
        select @y=@a*@x+1
    else
        select @y=-@x
```

```
select @a
select @y
go
```

在 SQL Server Management Studio 窗口中，打开查询编辑器，输入这些代码并保存它，便可在 dbCourses 数据库中添加名为 myProc 的存储过程。但为了保证代码的正确性，应该通过调试去掉其中的错误。SQL Server 2008 的查询编辑器有较强的智能提示功能，且可以逐条语句(或者逐个过程)进行调试。

本例中，可按以下步骤调试：

(1) 将 myProc 存储过程中的代码稍加改变。去掉 create procedure 头语句，将其中定义的输出变量(带有 output 字样)重新定义。

(2) 按 F11 键进入逐个语句调试状态，再按 F11 键逐个执行查询编辑器中的语句(按一次执行一次)，如图 6-8 所示。也可按 F10 键，逐个过程调试代码。

(3) 调试通过后，将代码改回本来的样子，保存或者执行它。

图 6-8　逐条语句调试代码

## 实验 6.1　实现存储过程

### 1. 创建带输入参数的存储过程

(1) 在 SQL Server Management Studio 窗口中，选择要操作的数据库，如"dbCourses"数据库，并打开 SQL 查询编辑器窗口。在其中输入一个创建"P_dontPass"存储过程的语句：

● 其中包含一个输入参数，用于接收课程号并在"上课"表中查询该课程不及格的学生的学号，可为该参数设置一个默认值。

● 在"学生"表中查找这些学生的姓名、性别和电话等信息。

● 输出操作结果。

(2) 单击工具栏上的 √ 铵钮，对所输入的 CREATE PROCEDURE 语句进行语法分析。如果有语法错误，则需进行修改，直到完全正确为止。

(3) 单击快捷工具栏上的 ! 按钮，执行 CREATE PROCEDURE 语句。

### 2．编写带嵌套调用的存储过程

(1) 在查询编辑窗口中输入一个创建名为 " P_teaCours " 存储过程的 CREATE PROCEDURE 语句：

- 其中包含一个输入参数，用于接收授课教师的"工号"，可为该参数设置一个默认值。
- 嵌套调用存储过程 " P_coursID "，输出该教师所授课程的课程号。
- 用此课程号完成刚创建的存储过程 " P_dontPass " 的功能。
- 输出操作结果。

(2) 单击工具栏上的 √ 铵钮，对所输入的 CREATE PROCEDURE 语句进行语法分析。如果有语法错误，则需进行修改，直到完全正确为止。

(3) 单击快捷工具栏上的 ! 按钮，执行 CREATE PROCEDURE 语句。

创建 P_teaCours 存储过程的 CREATE PROCEDURE 语句的参考代码如下：

```
DECLARE @课号 char(6)
--调用另一个存储过程 P_coursID
EXECUTE P_coursID
@教师工号, @课号  OUTPUT
--查询某课程不及格学生
SELECT 学生.学号, 学生.姓名, 学生.电话
FROM 学生, 上课
WHERE 学生.课程号=@课号  AND 学生.成绩<60 AND 学生.学号=上课.学号
```

创建 P_coursID 存储过程(将在 P_teaCours 存储过程中调用)的 CREATE PROCEDURE 语句如下：

```
CREATE PROCEDURE P_coursID
@教师工号  CHAR(10)= "4382",
@课号  CHAR(6) OUTPUT
AS
SELECT @课号=课程号  FROM  开课
WHERE  开课.工号=@教师工号
```

### 3．执行两个存储过程

(1) 在查询编辑窗口中输入 EXECUTE 语句，执行存储过程 P_dontPass：

```
EXECUTE P_dontPass '050609'
```

在 "上课" 表中查询 "课程号" 为 "050609" 的不及格学生的姓名、性别和电话等。

(2) 单击工具栏上的 ! 按钮，执行存储过程。

(3) 在查询编辑窗口中输入 EXECUTE 语句，执行存储过程 P_teaCours：

```
EXECUTE P_teaCours DEFAULT
```

(4) 单击工具栏上的 ! 按钮，执行存储过程。

### 4．删除新建的存储过程

在查询编辑窗口中输入 DROP PROCEDURE 语句，删除新创建的存储过程：

```
DROP PROCEDURE P_dontPass, P_teaCours
```

## 实验 6.2  编写程序访问数据库

### 1．创建数据源

仿照 6.4 节的内容，创建连接 dbCourses 数据库的数据源。

### 2．创建 Visual C++控制台工程并编写数据查询程序

仿照 6.4 节的内容，进行以下操作：

(1) 创建一个 Visual C++的控制台工程。

(2) 通过刚创建的数据源连接 dbCourses 数据库。

(3) 编写并运行执行查询任务的程序：在 dbCourses 数据库中找出所有选修了某门课程的学生的学号、姓名和成绩。

### 3．创建另一个 Visual C++控制台工程并编写数据更新程序

仿照 6.4 节的内容，进行以下操作：

(1) 创建一个 Visual C++的控制台工程。

(2) 通过刚创建的数据源连接 dbCourses 数据库。

(3) 编写并运行执行插入数据任务的程序：

● 在 dbCourses 数据库的"学生"表中插入一条记录(内容自拟)。

● 删除一条指定学号的记录(内容自拟)。

● 修改一个学生的姓名(内容自拟)。

# 习 题 6

1．目前常用的数据库访问方式有哪几种，各有什么特点？

2．C/S 结构、B/S 结构和多层体系结构各有什么特点？

3．举例说明嵌入式 SQL 和宿主语言之间进行数据传递的方式。

4．什么是游标？游标的使用有哪几个步骤？

5．为什么要使用存储过程？存储过程与触发器有什么区别？

6．编写一个存储过程，在商品表中根据"类别号"查询所有商品的单价，"类别号"作为参数输入。假定商品表的关系模式为

商品(产品号，产品名，类别号，负责人，单价，库存量)

7．编写一个存储过程，查询某种类别的所有商品的单价。假定与商品表相关联的类别表的关系模式为

类别(类别号，类别名)

8．什么是 ODBC？

9．在 SQL Server 中创建名为"商品"并包含第 6 题和第 7 题指定的两个表的数据库；各输入几条记录；建立两个表之间的联系；创建名为 goodsSQL 的数据源。

10．MFC 类库中的_____类面向数据源中的记录集，负责对记录的操作；_____类负责界面。

11．创建控制台工程，连接 goodsSQL 数据源，并显示商品名、负责人和库存量。

12．创建控制台工程，连接 goodsSQL 数据源，在"类别"表中插入一条记录，并在"商品"表中插入两条相应的记录(内容自拟)。

# 第7章 事务管理

在数据库的管理操作中，如果多个用户同时访问或修改同一个数据表，则某个用户的操作可能导致其他用户的操作失效。为了解决诸如此类的问题，DBMS 中引入了事务、事务控制和锁定等操作来保证同时发生的行为与数据的有效性不发生冲突。

事务是用户定义的数据库操作序列，是 DBMS 中资源竞争、并发控制与恢复的基本单元。DBMS 通过事务将一系列不可分割的数据库操作组成一个整体来执行，从而保证数据库中数据的完整性和有效性。事务可以并发执行，DBMS 提供隔离保障机制以保证一个事务不受其他事务并发执行的影响。一个事务成功执行后，所产生的影响应该反映在数据库中，数据库恢复机制用于保存这种事务执行的结果。

## 7.1 事务的概念

一个事务可以看做一个独立的工作单元，其中包含一组完成预定任务的数据库操作命令的序列。一个事务中所有的操作命令将会作为一个整体同时提交给系统或者向系统请求同时撤销。执行一个事务时，其中的所有操作都会执行，遇到错误时，已经执行了的所有操作都会取消(执行事务回滚操作)。

### 7.1.1 引入事务处理的必要性

实际数据库操作中，一个操作常与其他操作具有某种程度的关联。只有将这些互相关联的操作作为一个整体来进行，才能保证它们的正确性。例如，假定银行要将"张京"账户上的 9800 元钱转入"王莹"账户，需要连续执行两步操作：

- 从张京"账户上取出 9800 元；
- 为"王莹"账户存入 9800 元。

这两步操作是互相关联的，必须保证"张京"账户上取出的 9800 元正确地存入"王莹"账户。如果第二步操作未能完成，这两步操作都应该取消，否则就会发生丢失款项的问题。可将诸如此类的操作过程当作一个事务，要成功则全部成功，其中一个失败就需要全部撤销，从而避免因某些中间环节出现问题而再现数据不一致现象。

【例 7-1】 假定火车售票系统中有"售票"和"车次"两个表，分别登记各代售点累计售出的车票数与全部车次的剩余票数，其关系模式为

售票(代售点号，车次，日期，售出票数)

车次(车次，日期，剩余票数)

现在 A0110 售票点打算代售 3 张 K236 车次 2012 年 10 月 20 日的车票，需要执行以下操作：

S1　N←查询 K236 车次 2012 年 10 月 20 日的"剩余票数"；

S2　如果 N<2，则

　　　　　拒绝操作并通知车票数不足；

　　　　否则{

　　　　　　　更新 A0110 代售点的"售出票数"；

　　　　　　　更新 K236 车次的"剩余票数"；

　　　　}

步骤 S1 可由一个 SELECT 语句来完成：

　　SELECT　剩余票数

　　FROM　车次

　　WHERE　车次='K236' AND　日期='2012-10-20'；

步骤 S2 按照 S1 操作的结果来决定能不能售票并对两个表进行更新操作，如果剩余票数多于请求票数(3 张)，则可用下面两个语句更新"售票"表和"车次"表：

　　/*更新 A0110 代售点 K236 车次 2012 年 10 月 20 日的"售出票数"*/

　　UPDATE　售票

　　SET　售出票数=售出票数+3

　　WHERE　代售点号='A0110' AND　车次='K236' AND　日期='2012-10-20'

　　/*更新 K236 车次 2012 年 10 月 20 日的"剩余票数"*/

　　UPDATE　车次

　　SET　剩余票数=剩余票数-3

　　WHERE　车次='K236' AND　日期='2012-10-20'；

如果两个 UPDATE 语句都能够成功执行，则将协同完成"A0110 代售点售出 3 张 K236 车次 2012 年 10 月 20 日车票"这个任务。但是，如果第一个 UPDATE 语句执行成功后，系统随之发生故障，则有可能出现问题：假定 K236 次火车共有 1200 张车票，2012 年 10 月 20 日的车票已售出了 1197 张，其中 A0110 代售点售出了 150 张，剩余车票 3 张。在第 1 个 UPDATE 语句成功执行后，A0110 代售点的"售出票数"更新为 153。当排除了系统故障并重新提供服务时，如果另一个代售点又请求代售 3 张 K236 车次 2012 年 10 月 20 日车票，则将因 K236 车次的"剩余票数"尚未更新而再次售出 3 张，结果多售出了 3 张车票。导致这种错误的原因是系统重新提供服务时，数据库的当前状态与它所描述的客观事物当前的实际状态是不一致的。

为了解决这样的问题，DBMS 引入了事务处理机制，允许用户将一系列具有内在联系的操作定义为一个事务，一个事务就是一个逻辑单元，可以采取相应的策略来保证一个逻辑单元内的操作要么全部执行要么都不执行。

在数据库系统上执行并发操作时，事务是作为最小的控制单元来使用的。对于 DBMS 来说，一个事务就是一个不可分割的逻辑上的工作单元。如果一次只允许一个用户使用，则该系统为单用户系统；如果允许多个用户同时使用，则该系统为多用户系统。在多用户系统中，经常会遇到多个用户执行并发操作的情况，可将事务作为执行这种并发操作的最小控制单元。

## 7.1.2　事务的特点

对于用户来说,事务是具有完整逻辑意义的数据库操作的序列,而从 DBMS 的角度上看,一个事务是一个读写操作的序列。这些读写操作是一个不可分割的工作单元,要么全部执行,要么都不执行。

### 1．事务结束语句

DBMS 中的事务类似于操作系统中的进程,进程是操作系统中分配系统资源和进行处理机调度的基本单元。而 DBMS 中的事务是资源竞争、并发控制和恢复的基本单元。它是由数据库操纵语言(如 SQL)或者程序设计语言(如 C、C++、Java)提供的事务开始语句、事务结束语句定界的一系列数据库操作语句构成的。通常有两种事务结束语句:

(1) 事务提交:将成功完成的事务的执行结果(即更新)永久化,并释放事务占有的全部资源。

(2) 事务回滚:中止当前事务,撤销对数据库所做的更新,并释放事务占有的全部资源。

### 2．事务的类型

SQL Server 数据库提供了三种类型的事务模式:显式事务、隐式事务和自定义事务。

(1) 显式事务是指显式地定义其开始和结束的事务,又称为用户定义事务。当使用 BEGIN TRAN 和 COMMIT 语句时发生显式事务。

(2) 隐式事务是指在当前事务提交或回滚后自动开始的事务,需要用 COMMIT 语句和 ROLLBACK 语句回滚或结束事务。

(3) 自动提交事务是指能够自动执行并自动回滚的事务,即当一个语句成功执行后,事务被自动提交;当执行过程中产生错误时,将会执行事务回滚的操作。

【例 7-2】　用 SQL Server 提供的显式事务模式定义例 7-1 中的数据库更新事务。

```
BEGIN TRANSACTION
UPDATE 售票
SET 售出票数=售出票数+3
WHERE 代售点号='A0110' AND 车次='K236' AND 日期='2012-10-20'
UPDATE 车次
SET 剩余票数=剩余票数-3
WHERE 车次='K236' AND 日期='2012-10-20'
COMMIT TRANSACTION;
```

该事务执行时,DBMS 自动保证其中两个操作要么全部完成,要么都不执行。如果发生故障,DBMS 将会撤销已执行的操作,将数据库恢复到事务执行前的状态。这样,数据库用户或者操纵数据库的应用程序就不必担心出现例 7-1 中所述的数据不一致现象了。

### 3．事务的特点

为了事务能够并发执行且当发生故障时保证数据的完整性,事务应该具备以下特性。

(1) 原子性：事务是由不可分割的操作序列构成的工作单元，由事务管理子系统完成。事务中的全部元素作为一个整体提交或回滚。如果一个事务执行失败，DBMS 能够保证已经执行了的那些操作不反映到数据库中。例如，银行转账时通过一个事务更新两个账户的存款余额，如果该事务提交了，则这两个账户都会更新；如果事务在执行了第一个更新语句后因出现故障而不能执行第二个更新语句，则在数据库恢复时将会消除第一个更新语句对数据库的影响。

(2) 一致性：一个事务不能违背定义在数据库中的任何完整性检查。为了维护数据的一致性，所有的规则、约束、检查都会被应用到事务中。因为所有的数据更改都是在事务执行期间进行的，因而这些数据在事务开始和结束之前能够确保一致。例如，在银行系统中，事务开始前，两个账户余额的总额处于一致的状态，事务进行过程中，一个账户余额改变，另一个账户余额未变，则这两个账户余额的总额处于不一致状态，事务完成后，账户余额的总额即恢复为一致的状态。

(3) 隔离性：由并发事务所做的修改必须与任何其他并发事务所做的修改隔离。在事务查看数据时，数据所处的状态要么是另一并发事务修改它之前的状态，要么是另一事务修改它之后的状态，事务不会查看中间状态的数据。这称为可串行性，因为它能够重新装载起始数据，并且重播一系列事务，以使数据结束时的状态与原始事务执行的状态相同。

**注**：当事务执行修改数据操作时，如果任何其他进程正在同时使用相同的数据，则直到该事务成功提交后，对数据的修改才能生效。

(4) 永久性：事务在提交之后，所做的工作将会永久保存下来，即使硬件和应用程序发生错误，也必须保证对数据所做的修改不受影响。

## 7.2　事务的基本操作

事务控制的目的是确保数据库中数据的完整性和有效性。事务操作主要包括启动事务、保存事务、提交事务和回滚事务等，这些都是最基本的事务操作。假定 dbTest 是一个商店日常业务中使用的数据库，其中"存货"表的关系模式为

　　　　存货(货号，货名，经手人，单价，保有量，…)

下面以此为例，说明事务的基本操作方法。

### 7.2.1　启动事务

事务启动标记一个显式本地事务的起点。事务一旦启动，便会一直执行下去，直到其中所有操作都准确无误地完成之后，使用 COMMIT TRANSACTION 语句将该事务对数据库中数据的操作结果永久地保存在数据库中，如果在运行事务的过程中遇到了错误，则 BEGIN TRANSACTION 命令之后的所有数据操作都将进行回滚，将数据库中数据恢复到该事务执行之前的状态。

SQL Server 中，可以通过 BEGIN TRANSACTION 命令启动事务。该命令的一般形式为

　　　　BEGIN TRAN[SACTION] [事务名| @事务名变量]
　　　　[WITH MARK ['字符串']]

其中，"事务名"即该事务的名称；"@事务名变量"表示用变量来指定事务的名称，并且变量只能声明为 char、nchar、varchar 和 nvarchar 几种数据类型；WITH MARK 表示指定在日志中的标记事务；"字符串"表示描述被标记的字符串。

一个 BEGIN TRANSACTION 语句与其后的一条 COMMIT TRANSACTION 语句之间的所有事情作为单个事务。如果 SQL Server 遇到一条 COMMINT TRANSACTION 语句，那么保存自最近一条 BEGIN TRANSACTION 语句之后对数据库所做的工作；如果 SQL Server 遇到一条 ROLLBACK TRANSACTION 语句，则将抛弃所有这些工作。

事务是可以嵌套的，原则是必须先提交或回退内层事务，然后再提交或回退外层事务，换句话说，一条 COMMIT TRANSACTION 或 ROLLBACK TRANSACTION 语句对应最近的一条 BEGIN TRANSACTION 语句。

注：也可使用 START TRANSACTION 命令实现开始事务，其用法和功能与 BEGIN TRANSACTION 命令类似。

【例 7-3】 使用 BEGIN TRANSACTION 命令启动事务 myTrans。

```
USE dbTest;        /*打开数据库 dbTest*/
GO
DECLARE @myTrans varchar(20);    /*本行及下一行声明了事务名称*/
select @myTrans='myTransName';
BEGIN TRANSACTION @myTrans;    /*启动事务*/
GO
SELECT * FROM 存货      /*本行及下一行设置执行事务的内容*/
ORDER BY 货号
GO
```

其中，关键字 GO 是批结束标志。批是由一个或多个 Transact-SQL 语句组成的，由系统同时优化、编译和执行的单位。

这一段代码执行后，将启动 myTrans 事务，执行查询"存货"表中数据的事务操作。这一段代码只执行了启动事务的操作，该事务被执行但未提交。

【例 7-4】 使用 WITH MARK 命令为事务 logTrans 建立一个标记。

```
USE dbTest;
GO
BEGIN TRANSACTION logTrans
WITH MARK '查询存货表中的存货量数据'
GO
SELECT * FROM 存货
ORDER BY 货号
GO
```

## 7.2.2 提交事务

使用 COMMIT TRANSACTION 命令来实现事务的提交操作。事务提交标志着一个成功的从 BEGIN TRANSACTION 开始的事务(隐性事务或显式事务)的结束,使得自从事务开始以来所执行的所有数据修改的结果成为数据库的永久部分,并释放事务所占用的资源。

数据库中为了保证数据的完整性和一致性,通常要在内存中建立一个工作区,用于完成对数据库进行操作处理的各种事务,这些处理结果在 COMMIT 命令执行之前并未保存到数据库中,只有在执行 COMMIT 命令之后,内存工作区的内容才被写入数据库。这样可以确保数据库中数据的完整性和一致性。COMMIT TRANSACTION 命令的一般形式为

    COMMIT {TRAN | TRANSACTION} [事务名 | @事务名变量]

其中,"事务名"表示提交事务的名称;"@事务名变量"表示用户定义的包含有效事务名称变量的名称。

发布一条 COMMIT TRANSACTION 语句时,SQL Server 将最近的一个已启动事务标记为准备提交。只有在提交一个嵌套事务系列中的最外层事务时,SQL Server 才将所有修改都写入到数据库中。用户的责任是保证在做完了所有预期的修改之后再发布 COMMIT TRANSACTION 语句。一旦提交了一个事务,就再也不能回退它了。

【例 7-5】 使用 BEGIN TRANSACTION 命令启动事务 myTrans,并使用 COMMIT TRANSACTION 命令提交该事务。

```
USE dbTest;
GO
DECLARE @myTrans varchar(20);
select @myTrans ='myTransName';
BEGIN TRANSACTION @myTrans;
GO
SELECT * FROM 存货
ORDER BY 货号
GO
COMMIT TRANSACTION
GO
```

其中,使用 COMMIT TRANSACTION 命令提交启动的事务。

这一段代码执行后,首先启动 myTrans 事务,执行查询"学生成绩"表中数据的事务操作,然后使用 COMMIT TRANSACTION 命令提交事务。事务提交之后,事务执行的结果将被保存到数据库中。

## 7.2.3 回滚事务

用户可以使用 ROLLBACK TRANSACTION 语句实现回滚事务的操作。回滚事务是指取消自事务的起点或保存点到事务结束后的所有操作。回滚后系统将释放由事务控制的资源。ROLLBACK TRANSACTION 语句的一般形式为

    ROLLBACK {TRAN | TRANSACTION} [ 事务名 | @事务名变量 | 保存点名]

其中,"事务名"表示回滚事务的名称;"@事务名变量"表示用户定义的包含有效事务名称变量的名称;"保存点名"是用户在事务中设置的保存点的名称,保存点可以定义在按条

件取消某个事务的一部分后该事务可以返回的一个位置。

可以通过回滚到起点而完全取消事务，此时，ROLLBACK TRANSACTION 语句抛弃自最近一条 BEGIN TRANSACTION 语句以后的所有操作结果；也可以将事务回滚到保存点，再按需要完成剩余的 SQL 语句和 COMMIT TRANSACTION 语句；ROLLBACK TRANSACTION 语句无法回退嵌套事务系列中的单个事务。而总是回退到嵌套事务系列当中的第一个事务(最外层事务)。

如果需要取消整个事务，使用"ROLLBACK TRANSACTION 事务名"语句实现。

事务开始后，事务处理期间使用的资源会一直保留，直到事务完成(即锁定)。如果将事务的一部分回滚到保存点，则将继续保留资源直到事务完成或者回滚整个事务为止。

【例 7-6】 定义一个事务，通过事务将"存货"表中"货名"为"应急灯"的单价修改为 91，然后再使用 ROLLBACK TRANSACTION 语句将该事务回滚。

BEGIN TRANSACTION
UPDATE 存货
SET 单价=91
WHERE 货名='应急灯'
ROLLBACK TRANSACTION
SELECT * FROM 存货

其中，第 5 行实现执行回滚事务的操作。这一段代码执行后，事务被执行。由于事务执行之后执行了回滚事务的操作，故所执行的事务操作将被取消，即修改数据记录的操作无效，数据表中的数据信息仍然恢复到修改数据之前的状态。

执行了数据回滚操作之后，事务所执行的所有操作都会取消，所有操作将恢复到执行事务之前的状态。

## 7.2.4 设置事务保存点

使用事务时，用户可以在事务内部设置事务保存点，以备必要时回滚到这个保存点。在执行事务的过程中，如果需要按条件回滚到预先设定的事务保存点，则撤销该保存点之后的操作即可。

如果遇到错误的可能性较小而且预先检查更新的有效性的代价较高，则使用保存点将会非常有效。例如，应用程序在客户订单中插入一条订货记录时，需要查验本公司是否有订单所需求的存货，但查验可用存货量的工作因需多方查询而代价较大，考虑到该公司具备有效的供应商和分购点，存货不足的可能性很小，故可将应用程序设计为不先验货而直接更新订单，只需在收到存货不足的信息时，回滚到这个更新操作之前即可。实现这个功能的方法是：在插入订货记录的操作之前设置一个事务保存点，以备存货不足时撤销插入操作。

在事务内部设置事务保存点使用 SAVE TRANSACTION 语句来实现，该语句的一般形式为

SAVE {TRAN | TRANSACTION} [保存点名 | @保存点名变量]

其中，"保存点名"表示设置事务保存点的名称；"@保存点名变量"表示包含有效保存点

名称的用户定义变量的名称。

设置了事务保存点之后，便可执行"ROLLBACK TRANSACTION 保存点名"语句回滚到保存点(不回滚到事务的起点)。

**【例 7-7】** 定义一个事务，通过事务将"存货"表中名称为"应急灯"的数据记录删除，并在事务中定义保存点，保存点的名称为 markSave。

```
BEGIN TRANSACTION        /*启动事务*/
DELETE FROM 存货         /*这两行设置事务保存点之前执行的操作*/
WHERE 货名='应急灯'
SAVE TRANSACTION markSave  /*设置事务保存点 markSave*/
DELETE FROM 存货         /*这两行设置事务保存点之后执行的操作*/
WHERE 货名='钳子'
ROLLBACK TRANSACTION Save_Goods  /*回滚到事务保存点 markSave*/
SELECT * FROM 存货
```

这一段代码执行后，事务被执行。由于设置了事务保存点并且执行完事务后将事务回滚到事务的保存点，故在事务保存点之前的事务操作将被执行，事务保存点之后的事务操作将被回滚。

# 7.3 封 锁 机 制

在支持多用户的数据库系统中，通常会有来自于不同用户的多个事务并发执行(多个事务同时执行)，事务之间就会有交叉。并发事务之间的相互影响往往会破坏相关事务的正常运行，无法保证事务的 ASID 特性(Atomicity(原子性)、Consistency(一致性)、Isolation(隔离性)、Durability(持久性))，从而产生数据错误。因此，DBMS 必须具备并发控制机制，能够对并发事务进行正确的调度，保证并发事务的 ACID 特性以及事务执行之后数据库中数据的正确性。

封锁机制是并发控制的主要手段，是多个用户能够同时操纵同一个数据库中数据而不发生数据不一致现象的重要保障。

注：单 CPU 的计算机系统中，同一时间只能由一个事务占用 CPU 进行处理。所谓的并发访问实质上是多个事务交叉使用 CPU。

## 7.3.1 并发操作可能出现的问题

如果多个涉及数据库中数据更新的操作需要并发执行，则应该加以限制，否则可能会产生数据不一致问题。

**【例 7-8】** 并发操作不加以限制时产生的数据不一致性问题。

假设，一个商店中涉及某种商品的两宗业务如下：

进货：存货 100 件，再购进 200 件。需要执行进货事务来为存货量加 200，用 T1 表示。

销售：售出 80 件，需要执行销售事务来将存货量减 80，用 T2 表示。

### 1) 丢失更新结果

如果同时发生进货操作和销售操作，则形成并发操作。在"进货"读取存货量之后，"销售"也读取了同一存货量；"进货"修改存货量而回写更新后的值；"销售"修改存货量也回写更新后的值。此时存货量为"销售"回写的值，"进货"对存货量的更新丢失。例如，按图7-1(a)所示的顺序来执行进货与销售的并发操作时，发生了"丢失更新"错误。

| 序号 | 进货：T1事务 | 销售：T2事务 | 存货量 A |
|---|---|---|---|
| 1 | 读存货量：100 | | 100 |
| 2 | | 读存货量：100 | 100 |
| 3 | 存货量=100+200 | | |
| 4 | | 存货量=100−80 | |
| 5 | 写存货量：300 | | 300 |
| 6 | | 写存货量：20 | 20 |

(a)

| 序号 | 进货：T1事务 | 销售：T2事务 | 存货量 A |
|---|---|---|---|
| 1 | 读存货量：100 | | 100 |
| 2 | 存货量=100+200 | | |
| 3 | 写存货量：300 | | 300 |
| 4 | | 读存货量：100 | |
| 5 | | 存货量=300−80 | |
| 6 | | | |
| 7 | ROLLBACK | 写存货量：220 | 100 |

(b)

| 序号 | 进货：T1事务 | 销售：T2事务 | 存货量 A | 存货量 B |
|---|---|---|---|---|
| 1 | 读存货量A=100 | | 100 | 200 |
| 2 | 读进货量B=200 | | | |
| 3 | 计算和=100+200 | | | |
| 4 | | 读进货量B=200 | 100 | |
| 5 | | 计算B←B×4 | | |
| 6 | | 写进货量B=800 | 100 | 800 |
| 7 | 读存货量A=100 | | 100 | |
| 8 | 读进货量B=800 | | | |
| 9 | 计算和=900 | | | |
|  | (验算知有误) | | | |

(c)

图 7-1　进货和销售操作并发执行时产生的问题

2) 读 "脏数据"

在进货事务与销售事务并发执行时，如果进货事务对数据库更新的结果提交之前，销售事务就使用了进货的结果，而在进货事务之后销售操作又回滚，则会因销售事务读取了进货操作的"脏数据"而出错。例如，按图 7-1(b)所示的顺序进行并发操作时，就产生了这种错误。

3) 不可重复读

在进货事务读取存货量 A 之后，销售事务执行了对 A 的更新，当进货事务再次读取数据 A(希望与第一次等值)时，得到的数据与前一次不同，这时引起的错误称为"不可重复读"。图 7-1(c)所示并发操作执行过程中，发生了"不可重复读"错误。

以上三种操作之所以产生错误，都是因为其操作序列违背了事务的四个特性。在产生并发操作时，如果能够确保事务的特性不被破坏，则可避免上述错误的发生。

除以上几种情况之外，幻觉读也是多个事务并发执行时可能产生的问题：假定数据库中多个记录分别描述了不同批次的进货情况，销售事务按需要读取了其中某些记录但未提交查询结果，随后进货事务又插入了几条记录，则当销售事务再次按需要读取记录时，发现多了一些记录，好象发生了幻觉一样，这种情况称为幻觉读。

并发操作之所以产生错误，是因为任务执行期间相互干扰造成的。但是，如果只允许事务串行操作，则会降低系统的效率。如果采取措施使得事务所具有的特性(特别是隔离性)得以保证，就会避免上述错误的发生。所以，多数 DBMS 采用事务机制和封锁机制进行并发控制，既保证了数据的一致性，又保障了系统的效率。

## 7.3.2  锁的概念

当数据库中多个事务并发执行时，事务的隔离性并不总能加以保证。DBMS 需要采取一定的措施对并发执行的事务之间的相互影响加以控制。这种并发控制机制大体上分为悲观的和乐观的两种。

悲观的并发控制方法基于数据库的一致性经常会被破坏的认识，在事务访问数据库对象之前采取一定的措施加以控制，只有得到访问许可的事务才能访问指定的数据库对象。为当前事务所使用的数据库对象加锁就是悲观的并发控制方法。

乐观的并发控制方法基于数据库的一致性被破坏的可能性较小的认识，允许事务执行时直接访问数据库对象，只在事务结束时才验证数据库的一致性是否遭到破坏。基于有效性验证的方法就是乐观的并发控制方法。

加锁是处理多用户并发访问的重要方法。锁是一个事务防止另一个事务访问自用资源，实现当前事务与其他事务并发访问数据库中数据的一种主要手段。基于加锁的并发控制方法的基本思想是：当事务 T 需要访问数据库对象 Q 时，先申请对 Q 的锁。如果经批准得到了，则 T 继续执行，而且此后不允许其他事务修改 Q，直到事务 T 释放 Q 上的锁为止。也就是说，当一个用户锁住数据库中某个对象时，其他用户就不能再访问它。

封锁具有如下三个环节：

(1) 申请加锁，即事务在操作前对待用的数据提出加锁请求；

(2) 获得锁，即当条件成熟时，事务在系统允许时获得数据的控制权；

(3) 释放锁，即事务在完成操作后放弃数据的控制权。

为了达到封锁的目的，使用时事务应选择合适的锁，并应遵从一定的封锁协议。

在 DBMS 中为数据库对象加锁时，除了能够对不同的资源加锁之外，还可以使用不同程度的加锁方式，如 SQL Server 中可以使用共享锁、更新锁、结构锁等。其中，基本锁有两种类型：排他锁(Exclusive Locks，简称 X 锁)和共享锁(Share Locks，简称 S 锁)。

排他锁又称为独占锁或写锁。一旦事务对某个数据对象加上了排他锁，则只允许该事务读取和修改这个数据对象，其他任何事务既不能读取和修改这个数据对象，也不能再对它加任何类型的锁，直到该事务释放这个对象上的锁为止。

共享锁又称为读锁。如果一个事务对某个数据对象加上了共享锁，则其他事务只能对这个数据对象再加共享锁而不能加排他锁，直到该事务释放了这个数据对象上的共享锁为止。

封锁方法要求每个事务都要根据自己对数据对象的操作类型(读、写或读写)向事务管理器申请适当的锁：读操作申请 S 锁，写操作或读写操作申请 X 锁。事务管理器收到封锁请求后，按封锁相容性原则判断是否满足该事务的加锁请求。事务只有得到授予的锁之后，才能继续其操作，否则只能等待。

所谓"锁相容"指的是：如果事务 T1 已持有数据对象 Q 的某种锁，则当 T2 申请对 Q 的锁时，批准 T2 获得即称为 T2 的申请锁类型与 T1 的持有锁类型相容；否则称为不相容。

基本锁类型的相容性原则是：共享锁与共享锁相容；排他锁与共享锁以及排他锁与排他锁都是不相容的，如图 7-2 所示。

| 事务 T2 ＼ 事务 T1 | | 已持有锁类型 | | |
|---|---|---|---|---|
| | | X 锁 | S 锁 | — |
| 申请锁类型 | X 锁 | N | N | Y |
| | S 锁 | N | Y | Y |

图 7-2  封锁相容性矩阵

从相容性矩阵可以看出，一个数据对象 Q 上可以同时拥有多个由不同事务持有的共享锁，但任何时候只能有一个排他锁。

## 7.3.3  封锁协议

为了进一步保证数据库中数据的一致性。在对数据对象加锁时，需要约定一些规则，如何时申请排他锁或共享锁、持锁时间、何时释放等，这些规则称为封锁协议。根据对于封锁方式所规定的不同规则，可以形成不同的封锁协议。封锁协议分为三级，可以在不同程度上解决并发操作带来的丢失修改、不可重复读取和读"脏"等数据不一致问题。

### 1. 一级封锁协议

一级封锁协议是：一个事务在修改数据之前，必须先对其加上自己的 X 锁，直到该事务结束才释放它。事务结束包括正常结束(提交)和非正常结束(回滚)。根据协议的要求，将图 7-3 中的任务 T1 和 T2 作为事务，用 A 表示存货量，重新执行各操作的过程如图 7-3(a)所示。

| 序号 | 进货：T1事务 | 销售：T2事务 | 存货量A |
|---|---|---|---|
| 1 | XLOCK A<br>得到 | | 100 |
| 2 | 读存货量A=100 | XLOCK A<br>等待 | 100 |
| 3 | 计算A←A+200<br>写存货量A=300<br>COMMIT<br>UNLOCK A | 等待<br>等待<br>等待 | |
| 4 | | 得XLOCK A<br>读存货量A=300<br>计算A←A－80<br>写存货量A=220<br>COMMIT<br>UNLOCK A | 220 |

(a)

| 序号 | 进货：T1事务 | 销售：T2事务 | 存货量A |
|---|---|---|---|
| 1 | XLOCK A<br>得到<br>读存货量A=100<br>计算A←A+200<br>存货量A=300<br>写存货量：300<br>UNLOCK A | | 100<br><br><br><br><br>300 |
| 2 | | 读存货量A=300 | 300 |
| 3 | ROLLBACK | | 300 |

(b)

| 序号 | 进货：T1事务 | 销售：T2事务 | 存货量A | 进货量B |
|---|---|---|---|---|
| 1 | SLOCK A，B<br>得到<br>读存货量A=100<br>读进货量B=200<br>UNLOCK A，B | XLOCK B<br>等待<br>等待<br>等待<br>得到 | 100<br><br><br><br>300 | 200 |
| 2 | 计算和=100+200<br>SLOCK A得<br>SLOCK B得<br>等待<br>得到 | 读进货量B=200<br>计算B←B×4<br>写进货量B=800<br>COMMIT<br>UNLOCK B | 100 | 800 |
| 3 | 读存货量A=100<br>读进货量B=800<br>计算和=900<br>（验算知有误） | | 100 | 800 |

(c)

图 7-3　封锁操作的几种情况

可见，一级封锁协议可以有效地解决"丢失更新"问题，并且可以保证事务 T 的可恢复性。但是，由于一级封锁没有要求对读数据进行加锁，故不能保证可重复读和不读"脏"数据。如图 7-3(b)所示的操作过程遵从一级封锁协议，但仍然发生了读"脏"数据错误。读者观察类似的操作实例，便会发现一级封锁协议也不能避免不可重复读的错误。

### 2．二级封锁协议

二级封锁协议的内容包括：

(1) 一级封锁协议；

(2) 任一事务在读取数据(不修改)之前，必须先对其加上 S 锁，读完后即可释放 S 锁。

二级封锁协议不但能够防止丢失修改的结果，还可以进一步解决读"脏"数据问题。但由于二级封锁协议对数据读完后即可释放 S 锁，故不能解决"不可重复读"问题。例如，图 7-3(c)所示的并发操作执行过程遵从二级封锁协议，但却发生了"不可重复读"错误。

### 3．三级封锁协议

三级封锁协议的内容包括：

(1) 一级封锁协议；

(2) 任一事务在读取数据(不修改)之前，必须先对其加上 S 锁，直到事务结束才释放这个 S 锁。

由于三级封锁协议强调即使事务读完数据 A 之后也不释放 S 锁，从而使得其他事务无法更改数据 A，因而，三级封锁协议不但解决了丢失修改结果的问题和读"脏"数据问题，而且防止了"不可重复读"错误。

# 7.4　封锁的问题及解决方法

封锁机制一定程度上解决了并发事务处理过程中给数据库带来的数据不一致问题，但同时产生了新的问题，如活锁、死锁等问题。DBMS 必须妥善地解决这些问题，才能保障系统的正常运行。

### 1．活锁

如果多个事务要对同一数据对象加锁，则可能造成某些事务永远等待而得不到控制权，这种现象称为活锁，又称为饿死。例如，假定：

● T1 事务为 R 数据加了锁，T2 事务又请求为 R 加锁，于是 T2 等待；

● T3 事务也请求为 R 加锁，当 T1 释放了 R 上的锁之后，系统首先批准了 T3 的请求，T2 仍然等待；

● T4 又请求为 R 加锁，当 T3 释放了 R 上的锁之后，系统又批准了 T4 的请求；

……

这样，T2 可能永远等待下去。

活锁是由于事务永远得不到封锁而造成的。解决活锁问题的方法是采用"先来先服务"

策略。当多个事务请求封锁同一个数据对象时，按照请求封锁的先后顺序对事务排队，数据对象上的锁一旦释放便会批准申请队列中的第一个事务获得锁。

### 2．死锁

如果两个以上事务集合中的每个事务都在等待加锁当前已被另一事务加锁的数据项，从而造成多事务交错等待的僵持局面，这种现象称为死锁。例如：

● 如果 T1 和 T2 事务都需要 R1 和 R2 数据，操作时 T1 为 R1 加了锁，T2 为 R2 加了锁；

● T1 又请求为 R2 加锁，T2 又请求为 R1 加锁；

● 因 T2 已封锁了 R2，故 T1 等待 T2 释放 R2 上的锁。同理，因 T1 已封锁了 R1，故 T2 等待 T1 释放 R1 上的锁。由于 T1 和 T2 都没有获得全部需要的数据，故都不会结束而只能继续等待。

数据库中解决死锁问题主要有两种方法：一是采用一定措施来预防死锁的发生；二是允许发生死锁，但采取一定手段定期诊断系统中有无死锁，如果出现，则人为地解除它。

### 3．死锁的预防

数据库系统中，产生死锁的原因是两个或多个事务都为某些数据对象加了锁，然后又都请求对已为其他事务加了锁的数据对象加锁，从而出现死锁等待。防止死锁的发生其实就是要破坏产生死锁的条件。

预防死锁通常有两种方法。

(1) 一次封锁法：要求每个事务必须一次将所有要使用的数据全部加锁，否则就不能继续执行。这种方法可以有效地防止死锁的发生，但降低了系统的并发度。

(2) 顺序封锁法：预先对数据对象规定一个封锁顺序，所有事务都按这个顺序执行封锁。顺序封锁法同样可以有效地防止死锁，但维护众多而且变化的资源的封锁顺序较为困难，成本较高且较难实现。

可见，预防死锁的策略(操作系统常用的方法)并不很适合数据库的特点，因此 DBMS 在解决死锁的问题上更普遍采用的是诊断并解除死锁的方法。

### 4．死锁的诊断与解除

数据库系统中诊断死锁的方法与操作系统类似，即使用一个事务等待图，它动态地反映所有事务的等待状况。并发控制子系统周期性地(比如每隔 1 分钟)检测事务等待图，如果发现图中存在回路，则表示系统中出现了死锁。

一般来讲，死锁是不可避免的。DBMS 的并发控制子系统一旦检测到系统中存在死锁，就要设法解除。通常采用的方法是选择一个处理死锁代价最小的事务，将其撤销，释放此事务持有的所有的锁，使其他事务得以继续运行下去。当然，对撤销的事务所执行的数据修改操作必须加以恢复。

### 5．两段锁协议

可串行性是并行调度正确性的唯一准则，两段锁协议是为保证并行调度可串行性而提供的封锁协议。

两段封锁协议规定：

(1) 在对任何数据进行读、写操作之前，事务首先要获得对该数据的封锁。

(2) 在释放一个封锁之后，事务不再获得任何其他封锁。

所谓"两段"锁的意思是：事务分为两个阶段，第一阶段是获得封锁，也称为扩展阶段；第二阶段是释放封锁，也称为收缩阶段。在一个事务中，从任何有解锁释放点的地方开始，如果后面还发生加锁，就违反了两段封锁协议。例如，假定事务1的封锁序列是：

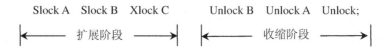

事务2的封锁序列是：

       Slock A　Unlock A　Slock B　Xlock C　Unlock C　Unlock B;

则事务1遵守两段封锁协议，而事务2不遵守两段封锁协议。

如果并行执行的所有事务都遵守两段锁协议，则对这些事务的所有并行调度策略都是可串行化的。因此得出结论：所有遵守两段锁协议的事务，其并行的结果一定是正确的。

应该注意的是：事务遵守两段锁协议是可串行化调度的充分条件，而不是必要条件。也就是说，可串行化的调度中，不一定所有事务都必须符合两段封锁协议。

### 6. 锁的粒度与锁升级

关系数据库中，加锁的对象可以是整个数据库，也可以是一个关系、一个元组甚至是一个元组的几个属性值。加锁对象还可以是一些物理单元，如页(数据页或索引项)、块等。锁的粒度(Granularity)指的是加锁对象的大小。锁粒度与系统的并发度和并发控制的开销密切相关。锁粒度越小，并发度越高，系统开销也越大；锁粒度越大，并发度越低，系统开销也越小。

一个系统应该同时支持多种锁粒度以便不同的事务进行选择，采用多粒度锁的重要用途是能更好地支持并发操作和保证数据的完整性。SQL Server 中，可以根据用户的请求进行分析后自动给数据库加上合适的锁。假定某个用户只操作一个表中的部分记录，系统可能只添加几个行锁或页面锁，以求尽可能多地支持多用户的并发操作。但是，当用户事务中需要频繁地操作某个表中的多条记录时，将会对该表的许多记录都加上行级锁，整个数据库系统中锁的数目会急剧增加，从而加重系统负荷，影响系统性能。因此，数据库系统一般都支持锁升级，即可以调整锁的粒度，将多个低粒度的锁替换成少数的更高粒度的锁，以此来降低系统负荷。当 SQL Server 数据库中某个事务包含的锁的个数达到锁升级门限时，系统自动将行级锁和页面锁升级为表级锁，而且 SQL Server 中锁的升级门限以及锁升级是由系统自动确定的，不需要用户设置。

# 7.5　数据库恢复技术

计算机系统中的硬件故障、软件错误、操作失误以及恶意破坏是不可避免的，即使数据库系统中采取各种保护措施来保障数据库的安全性和完整性不被破坏、保证并发事务能够正确执行,仍然不能完全解决这些问题。如果故障较轻,可能造成运行事务非正常中断,影响数据库中数据的正确性;故障较重的话,则可能破坏数据库,使得其中数据全部或者部分丢失。因此,**DBMS** 必须具有将数据库从错误状态恢复到某一已知的正确状态的功能,这就是数据库的恢复功能。数据库系统采用的恢复技术是否行之有效,不仅对系统的可靠程度有着决定性作用,而且会在很大程度上影响系统的运行效率。数据库恢复机制是一种衡量系统性能优劣的重要指标。

### 7.5.1 数据库故障的种类

数据库系统可能发生各种类型的故障,如数据输入错误、软件错误或硬盘损坏等。大体上可以归结为以下几类。

#### 1. 事务内部故障

事务程序可以发现某些事务内部故障,但仍有许多非预期(未预先置入程序)故障,如运算溢出、违反了某些完整性限制,以及在并发执行时发生死锁而需要撤销的事务等,往往不能被事务处理程序本身发现。

事务故障意味着事务没有执行到预期的终点(COMMIT 或显式的 ROLLBACK),因而数据库可能处于不正确状态。恢复程序的任务是:在不影响其他事务运行的情况下强行回滚(ROLLBACK)该事务,撤销该事务在数据库中已经做出的修改结果,这类恢复操作称为事务撤销(UNDO)。

#### 2. 系统故障

系统故障是指那些造成系统停止运转而需要重新启动系统的事件,如突然停电、CPU故障、操作系统故障、DBMS 代码错误、数据库服务器出错以及某种误操作等。这类故障影响正在运行的所有事务,但并未破坏数据库。这时候,内存中的内容,尤其是数据库缓冲区中的内容都会丢失,所有事务都会非正常终止。

系统故障主要有两种情况:

一是发生故障时,某些尚未完成的事务的部分结果已送入物理数据库,可能会使得数据库处于不正确状态。为了保证数据一致性,需要清除这些事务对数据库的修改。因而,恢复子系统必须在系统重新启动时让非正常终止的事务回滚,强行撤销(UNDO)那些未完成的事务。

二是发生故障时,有些已完成的事务的部分或者全部因尚未写入磁盘上的物理数据库而滞留在缓冲区,故障使得这些事务对数据库的修改部分或全部丢失,这也会使数据库处于不一致状态。因此,应将这些事务已提交的结果重新写入数据库。这就要求系统重新启动后,恢复子系统在撤销所有未完成事务之外,还需要重做(REDO)那些已提交的事务,使得数据库真正恢复到一致状态。

#### 3. 介质故障

介质故障指的是外存储器的故障,如磁盘损坏、磁头碰撞、瞬时磁场干扰等,这些是与前两种故障(软故障)不同的硬故障。这类故障会破坏数据库或部分数据，并影响正在存取这部分数据的那些事务。

介质故障发生的可能性较小，但其破坏作用却是最大的，可能会使得数据无法恢复。解决的办法是及时进行系统备份并且定期进行维护。

### 4. 计算机病毒

计算机病毒是具有破坏作用的程序，这种程序可以破坏数据、占用计算机软件或硬件资源、妨碍计算机系统的正常运行并且通过极强的自我复制功能而快速"传染"给其他应用程序或计算机系统，使得包括数据库系统在内的计算机系统无法正常工作。因此，重要的数据库系统应该十分重视计算机病毒的预防和清除工作。

### 5. 用户操作错误

有时候，用户有意或无意的操作也可能删除数据库中的有用数据、加入错误数据或者造成系统无法正常工作，这需要通过技术(如用户、权限管理等)、培训以及人事制度上的综合治理来加以保证。

## 7.5.2 数据库恢复技术

数据库系统恢复机制主要指数据库本身的恢复，即在故障引起数据库当前状态不一致后将数据库恢复到某个正确状态或者一致性状态。故障恢复的原理很简单，就是预先在数据库系统之外备份正确状态时的数据库影像数据，并在发生故障时据此重建数据库。数据恢复涉及两个关键问题：一是建立备份数据，二是利用这些备份数据实施数据库恢复。建立备份数据的常用方法是数据转储法和日志文件法。

数据转储就是 DBA(数据库管理员)定期地将整个数据库复制到其他存储介质(磁带、另外的磁盘等)上保存而形成备用文件(后备副本)的过程。在数据库遭到破坏时，重新装入后备副本并重新执行转储之后的所有更新事务。数据转储是数据库恢复的基本技术，但这种技术耗费的时间和资源较多，不能频繁进行。

日志文件是用来记录对数据库的更新操作的文件。重装副本只能使数据库恢复到转储时的状态，必须根据日志文件重新运行自转储之后的所有更新事务，才能使数据库恢复到故障发生前的一致状态。

### 1. 数据转储法

DBA 应该根据数据库使用情况确定适当的转储周期和转储策略。根据转储时系统状态的不同，可将转储分为静态转储和动态转储两种。

静态转储是指在转储过程中，系统不运行其他事务而专门进行数据转储工作。静态转储操作开始时，数据库处于一致状态，转储期间不允许其他事务对数据库进行任何存取、修改操作，数据库仍处于一致状态。静态转储虽然简单，并且能够得到一个数据一致的副本，但这种转储必须等待正在运行的事务结束后才能进行，新的事务也必须等待转储结束后才能执行，降低了数据库的可用性。

动态转储是指在转储过程中允许其他事务对数据库进行存取或修改操作的转储方式。

也就是说，转储和用户事务并发执行。动态转储时不必等待正在运行的事务结束，也不会影响新事务开始，其主要缺点是后备副本中的数据并不总是正确有效的。由于动态转储是动态进行的，后备副本中存储的可能是过时的数据。因此，有必要将转储期间各事务对数据库的修改活动登记下来，建立日志文件，使得通过后备副本和日志文件可将数据库恢复到某一时刻的正确状态。

转储还可以分为海量转储和增量转储两种，海量转储是指每次转储全部数据库。这种转储方式可以得到后备副本并用之于方便地进行数据恢复工作。如果数据库中的数据量大且更新频率高，则不适合频繁地海量转储。增量转储是指每次只转储上一次转储后更新过的数据，适用于数据库较大但事务处理却十分频繁的数据库系统。

由于数据转储可在动态和静态两种状态下进行，因此数据转储方法可以分为 4 类：动态海量转储、动态增量转储、静态海量转储和静态增量转储。

### 2．日志文件的内容

不同数据库系统的日志文件格式不完全相同。日志文件主要有以记录为单位的日志文件和以数据块为单位的日志文件。

以记录为单位的日志文件中需要登记的内容包括每个事务的开始(BEGIN TRANSACTION)标记、结束(COMMIT 或 ROLLBACK)标记和所有更新操作，这些内容均作为日志文件中的一个日志记录(Log Record)。对于更新操作的日志记录，其内容主要包括事务标识(表明是哪个事务)、操作的类型(插入、删除或修改)、操作对象(记录内部标识)、更新前数据的旧值(插入操作，该项为空)及更新后数据的新值(删除操作，该项为空)。

以数据块为单位的日志文件内容包括事务标识和更新的数据块。由于更新前后的各数据块都放入了日志文件，所以操作的类型和操作对象等信息就不必放入日志记录。

### 3．日志文件法

日志文件可用于事务故障恢复、系统故障恢复以及协助后备副本进行介质故障恢复。如果数据库文件被损毁，则可重新装入后备副本而将数据库恢复到转储结束时的正确状态，再通过建立的日志文件，重新执行已完成的事务并撤销故障发生时尚未完成的事务。这样，不必运行应用程序即可将数据库恢复到故障前某一时刻的正确状态。

为了保证数据库的可恢复性，登记日志文件时必须遵循两条原则：一是严格按照事务执行的时间次序登记；二是先写日志文件再写数据库。

将修改数据的结果写入数据库与将描述本次修改的日志记录写入日志文件是两种不同的写操作。如果这两种写操作只完成了一个，则有可能发生故障：

● 如果先写数据库修改结果而未在运行记录中登记，则以后无法恢复这个修改结果。

● 如果先写日志而未修改数据库，则按日志文件恢复时只是多执行一次不必要的 UNDO 操作，并不影响数据库的正确性。

可见，先写日志文件而后进行数据库的更新操作是比较安全的。

## 7.5.3　数据库恢复方法

如果系统运行过程中发生了故障，则可通过数据库后备副本和日志文件将数据库恢复到故障前的某个一致性状态。故障不同时，恢复方法也不一样。

### 1. 发生事务故障时的恢复方法

如果某个事务执行过程中发生了故障，则恢复子系统可以通过日志文件撤销(UNDO)该事务对数据库已经做出的修改结果。这个工作是按照以下步骤进行的：

(1) 反向(从后往前)扫描文件日志，查找该事务的更新操作。

(2) 如果找到的是该事务的起始记录，则 UNDO 结束；否则，对该事务的更新操作执行逆操作，即将日志记录中"更新前的值"写入数据库。

● 如果记录中是插入操作，则相当于做删除操作。

● 如果记录中是删除操作，则做插入操作。

● 如果是修改操作，则相当于用修改前的值替代修改后的值。

(3) 重复执行(1)和(2)，恢复该事务的其他更新操作，直至读到该事务的开始标记为止，该事务的故障恢复工作才能完成。

事务故障的恢复通常是由系统自动完成的，用户并不知晓系统是如何进行的。

### 2. 发生系统故障时的恢复方法

系统发生故障时，恢复操作需要撤销故障发生时未完成的事务并重新执行已完成的事务。系统故障的恢复是由系统在重新启动时自动完成的，不需要用户干预。系统的恢复是按照以下步骤进行的：

(1) 正向(从头到尾)扫描日志文件，找出那些故障发生前已经提交的事务，将其事务标记记入重新执行(REDO)的队列。同时找出故障发生时尚未完成的事务，将其事务标记记入撤销(UNDO)队列。

注：已提交事务既有 BEGIN TRANSACTION 记录，也有 COMMIT 或 ROLLBACK 记录；未完成事务只有 BEGIN TRANSACTION 记录而无相应的 COMMIT 或 ROLLBACK 记录。

(2) 对撤销队列中的各个事务进行撤销(UNDO)处理。方法是：反向扫描日志文件，对每个事务的更新操作执行逆操作，即将日志记录中"更新前的值"写入数据库。

(3) 对重新执行队列中的各个事务进行重新执行(REDO)处理。方法是：正向扫描日志文件，对每个重新执行的事务重新执行日志文件登记操作，即将日志记录中"更新后的值"写入数据库。

### 3. 发生介质故障时的恢复方法

介质发生故障时，磁盘上的物理数据库和日志文件都可能遭到破坏，这时的恢复工作最麻烦，必须重装最新的数据库后备副本，重新执行该副本到发生故障之间完成的那些事务(对静态转储而言)。恢复步骤为：

(1) 恢复系统，必要时还要更新介质(磁盘等)。

(2) 如果操作系统或者 DBMS 崩溃，则需要重新启动系统。

(3) 装入最新的数据库后备副本，使数据库恢复到最近一次转储时的一致性状态。对于动态转储的数据库副本，还需要同时装入转储开始时刻的日志文件副本。利用恢复系统故障的方法(重做＋撤销)，才能将数据库恢复到一致性状态。

(4) 装入转储结束时刻的日志文件副本。

(5) 扫描日志文件，找出故障发生时提交的事务，加入 REDO 队列。

(6) 重新执行 REDO 队列中的事务。

通过日志文件法进行数据库恢复时，恢复子系统必须搜索所有的日志来确定哪些事务需要重新执行。

## 实验 7　事务管理与数据库备份

### 1．实验任务与目的

(1) 在 SQL Server 的查询编辑器中编写代码，在单个批处理中实现一个事务。了解事务的概念以及事务与批处理的关系。

(2) 在 SQL Server Management Studio 中创建一个数据库的完整备份，再还原该数据库。掌握创建和和使用数据库备份的方法。

### 2．预备知识

(1) 本实验涉及本章中以下内容：

● 事务的概念、基本特征以及基本操作方法。

● SQL Server 中的事务以及批处理的语法。

● 封锁机制的概念以及死锁的诊断方法。

● 数据库故障的种类以及数据库恢复技术的知识。

(2) SQL Server 锁的类型及其控制。

SQL Server 的基本锁是 S(共享)锁和 X(排他)锁。基本锁之外还有三种锁：意向锁、修改锁和模式锁，这几种锁由 SQL Server 系统自动控制。

SQL Server 一般都会自动提供加锁功能，例如：

● 在 SELECT 语句访问数据库时，系统自动使用共享锁访问数据；使用 INSERT、DELETE 和 UPDATE 语句添加、修改和删除数据时，系统自动为所使用的数据加上排他锁。

● 系统用意向锁将锁分别按行级锁层、页级锁层和表级锁层设置，使得多个锁之间的冲突最小化。

● 在系统修改一个页(内存中固定大小的一块数据，常与外存中一个扇区大小相同)时，自动加修改锁(与共享锁兼容)，修改过后上升为排他锁。

● 在操作涉及到引用表或索引时，自动提供模式锁(锁住正在使用的表等对象的结构)和修改锁(通知其他用户当前用户正在修改数据)。

SQL Server 自动使用与任务相应的等级锁来锁定资源对象，以使锁的成本最小化。用户对锁机制有所了解即可，使用时不涉及锁的操作。可以认为 SQL Server 的封锁机制对用户是透明的。

(3) 死锁原理与 SQL Server 中的排查。

计算机操作系统中将死锁定义为：一级进程中的各个进程均占有不会释放的资源，但因互相申请被其他进程占用而不会释放的资源，从而形成的一种永久等待状态。SQL Server

中，如果两个或两个以上任务都锁定了其他任务试图锁定的资源，则会造成这些任务永久阻塞，从而出现死锁。

使用 SQL Server 的存储过程 sp_who 查看数据库里的活动用户和进程的情况；使用 sp_lock 查看当前数据库中锁的情况，通过 objectID(@objID)还可以查看哪个资源被锁。

SQL Server 内部有一个锁监视器线程执行死锁检查，锁监视器对特定线程启动死锁检查时，标识线程正在等待的资源，然后查找特定资源的所有者并递归地继续执行对那些线程的死锁搜索，直到找到一个构成死锁条件的循环。检测到死锁后，数据库引擎选择一个回滚时开销最小的事务进行回滚并释放该事务持有的所有锁，使得其他线程的事务可以请求资源并继续运行。

## 实验 7.1　实　现　事　务

### 1．编辑创建事务的代码

在 SQL Server Management Studio 中，展开 dbCourses 数据库所在的服务器结点，再展开其中的"数据库"结点，选定 dbCourses 结点；单击工具栏上的"新建查询"按钮，打开查询编辑器窗口并在其中输入以下代码：

```
BEGIN TRANSACTION
INSERT INTO  班级(班号,班名,专业号,人数)
VALUES('20123001','应数 21','68',28)
IF @@ERROR=0 BEGIN
    PRINT '班级表中插入了一条记录'
    UPDATE  学生
    SET  班号='20123001'
    WHERE  班号='12345678'
    DELETE  专业
    WHERE  学院号='19'
    COMMIT TRANSACTION END
ELSE BEGIN
PRINT '班级表中插入记录失败，回滚事务'
ROLLBACK TRANSACTION
    END
```

一般来说，一个事务不宜放到多个批处理中执行，否则会使锁定问题变得非常复杂，带来较大的性能干扰。因此，应该把一个事务处理封闭在单个的批处理中。上面的程序段中，一个事务处理就是一个简单的批处理。

### 2．执行事务

单击 ! 按钮执行这一段程序，如果发生错误，据此修改数据库中相应数据，直到运行通过为止。

## 实验 7.2  检 测 死 锁

### 1. 编辑创建两个表的代码

在 SQL Server Management Studio 中，展开服务器结点，再展开其中的"数据库"结点，选定某个数据库结点；单击工具栏上的"新建查询"按钮，打开查询编辑器窗口并在其中输入以下代码：

```
use dbCourses
go
create table aLock(pID int default(0))
create table bLock(pID int default(0))
insert into aLock values(1)
insert into bLock values(1)
go
```

编辑过后，单击 ! 按钮执行这一段程序。

### 2. 编辑创建事务的代码

打开两个查询窗口，在其中一个窗口中编辑创建第一个事务的代码：

```
--查询 1
begin tran
    update aLock set pID=PID+1
    waitfor delay '00:01:00'
    select * from bLock
rollback tran
```

其中，waitfor delay 语句用于延时一秒，以便查看锁的情况。

在另一个窗口中编辑创建第二个事务的代码：

```
--查询 2
begin tran
    update bLock set pID=PID+1
    waitfor delay '00:01:00'
    select * from aLock
rollback tran
```

### 3. 运行事务并检测死锁情况

分别执行两个事务，并在其延时期间使用存储过程 sp_who 和 sp_lock 查看并分析锁的情况，如图 7-4 所示。

例如，从图 7-4(b)可以看出，在查询 1 中，持有：

- aLock 表中第一行(表中唯一数据行)的行排他锁——RID:X；
- 该行所属页的意向更新锁——PAG:IX；

- aLock 表的意向更新锁——TAB:IX；
- bLock 表的意向共享锁——TAB:IS；

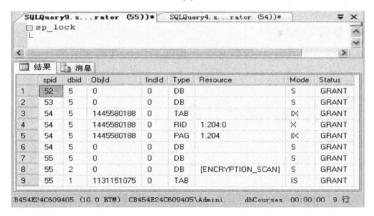

(a)

(b)

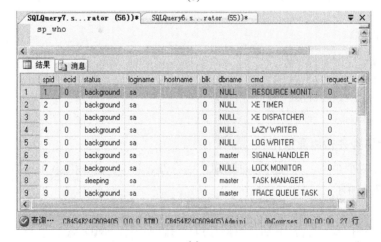

(c)

图 7-4　查看锁的情况(1)

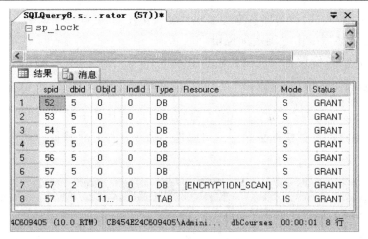

(d)

图 7-4 查看锁的情况(2)

## 实验 7.3 数据备份与还原

创建一个数据库的完全备份，再将其还原，最后删除为备份操作所设置的备份设备(磁盘上指定的文件夹)。

### 1. 创建磁盘备份设备

(1) 在 SQL Server Management Studio 中，展开要备份的数据库所在的服务器结点，再展开其中的"服务器对象"结点，右击"备份设备"结点，选择快捷菜单中的"新建备份设备"命令，打开"备份设备"对话框，如图 7-5 所示。

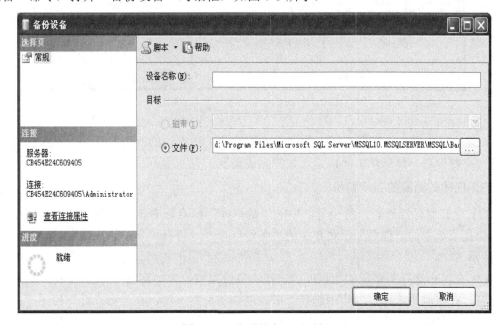

图 7-5 "备份设备"对话框

(2) 在其中填写"设备名称"(如 dbCourses 备份)；指定备份存放的文件夹、文件名(扩展名用 .bak)等，然后单击"确定"按钮。

这时，新建的备份设备结点便会显示出来。

### 2．设置待备份数据库的属性

(1) 展开要备份的数据库所在的服务器结点，再展开其中的"数据库"结点，右击要备份的数据库结点，选择快捷菜单中的"属性"命令，打开"数据库属性"对话框，如图 7-6 所示。

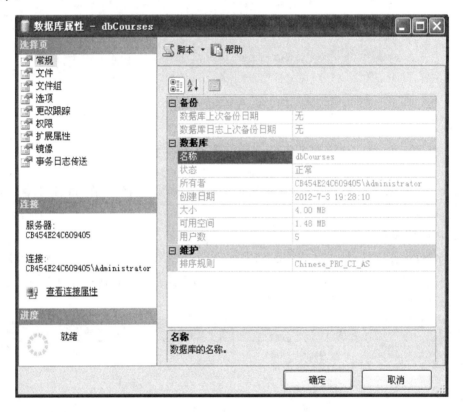

图 7-6　"数据库属性"对话框

(2) 单击左侧"选择页"栏中的"选项"结点，在右边的"恢复模式"下拉列表框中选择"完整"项，然后单击"确定"按钮完成设置。

### 3．创建数据库的完全备份

(1) 展开服务器结点，再展开其中的"数据库"结点，右击需要备份的数据库结点，选择快捷菜单中的"任务"子菜单中的"备份"命令，打开"备份数据库"对话框，如图 7-7 所示。

(2) 在其中选择要备份的数据库；选择"备份类型"为"完整"；设置备份到磁盘的目标位置；在左侧"选择页"栏中选择"覆盖现有备份集"项，在"可靠性"栏中"完成后验证备份"复选项。然后单击"确定"按钮，完成对所选择的数据库的完整备份。

图 7-7　"备份数据库"对话框

### 4．还原数据库完整备份

如果要还原以前创建的某个数据库的完整备份，可按以下步骤操作：

(1) 展开服务器结点，再展开其中的"数据库"结点，右击需要备份的数据库结点，选择快捷菜单中的"任务"子菜单中的"还原"命令，打开"还原数据库"对话框。

(2) 在其中选择"备份媒体"为"备份设备"；选择性输入保存了待还原数据库完整备份的备份设备以及待还原的数据库完整备份的名称；选择"还原选项"栏中的"覆盖现有数据库"项。然后单击"确定"按钮，完成对所选择的数据库完整备份的还原工作。

### 5．删除备份设备

如果要还原以前创建的某个数据库的完整备份，可按以下步骤操作：

(1) 展开"服务器"→"服务器对象"→"备份设备"结点，右击待删除的保存了某个数据库完整备份的备份设备结点，选择快捷菜单中的"删除"命令，打开"删除对象"对话框。

(2) 单击"确定"按钮，即可删除指定的备份设备。

# 习 题 7

1. 为什么要对并发操作进行控制?
2. 请举例说明引入事务处理的必要性。
3. 事务有哪些特性? ACID 是什么意思?
4. 事务非正常结束时如何恢复数据库中数据的正确性? 请举例说明。
5. 为什么要设置事务保存点?
6. 两个事务并发执行的几种情况如图 7-8 所示, 其中分别发生了什么问题?

| 顺序 | T1 | T2 | T1 | T2 | T1 | T2 |
|------|------|------|------|------|------|------|
| 1 | 读 A=10 | | 读 B=20<br>B=B+100<br>写回 B=120 | | 读 C=30 | |
| 2 | | 读 A=10 | | 读 B=120 | | 读 C=30<br>C=C+100<br>写回 C=130 |
| 3 | A=A+10<br>写回 A=110 | | ROLLBACK<br>B=20 | | 读 C=130 | |
| 4 | | A=A+100<br>写回 A=110 | | | | |

(a)            (b)            (c)

图 7-8 两个事务并发执行的几种情况

7. 为什么要给数据库对象加锁? 什么是共享锁和排他锁? 它们是如何兼容的?
8. 如何运用加锁的方法解决第 6 题列举的几种情况中出现的问题?
9. 什么是活锁? 什么是死锁? 预防活锁和死锁的方法分别是什么?
10. 数据库运行过程中遇到的故障有哪几类?
11. 数据库故障后恢复的技术有哪几类? 发生系统故障后如何恢复?

# 附录 I  BNF 范式

每种语言都有自己的语法，例如，汉语和英语都自有一套语法。语言的语法反映了一组规则。这些规则可以分为两部分：词法规则和语法规则。

词法规则本质上定义了语言可以取用的一个字符表，语法规则规定如何按照这个字符表来构造更大的结构——语法成分。数据库语言或者程序设计语言的语法成分有表达式、语句、子程序、函数、过程和程序。对于一种语言来说，除过给出词法和语法之外，还要定义语义即字符表中每个字符的含义。在定义了一个有限个数的字符表、规定了语法和语义之后，就可以构造一种语言了。

为了传授某种语言，往往需要一种介质。例如，中国人学英语时，需要借助于自己的母语(汉语)来描述，这种用于描述其他语言的语言称为元语言。BNF(Backus-Naur Form，巴科斯-瑙尔)范式就是一套这样的语言。在各种文献中还存在 BNF 范式的一些变体，如 EBNF(扩展巴科斯范式)等。计算机书籍中使用的 BNF 范式往往按照实际需求而取舍，已与严格的 BNF 范式有所区别了。

### 1．BNF 范式的元符与终结符

BNF 范式中用"元符"和"终结符"来描述语法规则，元符有三个：

::= ——表示"定义为"；

|——表示"或"；

< > ——内含其中语法成分的一个名字。

尖括号中的名字是非终结符，它们用语法规则来定义；而终结符都是不必定义的原始对象，是自定义的。

### 2．BNF 范式的使用

用 BNF 定义语言有三种基本方法：

(1) 枚举法：将被定义的语法成分中可能出现的所有情况逐个列举出来。例如，

<非 0 数字>::=1|2|3|4|5|6|7|8|9

意为：非 0 数字可以是 1、2、3、4、5、6、7、8、9 这九个数字中的任意一个。

(2) 并置法：用两个或两个以上语法成分定义一个新的语法成分。例如，

<指针变量>::=*<标识符>

其中指针变量就是由"*"与"标识符"并置来定义的。

(3) 递归法：所定义的语法成分同时出现在定义符中(定义时引用了自身)。例如，

<字符串>::=<字符>|<字符串><字符>

正在定义的"字符串"不仅出现在定义式左边，同时又出现在定义式右边，而这种定义可以一直递归下去。引伸的意思是：字符串是任意长度的一串字符。

这三种方法不是独立的，定义一个语法成分时，往往需要并用三种方法。

**【例附 1-1】** CREATE TABLE 语句的 BNF 定义。

&lt;建表语句&gt;::=CREATE TABLE&lt;表名&gt; (&lt;列定义&gt; [{, &lt;列定义&gt;}...]);

&lt;列定义&gt;::=&lt;列名&gt; &lt;数据类型&gt; [NOT NULL]

&lt;数据类型&gt;::= DECIMAL [(&lt;精度&gt; [, &lt;比例因子&gt; ])]|

                  INTEGER|FLOAT|CHAR (&lt;长度&gt;)

**【例附 1-2】** C 语言中标识符的 BNF 定义。

&lt;标识符&gt;::=&lt;字母&gt;|&lt;标识符&gt;&lt;字母数字串&gt;

&lt;字母数字串&gt;::=&lt;字母&gt;|&lt;十进制数字&gt;|&lt;字母数字串&gt;&lt;字母&gt;|

    &lt;字母数字串&gt;&lt;十进制数字&gt;

&lt;字母&gt;::=_|&lt;大写字母&gt;|&lt;小写字母&gt;

    &lt;小写字母&gt;::=a|b|c|d|e|f|g|h|i|j    ...

    &lt;大写字母&gt;::=A|B|C|D|E|F|G|H|I|J    ...

**【例附 1-3】** BNF 本身的定义。

&lt;BNF&gt;::=&lt;非终结符&gt;::=&lt;或项列表&gt;

  &lt;或项列表&gt;::=&lt;项&gt;|&lt;或项列表&gt;|&lt;项&gt;

    &lt;项&gt;::=&lt;非终结符&gt;|&lt;终结符&gt;|&lt;项&gt;&lt;非终结符&gt;|&lt;项&gt;&lt;终结符&gt;

      &lt;非终结符&gt;::=&lt;非终结符名&gt;

### 3．引入扩展符号的 BNF 范式

为方便起见，实际使用 BNF 时往往引用一些其他的符号，例如：

" "——内含一个字符串。

""""——双引号内含自身。

[ ]——内含可选项。

{ }——内含可重复 0 至无数次的项。

( )——内含组合项。

:n:n——后缀表示范围。如&lt;name_char&gt;:1:8 表示"用 1 到 8 个字符命名"。

**【例附 1-4】** 使用扩展符号定义的 Java 语言中的 FOR 语句。

FOR 语句::="for" "(" (变量声明|表达式";")|";" ) [表达式]";" [表达式]";" ")"

    语句

**【例附 1-5】** 使用扩展符号定义的"语法"。

语法::={规则}

规则::=标识符"::="表达式

表达式::=项{"|"项}

项::=因子{因子}

因子::=标识符|引用符|"("表达式")"|"["表达式"]"|"{"表达式"}"

标识符::=字母{字母|数字}

引用符::="""{任意字符}"""

# 附录 2  SQL Server 流程控制语言

Transact-SQL 语言使用的流程控制语句与常用程序设计语言(如 C 或 C++)的类似，常用的几种语句包括用于跳转的 GOTO 语句，用于构造选择结构的 IF 语句和 CASE 语句，用于构造循环结构的 WHILE 语句以及内含的 CONTINUE 语句和 BREAK 语句，用于结束当前程序运行且返回其值给调用它的程序的 RETURN 语句。

## 1. IF…ELSE 语句

IF…ELSE 语句的功能：判断指定条件是否成立，成立时执行某段程序，不成立时执行另一段程序。该语句的一般形式为

```
IF <条件表达式>
    <命令行或程序块>
[ELSE [条件表达式]
    <命令行或程序块>]
```

其中，"条件表达式"可以是各种表达式的组合，但表达式的值必须是逻辑真值或假值。ELSE 子句是可选的，简单的 IF 语句没有 ELSE 子句部分。

如果不使用程序块，IF 或 ELSE 只能执行一条命令。IF…ELSE 可以进行嵌套。

【例附 2-1】  三个数比较大小。

```
DECLARE @a int, @b int, @c int
SELECT @a=1, @b=2, @c=3
IF @a>@b
    PRINT 'a 大于 b'
ELSE IF @a>@c
    PRINT 'b 大于 c'
ELSE PRINT 'c 大于 b'
```

运行结果为

```
c 大于 b
```

## 2. BEGIN…END 程序块

BEGIN…END 用于设定一个程序块，SQL Server 将 BEGIN…END 之间的所有程序当作一个单元来执行，其一般形式为

```
BEGIN
    <命令行或程序块>
END
```

BEGIN…END 经常出现在条件语句(如 IF…ELSE)中。BEGIN…END 中可以嵌套另一

个 BEGIN…END 程序块。

### 3. CASE 语句

使用 CASE 语句可以方便地实现多重选择，其一般形式为

```
CASE <表达式>
    WHEN <表达式> THEN <表达式>
    …
    WHEN <表达式> THEN <表达式>
    [ELSE<运算式>]
END
```

其中，"CASE"之后的"表达式"可以缺省。CASE 语句可以嵌入 SQL 命令中。

【例附 2-2】　调整员工工资，底薪为"高级"的加 1000 元，"中级"的加 800 元，"初级"的加 500 元，其他一律加 300 元。

```
USE  工资
UPDATE  雇员
SET  底薪= CASE
    WHEN  薪级='高级' THEN  底薪+1000
    WHEN  薪级='中级' THEN 底薪+800
    WHEN  薪级='初级' THEN  底薪+500
    ELSE  底薪+300
END
```

注：执行 CASE 子句时，只运行第一个匹配的子名。

### 5. WHILE…CONTINUE…BREAK 语句

WHILE 语句在内含条件成立时重复执行内含的命令行或程序块。其中的 CONTINUE 语句可使程序跳过该语句之后的语句，回到 WHILE 语句的起点；其中的 BREAK 语句可使程序完全跳出循环，结束 WHILE 语句的执行。WHILE 语句的一般形式为

```
WHILE <条件表达式>
BEGIN
    <命令行或程序块>
    [BREAK]
    [CONTINUE]
    [命令行或程序块]
END
```

WHILE 语句也可以嵌套。

WHILE 命令在设定的条件成立时会重复执行命令行或程序块。CONTINUE 命令可以让程序跳过 CONTINUE 命令之后的语句，回到 WHILE 循环的第一行命令。BREAK 命令则让程序完全跳出循环，结束 WHILE 命令的执行。WHILE 语句也可以嵌套。

【例附 2-3】　求级数 1+2+3+4+5+…+98+99+100 之和。当循环超过 90 次时跳出循环，然后输出循环次数与累加和。

```
DECLARE @n int, @sum int
SELECT @sum=0
SELECT @n=1
WHILE @n<=100    BEGIN
    SELECT @sum=@sum+@n
    SELECT @n=@n+1
    IF @n<=90
        CONTINUE
    ELSE
        BREAK
END
SELECT @n=@n-1
PRINT '循环次数：'+convert(char(3),@n)
PRINT '累加和：'+convert(char(4),@sum)
```

运行结果为

循环次数：90

累加和：4095

### 6. WAITFOR 语句

WAITFOR 语句用于暂时停止程序的执行，直到所设定的等待时间已到或已过时，才继续往下执行。其一般形式为

```
WAITFOR {DELAY '等待时间' | TIME '执行时间'
        | [ (receive 语句) | (get_conversation_group 语句) ]
        [ , TIMEOUT timeout 时间]
    }
```

其中，参数意义如下：

● DELAY——指定在继续执行批处理、存储过程或事务之前必须等待的时间段，最长可达 24 小时。"等待时间"是 datetime 类型的数据，但不能指定日期。可将其指定为局部变量。

● TIME——指定运行批处理、存储过程或事务的时间。"执行时间"就是 WAITFOR 语句完成的时间，可以是 datetime 类型的数据，但不能指定日期。可将其指定为局部变量。

● receive 语句——内含 receive 语句的 WAITFOR 语句仅适用于 Service Broker 消息。

● get_conversation_group 语句——内含 get_conversation_group 语句的 WAITFOR 语句仅适用于 Service Broker 消息。

● TIMEOUT timeout 时间——指定消息到达队列前等待的时间(以毫秒为单位)。内含 timeout 时间的 WAITFOR 语句仅适用于 Service Broker 消息。

【例附 2-4】　用 WAITFOR 语句控制执行语句或存储过程的时间。

(1) 21 点 30 开始执行存储过程 spUpdate：

```
USE msdb;
EXECUTE spAdd @jobName='testJob';
begin
```

```
    WAITFOR TIME '21:30';
    EXECUTE spUpdate @jobName='testJob', @newName = 'updatedJob';
end;
GO
```

(2) 1 小时 2 分零 3 秒之后再执行 SELECT 语句：

```
WAITFOR delay '01:02:03'
select * from 职工
```

### 7. GOTO 语句

GOTO 语句用于改变程序执行的流程，跳到指定标识符所指定的程序行并从此处继续往下执行。其一般形式为

```
GOTO 标识符
```

标识符可以是数字与字符的组合，但必须以冒号 ":" 结尾(如 "12:" 或 "a_1:")。在 GOTO 命令行中，标识符后不跟冒号 ":"。

### 8. RETURN 语句

RETURN 语句用于结束当前程序的执行，返回到上一个调用它的程序或其他程序中。其一般形式为

```
RETURN [整型表达式]
```

可以在括号内指定一个返回值。返回值有以下几种情况：

- 如果没有指定返回值，则 SQL Server 根据程序执行结果返回一个内定值。
- 如果运行过程产生了多个错误，SQL Server 返回绝对值最大的数值；如果这时用户定义了返回值，则返回用户定义的值。
- RETURN 语句不能返回 NULL 值。

【例附 2-5】 创建存储过程 "查询任务"，其中 RETURN 语句用于：如果执行 "查询任务" 时未指定用户名作为参数，则使过程向用户屏幕发送一条消息后退出，否则将从相应的系统表中检索该用户在当前数据库创建的所有对象名。

```
CREATE PROCEDURE 查询任务 @用户名 sysname=NULL
AS
IF @用户名 IS NULL  BEGIN
    PRINT '请指定用户名'
        RETURN
    END
ELSE  BEGIN
    SELECT o.name, o.id, o.uid
    FROM sysobjects o INNER JOIN master..syslogins l
        ON o.uid=l.sid
    WHERE l.name=@用户名
END;
```

# 附录 3　Web 数据库

Web 数据库通常是指在因特网上以 Web 查询接口方式访问的数据库。这种数据库系统的一般结构为：后台通过某种 DBMS 存储和操纵数据库中的数据，Web 页上显示出来的栏目以及按钮、文本、列表等各种对象都可以和数据库中特定的表、视图或者字段互相关联，用户使用 Web 页上的对象来保存、查询或者更新相关的信息，实际上是在使用后台数据库中的数据。例如，当用户使用在线商店购物时，所看到的数字、文字和照片等都是从商家的数据库中调出来并显示在网页上的。

## 附 3.1　Web 网的工作方式

Web 网即 WWW(World Wide Web,万维网)，是基于 HTML(Hypertext Markup Language,超文本标记语言)和 HTTP(HyperText Transfer Protocol，超文本传输协议)的国际化信息网络。其中的计算机大体上可分为两类：服务器和客户机。服务器是专门提供信息服务的计算机，安装有 Web 服务器软件；客户机是用于浏览信息的计算机，安装有浏览器软件。

在 Web 服务器中，信息以文件的形式存储于指定目录中，称之为网页。一个 Web 网页是由文字、图片、声音以及视频等内容构成的，其中某些文字(或图片等)带有超链接(Hyperlink)，可用于跳转到其他网页。若干个网页通过超链接有机地串联在一起，构成一个网站。每个网站都有一个相应的 URL 地址(Uniform / Universal Resource Locator，统一资源定位器)，其起始页称为主页。网站的存储结构可以简单地理解为包含了多个网页文档的文件夹。网站与网站之间也是以超文本或超媒体结构组织起来的。

### 1．Web 网的工作过程

Web 网的一般工作过程大致如下：

S1——用户打开客户端计算机中的浏览器软件(如 IE 浏览器)。

S2——输入要启动的 Web 主页的 URL 地址，浏览器将生成一个 HTTP 请求。

S3——浏览器连接到指定的 Web 服务器，发送 HTTP 请求。

S4——Web 服务器接到 HTTP 请求时，根据请求的内容进行相应处理，再将网页以 HTML 文件格式发回给浏览器。

S5——浏览器将网页显示到屏幕上。

Web 网页的传输过程如图附 3-1 所示。

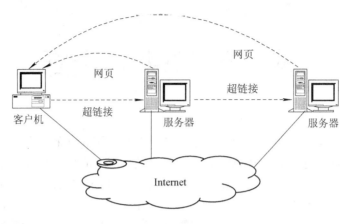

图附 3-1　Web 网页的传输过程

### 2. 静态 Web 发布

Internet 应用初期，Web 网页多为静态网页，随着 Internet 的普及以及应用水平的不断提高，动态网页应运而生，现在的网站往往采用具有交互式功能且有数据库支持的动态发布方式。

静态 Web 发布是在网页上显示信息的最简方式，静态网页所发布的网页内容是"固定不变"的。当用户浏览器通过 HTTP 协议向 Web 服务器请求提供网页内容时，服务器将原已设计好的 HTML 文档传送给用户浏览器。HTML 文档由 HTML 代码编写而成，其中可能会包含数据库报表转换成的内容，在浏览器中显示为网页。

静态 Web 发布至少有两大缺点：

● 静态发布时显示的网页实质上是生成报表时创建的数据"快照"，因而信息容量有限、只能使用 Web 浏览器的查找功能进行简单搜索，而网页上的数据难以按用户的需求存取或者更新。

● 不便维护是静态网页的致命弱点。如果需要更新网页内容，就必须手动更新相关的 HTML 文档。随着网站内容的增长，维护工作量会快速膨胀。

当然，静态发布也有优点，例如，因不提供数据库的直接访问权而避免了未授权用户对数据的修改。另外，静态发布也很简单，因为大部分入门级 DBMS 软件(如 Microsoft Access)都提供了由数据库报表生成 HTML 页面的菜单选项。

注：为了弥补 HTML 的不足，出现了 XML 语言，它可将字段标记、数据以及表格等合并到 Web 文档中。XML 可用于指定字段和记录的标准结构，以便存储可以通过浏览器访问的数据，因此，可将 XML 文档用作数据库(规模不宜大)。

### 3. 动态网页与动态 Web 发布

动态网页的相关文件中加入了程序，使得同一页面可以因为不同的人或不同的时间段而变化。动态网页具有以下特点：

● 动态内容：网页的内容可以随时插入、删除或更新。例如，可以删除网页上的文字、图片等各种成分，可以在网页上随时变换新闻版面的内容等。

● 动态排版样式和定位：通过 W3C(World Wide Web Consortium，万维网联盟)的 CSS

(Cascading Style Sheets，串联式排版样式)，可以对 HTML 标记进行设定，可以将文字、控件和影像等放置在网页的任何位置上，从而形成可以按需求变化的版面。

● 内建资料处理的多媒体支援：无需复杂程序且不必花费太多服务器资源便可以即时处理文档。内建多媒体支援包括转换特效、滤镜特效、路径控制、顺序控制、动画、制图、播放声音和影像等多媒体功能。

现在的网站经常会根据不同的用户而提供个性化的内容。例如，流行音乐爱好者连接到喜爱的网站时，会看到根据自己的音乐爱好定制的网页，其中可能包括他经常浏览的音乐名目列表、试听栏目区以及演唱者或演奏者的资料显示区等。这样的网页不大可能是静态发布的，往往是动态 Web 发布的结果。在动态 Web 发布过程中，可以按照需求来生成定制的网页。动态 Web 发布依靠程序或者脚本(称为服务器端程序)，程序位于 Web 服务器上，起着浏览器和 DBMS 之间中介的作用。

显然，在动态 Web 发布架构中，需要有数据库向 Web 服务器提供数据。

# 附 3.2　Web 数据库的结构与工作方式

要开发基于因特网及 WWW(看做因特网提供的一种服务)的网站，必然要有后台数据库的支持，还必须解决网页与后台数据库的连接和集成问题，因此，Web 数据库系统包括三部分：Web 服务器、Web 数据库和数据库接口。Web 服务器和 Web 数据库可以放在一台计算机上，也可以放在不同的计算机上，这主要取决于主机的性能以及 Web 数据库为之服务的对象。

## 1. Web 数据库的结构

Web 数据库起初特指 Web 站点上的大型 HTML 文件存储库，多个网站之间可以通过搜索引擎合理而全面地搜索 HTML 文档。现在的 Web 数据库都会引入 RDBMS 以及数据库接口、搜索引擎和各种数据库管理工具等。总之，Web 数据库是一种可以通过查询语言或者编写程序访问的数据库或者信息资料库。与常规数据库系统不同的是：访问 Web 数据库时，通过 Web 页上显示的超文本(或超媒体)以及按钮、菜单项等调用 Web 应用程序中的连接、操作、关闭等功能即可完成。一般不需要在命令行输入指令，也不必通过定制的操作界面来进行。

可将因特网看做 C/S 结构的实例，用户端的浏览器就是 Internet 中的客户机，当用户打开浏览器时，它负责与网络连接并从服务器上获取 Web 网页上的信息，这种网络结构称为B/S(浏览器/服务器)结构。如果 Web 服务器和 DBMS 可以运行在同一台计算机上，该系统为两层结构，一层是浏览器，另一层是 Web 服务器和 DBMS。如果它们运行在不同的计算机上，则称为三层结构。规模较大的应用系统可能会有多台 Web 服务器。有些系统还会有多台计算机运行 DBMS。如果多台 DBMS 计算机处理的是相同的数据库，则称为分布式数据库。

## 2. 动态 Web 发布的过程

动态 Web 发布的过程大致如下(以音乐爱好者浏览网页为例)：

S1——服务器端程序从顾客的计算机上读取 Cookie 信息并据此找到指定给该顾客的唯一编号。

S2——服务器端程序使用顾客编号产生一个查询并将其发送到数据库服务器软件。

S3——该软件通过访问数据库来找到顾客的音乐爱好以及所钟爱的艺人等。

S4——服务器端程序请求数据库服务器软件找到所有满足顾客爱好的特定产品。

S5——将包含有符合要求的专辑、说明书、试听内容以及艺人动态等各种信息的列表发回 Web 服务器。这个列表已在服务器格式化为一个 HTML 文档，客户机上的浏览器将相应的网页显示到屏幕上。

可见，动态Web发布系统的结构中，除了需要数据库服务器软件、数据库和浏览器之外，还需要Web服务器，如图附3-2(a)所示。

Web 服务器本身不负责和数据库的连接，为了支持这种类型的请求，Web 服务器的性能必须进行扩展，以便理解和处理数据库请求，这是通过服务器端程序来完成的。服务器端扩展程序与 Web 服务器交互来处理特定类型的请求。它从数据库中检索数据，将检索结果传送给 Web 服务器，然后由 Web 服务器将数据发送到客户的 Web 浏览器上显示。数据库服务器端扩展程序也称为 Web 数据库中间件。Web 浏览器、Web 服务器和 Web 数据库中间件之间的交互方式如图附 3-2(b)所示。

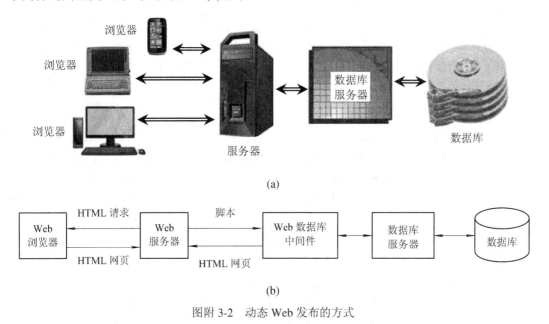

(a)

(b)

图附 3-2　动态 Web 发布的方式

### 3．Web 页与数据库

能否通过 Web 网来添加或更新数据库记录呢？

某些情况下，用户需要通过浏览器添加或者更新数据库中的记录。例如，网上的音乐商店在订购商品过程创建了新的订单记录、改变了"专辑"表中的"存货量"字段并且为第一次光顾的顾客创建了顾客记录。这些动态的数据库更新需要一个类似于动态 Web 发布所需的架构以及所要使用的表单(Form，窗体)。表单可以收集数据(如顾客名称和地址)，也可以收集查询的规范(如搜索某个艺人的专辑)。完成了的表单将从浏览器发送到 Web 服务器，然后 Web 服务器将数据或者查询从文档中剥离出来并将其发送给 DBMS。结果将被发送到 Web 服务器上，格式化成 HTML 文档并发回给浏览器。表单通常位于 Web 服务器上，服务器将表单发送到浏览器。大部分表单是使用 HTML 编写的。

XForms(W3C 组织推荐的下一代在线表单)技术提供了 HTML 表单的另一种可选方法。XForms 比 HTML 表单更为灵活且能与 XML 文档交互，可以看做为了在 Web 网上进行可交互数据交换(如电子商务支付)而设计的 HTML 表单的继承者。XForms 的使用需要支持 XForms 的浏览器或者添加了 XForms 功能的插件。

# 附 3.3　Web 数据库的访问

从数据库技术的角度上，可将 Web 页看做存储着网站信息的数据库的前端。Web 浏览器为位于全世界各个角落的后台数据库提供了通用的前端。这种前端可以运行在任何计算机系统上，并提供给所有用户用来查询或操纵后台数据库中的数据。

Web 网诞生的初期，就可以通过 CGI(Common Gateway Interface，通用网关接口)来访问数据库，后来许多厂商不断开发出新的接口技术，使得访问 Web 数据库更加简洁、方便和高效。

## 1. CGI

CGI 提供了非专用的方法来创建基于数据库中数据的 HTML 页面。CGI 是 Web 服务器与外部扩展程序交互的一个接口标准。Web 服务器通过调用 CGI 程序实现和 Web 浏览器的交互，也就是说，CGI 程序接受 Web 浏览器发送给 Web 服务器的信息，进行相应的处理并将响应结果回送给 Web 服务器和 Web 浏览器。

CGI 程序一般完成 Web 网页中表单数据的处理、数据库查询和实现与传统应用系统的集成等工作。CGI 程序可以用任何程序设计语言编写，如 Shell 脚本语言、Perl、Pascal、C、Visual Basic、Delphi 等。CGI 访问数据库的主要流程是：

S1——客户端通过浏览器向 Web 服务器发出 HTTP 请求。

S2——Web 服务器接受客户对 CGI 的请求，设置环境变量或命令行参数，然后创建一个子进程来启动 CGI 程序，把客户的请求传给 CGI 程序。

S3——CGI 程序向数据库服务器发出请求，数据库服务器执行相应的查询操作。

S4——数据库服务器将查询结果返回给 CGI 程序。

S5——CGI 程序将查询结果转换成 HTML 格式并返回给 Web 服务器。

S6——Web服务器将格式化的结果送客户端浏览器显示。

CGI 的优点是跨平台性能好，几乎可在任何操作系统(Windows、UNIX 等)上实现。但 CGI 的功能有限、开发复杂且不具备事务处理功能，这在一定程度上限制了它的应用。

## 2. ASP+ADO 模式

微软的 ASP(Active ServerPage，动态服务器页面)技术可用于生成包含脚本的 HTML 文档，这些脚本在文档显示为网页之前运行。这些脚本是较小的嵌入式程序，可用于收集用户输入、运行查询以及显示查询结果。ASP 脚本按照远程用户的请求来访问数据库中的数据的方式如图附 3-3 所示。

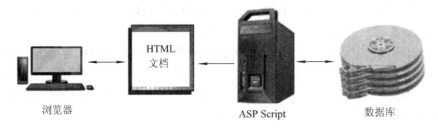

浏览器　　　　　　　　　　　　ASP Script　　　　数据库

图附 3-3　动态 Web 发布系统的结构

与常见的在客户端实现动态主页的技术如 Java Applet、ActiveX Control、VBScript 以及 JavaScript 等不同，ASP 中的脚本程序是由服务器来解释执行的，执行结果以 HTML 主页形式返回浏览器，而客户端技术的脚本程序则是由浏览器来解释执行的。实现 ASP 功能的基础是 ASP 中的内建对象和内置组件。利用 ASP，可将 HTML 文本、脚本命令以及 ActiveX 组件混合在一起构成 ASP 页，实现对 Web 数据库的访问。

ASP 的工作模式如下：

S1——用户将一个 ASP 文档的 URL 输入到浏览器的地址栏。

S2——浏览器向 Web 服务器发送 ASP 请求。

S3——服务器根据扩展名 .asp(ASP 文档的扩展名)识别请求并读取相应的 ASP 文档。

S4——服务器向特定的名为 ASP.dll 的程序发送文档。

S5——执行所有的服务器端脚本，并将执行结果与 HTML 代码合并。

S6——HTML 文件返回到浏览器。

S7——浏览器将结果为用户显示出来。

ASP 的优点是：使用 VBScript、JavaScript 等简单易懂的脚本语言，结合 HTML 代码，即可快速地完成网站的应用程序。无需编译即可在服务器端直接执行，且运行结果与浏览器无关。另外，ASP 的源程序不会被传送到客户端，因而避免了源程序被人截获，提高了程序的安全性。

ADO(ActiveX Data Object，数据操作对象)是 ASP 内置的数据库访问组件，是微软提供的面向对象且与语言无关的应用编程接口(在 OLE DB API 之上)，对微软的软件所支持的数据进行操作较为方便。

ADO 组件提供的各种方法为开发者提供了一系列强大的数据库命令来操作数据及建立数据驱动页。ADO 可在 ASP 应用程序中使用，也可在 Visual Basic、Visual C++以及其他程序中使用。在 ASP 中通过 ADO 访问数据库时，一般要通过以下步骤：

S1——创建一个到数据库的连接。

S2——查询一个数据集合，即执行 SQL，产生一个记录集。

S3——对数据集合进行必要的操作。

S4——关闭连接。

### 3. ASP.NET+ADO.NET 模式

微软的 .NET 体系结构是 Windows 分布式网络应用程序体系结构的演进。简单地说，.NET 就是一个开发和运行软件的新环境。.NET 框架是 .NET 平台最重要的部分。其基本模块包括 Web 服务、通用语言运行时环境、服务框架类库、数据访问服务 ADO.NET、表单应用模板和 Web 应用程序模板 ASP.NET。

ASP.NET 是用于 Web 开发的全新框架(不是 ASP 的升级版本)，是 .NET 框架的重要组成部分。ASP.NET 整合了许多语言的开发环境(如 C#、VB.NET)，提供了更易于编写、结构更清晰且易于再利用和共享的代码。ASP.NET 的文件类型有多种(ASP 的文件类型只有一种，扩展名为 .asp)。

### 4．PHP 语言和 MySQL 数据库

PHP(Hypertext Preprocessor，超文本预处理器)是一种采用了面向对象技术，适合于中小型网站开发的嵌入式脚本语言。与中间件相比，PHP 可扩展性好、开发代码快、代码执行速度快且可移植性好。PHP 与 ASP 都是目前 Web 开发的主流技术，但二者有所区别。首先，PHP 是免费的，可以自由下载甚至可以不受限制地获得源代码。其次，PHP 是跨平台的，可以在 UNIX、Linux 和 Windows 等系统上运行并且可以从 Windows 上移植到 Linux 上。另外，PHP 主要是通过函数直接访问数据库的，它具有许多与各类数据库连接的函数。

注：HTML 语言通常用于格式化和链接文本；程序设计语言通常用于向计算机发出一系列指令。脚本语言介于两者之间，其函数和程序设计方式与程序设计语言接近，但语法和规则没有那么复杂和严格。

PHP 混合了 C、HTML、Perl 和 Java 等各种语言，并在其中加入了自己独特的技术，使其可以高速和安全地执行。PHP 不需要编译，可将其代码混入 HTML 语言中而直接由服务器解释执行。

PHP 程序访问数据库的方法(图附 3-4)大致如下：

S1——用户端浏览器通过 URL 将用户请求传送到指定的服务器上。

S2——服务器检查该请求是否存在需要服务器端处理的脚本，PHP 检查是否存在 PHP 的标记(如"")，如果有则执行该标记内的 PHP 代码，对数据库或文件等对象进行操作。

S3——将执行结果通过网络显示在用户端的浏览器上。

图附 3-4  PHP 访问数据库的方法

PHP 缺乏规模支持和多层结构支持。对于大型的企业信息系统，分布计算是解决大负荷计算的唯一方法，而 PHP 却缺乏这种支持，使得它不适合大型网站的开发。

MySQL 是一种服务器后台数据库管理系统。MySQL 系统本身较小，但却具有很强的功能、很高的灵活性、丰富的应用程序设计接口以及精巧的系统结构，而且其工作速度与执行效率达到了一个极佳的平衡。因为 MySQL 数据库可以与 PHP 语言很好地结合起来并且在很多情况下都可以自由使用，因此，许多中小型网站为了降低其总体成本而选择它作为网站数据库。

【例附3-1】 动态Web页及其后台数据库的例子。

一个动态网站的主页如图附3-5(a)所示。这个网站的内容由名为"youth"的MySQL数

据库提供，网站内容的显示、更新以及栏目和版面的修改都是通过运行PHP程序实现的。

在这个主页上可以看到8个栏目的标题："首页"、"走近少年班"、"留言板"等，各自对应youth数据库中的一张表。youth数据库中共有8个表，如图附3-5(b)所示。其中"走近少年班"栏目的内容存放在"zuojinshaonianban"表中，这个表的内容如图附3-5(c)所示，表的结构如图附3-5(d)所示。

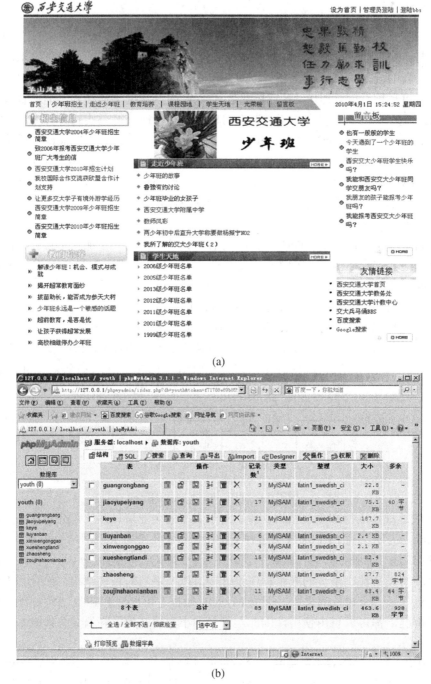

(a)

(b)

图附3-5　动态Web页及其后台数据库(1)

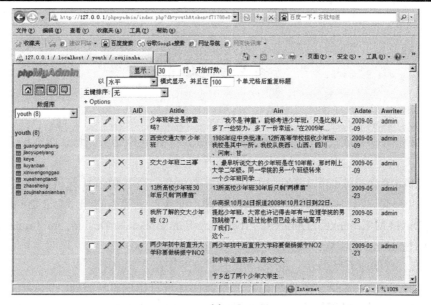

(c)

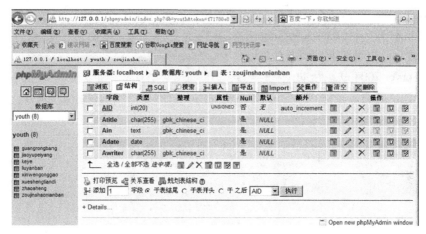

(d)

图附3-5　动态Web页及其后台数据库(2)

# 参 考 文 献

[1]  姚普选. 数据库原理及应用(Access). 2 版. 北京：清华大学出版社，2006.

[2]  姚普选. 数据库原理及应用(Access)题解与实验指导书. 2 版. 北京：清华大学出版社，2009.

[3]  教育部高等学校计算机基础课程教学指导委员会. 高等学校计算机基础教学发展战略研究报告暨计算机基础课程教学基本要求. 北京：高等教育出版社，2009.

[4]  [美] David M Kroenke. Database Processing Fundamentals, Design, and Implementation Tenth Edition. 影印版. 北京：清华大学出版社，2006.

[5]  王能斌. 数据库系统教程. 北京：电子工业出版社，2006.

[6]  萨师煊，王珊. 数据库系统概论. 北京：高等教育出版社，2000.

[7]  姚普选. 全国计算机等级考试二级教程——公共基础教程. 北京：中国铁道出版社，2006.

[8]  [美] James R Groff Paul N Weinberg. SQL 完全手册. 2 版. 章小莉，宁欣，汪永好，等译. 北京：电子工业出版社，2006.

[9]  SQL Server 2008 联机帮助.

[10]  姚普选，齐勇. 程序设计教程(C++). 北京：清华大学出版社，2011.